はじめに

難関校受験生向けの月刊誌「大学への数学」では，1957年の創刊以来，毎号（3月号を除く）**学力コンテスト**（学コン）という，創作問題を出題し，読者が答案を送り，それを添削して返却，また，成績優秀者の氏名を誌上で発表するというコーナーを設けています．

全国の優秀な方々が応募され，試験とは違って時間制限もないので（締切はありますが），問題は難しめになり，それだけに，考えがいのある問題で，数学好きの高校生，大学受験生を魅了してきました．応募者の中からは，フィールズ賞を受賞された森重文先生を初めとする多くの高名な数学者が輩出され，また，他の分野でも，一線で活躍されている方々が多々いらっしゃいます．

答案を添削するスタッフ（学コンマン）も，読者時代は学コンで成績優秀者の常連だった人達ばかりで，
応募者→学コンマン⇨応募者→学コンマン⇨…
という学コンファンの流れが，連綿と受け継がれてきました．

2016年3月に，学力コンテストの問題の中から，特に，解いて面白い，ためになる50問を精選して『考え抜く数学～学コンに挑戦～』を刊行しました．本書は，その続編に当たるもので，2005～2015年に出題した問題の中から，前書よりも難度の高い50問を精選しました．

大学入試の標準～やや発展レベルの問題（入試問題を易しい方から1～10に分けたとして6～8程度）をこなせて（完璧に解けることまでは要求しません），さらに上を目指す人を読者として想定していますが，そのような人でも，手こずる問題が少なくないでしょう．しかし，簡単には解けない問題に対して，知識だけに頼らず，自分の頭で考え，手を動かして立ち向かっていくことにより，たとえ答えには至らなくても，思考力，発想力が養われていきます．そして，考える過程において，また，解き終えた後には，十分な満足感・充実感が得られることでしょう．

学力コンテストの問題の中には，入試のレベルを超える難問もありますが，本書では，超難問や，手間のかかりすぎる問題は取りあげていませんから，難関校の入試対策の完成に向けて，十分に効果があります．

また，とりあえず入試に向けての実力養成を第一目的とする人でも，「大学への数学」や学コンに取り組んでいるうちに，数学の面白さ，楽しさを再認識することができるでしょう．

本書を手に取った皆さんも，学コンの問題を考えることによって，自分の頭で考えることの充実感を味わっていただければと思います．また，月刊「大学への数学」の学力コンテストに応募されたことのない方は，本書をきっかけに，全国の学コン仲間の輪に加わりましょう．皆さんの御応募を心からお待ちしています．

／浦辺理樹

◆ 本書の構成と利用法 ◆

　本書は，2005〜2015年の月刊「大学への数学」の学力コンテストから，50問を精選したものです．範囲は数ⅠAⅡBⅢ（数Bはベクトル，数列）です．数ⅠAⅡBの範囲でも無理なく解ける問題の番号を次ページにまとめておきましたので，数Ⅲ未習の方は参考にしてください．

○問題編

●問題

　見た目の分野で分けてありますが，複数の分野にまたがるものや，例えば，外見は幾何の問題だがベクトルや座標が有効，といったものもあるかもしれないので，先入観を持たない方がよいでしょう．

　どの分野から始めても，同じ分野内では，どの問題から解き始めても結構です．

　難易度は，前ページでも述べたように，難しめの問題（入試問題の発展レベル：易しい方から1〜10に分けたとして9〜10程度）が主体ですから，苦労したり，解決に至らなかったりしても，悲観するには及びません．なお，難易の感じ方は人それぞれなので，難しいハズだ，という先入観は無用です．

●解答時間と正答率（p.16〜17）

　応募者の解答時間の内訳と正答率（25点満点の人の割合）をグラフにしました．本書の中での問題ごとの難易の一つの目安になるでしょう．ただし，正答率が低くなった問題は，本当に難しかったもののほか，ギロンに不備が起きやすかったり，多くの人が陥りがちなトラップがあったりして完答した人が少なくなったものもありますので，一律に難問であるというわけではありません．

●ヒント（p.18〜22）

　思考力，発想力を養うために，まずは，自分の頭で考え，自分の手を動かしてみてほしいですが，手がかりが得られなかったり，途中で行き詰まったりした人のために，ヒントのページを設けました．それをもとに，再度チャレンジするとよいでしょう．もちろん，いきなりヒントを見るのではなく，30分程度は，自力で問題に当たるようにしましょう．

○解説編

　問題文の右側に，平均点（満点は25点），正答率，応募者の解答時間（20点以上の人について集計したもので，SS…30分以内，S…30分〜1時間，M…1時間〜2時間，L…2時間以上），を掲載しました．時間無制限で，締切ギリギリまで粘る応募者が多いので，平均点は高めになりますから，その点を割り引いて参考にして下さい．

　解説編は，学力コンテスト応募者に，返送時に答案とともに配布する解説プリントをもとにしました．本書を刊行するに当たって，一部，編集部で加筆したり，重複がある部分などの修正をしたものもあります．

●前書き

　解答の前に，前書きとして，解決へのポイント

や手がかりになることなどを書きました．p.18～22 のヒントと重複する部分もありますが，答えは出たもののメンドウな計算やギロンを強いられた人は，解答を見る前に，前書きを参考にして再検討するのもよいでしょう．

● 解答

筋の良い解法を吟味して掲載しました．ギロンの飛躍がないように説明も省略せずに書いてあるので，試験の答案としても，そのまま通用するものです．単純計算は省略した部分もありますが，工夫した場合は，そのことがわかるように，途中過程も書きました．

なお，ほとんどの人が思いつかないような巧妙すぎる方法は，ここでは採用しませんでしたが，皆さんにも紹介したいものは，あとの解説の中で掲載しました．

● 解説

解答中のポイント，解答で用いた重要事項や関連事項を掘り下げて解説しました．自力では答えに至らなかった人も，解説を読むことによって得られるものが多いことでしょう．教科書の基本事項レベルの事柄は省略しましたので，苦手分野で不安な人や基本の再確認をしたい人は，教科書などを参照して下さい．

また，有用な別解があれば掲載しました．問題によっては，少々手間がかかるけれども思いつきやすい解法や，目立った誤答例も取りあげましたので，皆さんと実際の応募者の解答状況を比較することが出来ます．

なお，入試問題から関連問題を紹介したものもありますので，理解を深めるためにチャレンジしてみましょう．

解説プリント担当者（本書掲載分．五十音順）
飯島康之（現在編集部）
石城陽太
一山智弘
伊藤大介
上原早霧
條　秀彰（現在編集部）
濵口直樹
藤田直樹
山崎海斗（現在編集部）
吉川　祥
吉田　朋

数ⅠAⅡBの範囲で無理なく解ける問題
1，2，3，5，6，7，8，9，10，11，12，13，14，16，17，18，19，20，21，22，23，24，25，26，27，28，29，30，31，32，37，46

～学コンの発展問題に挑戦～

はじめに	1
本書の構成と利用法	2

問題編

座標・ベクトル	6
図形	7
方程式・不等式・関数	8
数列	9
整数	10
場合の数・確率	11
微分法・積分法（数式主体）	12
積分法（面積）	13
積分法（体積・弧長）	14
極限	15

解答時間と正答率	16
ヒント	18
学力コンテスト・添削例	57

解説編 …… 23

あとがき …… 128

|座標・ベクトル／図形／方程式・不等式・関数／数列／整数／場合の数・確率|
|微分法・積分法(数式主体)／積分法(面積)／積分法(体積・弧長)／極限|

座標・ベクトル

1 xy 平面上に 2 曲線 $C: y=x^2$, $D: (x-a)^2+(y-b)^2=1$ がある．C, D が異なる 2 点で直交するとき，a, b の値を求めよ．ただし，2 曲線がある点で直交するとは，2 曲線がその点で交わり，かつその点における 2 曲線の接線が直交することを言う．

2 xy 平面上に，2 曲線 $C_1: y=3x^3-3x$, $C_2: y=x^3+3ax^2-3x+b$ がある（a, b は定数）．C_1 と C_2 の共有点すべてと点 $(1, -3)$ を通るような，$y=px^2+qx+r$（p, q, r は定数）の形で表される曲線または直線が存在するための a と b の条件を求め，ab 平面上に図示せよ．

3 xy 平面上の放物線 $C: y=x^2$ 上に 2 点 $P(t-1, (t-1)^2)$, $Q(t+1, (t+1)^2)$ $(t \neq 0)$ がある．線分 PQ 上にない 2 点 R, S を，四角形 PRQS の各辺が x 軸または y 軸に平行になるように取る．t が 0 以外の実数を動くとき，線分 RS が動きうる領域を図示せよ．

4 座標平面上に放物線 $C: y=\dfrac{1}{2}x^2+1$ $(x \geq 0)$, $D: x=\dfrac{1}{2}y^2+2$ $(y \geq 0)$ と，直線 $l: y=ax$, $m: x=by$ があり，C と l は 2 点 P, Q で，D と m は 2 点 R, S で交わっているとする．
（1） O を原点として，$\overrightarrow{OP} \cdot \overrightarrow{OQ}$ を a で表せ．
（2） 4 点 P, Q, R, S により作られる四角形がある円に内接するとき，k を定数として，$ka+b$ の取りうる値の範囲を k で表せ．

5 p, q を負でない実数の定数として，ベクトル $\vec{a}$, $\vec{b}$ が $|\vec{a}+\vec{b}|=p$ と $|\vec{a}-\vec{b}|=q$ を満たすとき，$|\vec{a}|+|\vec{b}|$ の取り得る値の範囲を p, q で表せ．

6 座標空間に相異なる 4 点 $A(0, 0, k)$, $B(-1, 0, 0)$, $C(a, b, 0)$, $D(c, d, 0)$ があり，これらは四面体の 4 頂点になっているとする．また，A を通り平面 BCD に垂直な直線を l_A とし，B を通り平面 ACD に垂直な直線を l_B とし，C を通り平面 ABD に垂直な直線を l_C とし，D を通り平面 ABC に垂直な直線を l_D とする．いま，l_A と l_B が点 X で交わっているとする．
（1） a と c がみたす等式を求めよ．また，X の座標を k, a で表せ．
（2） k, a, b, c, d を変化させたとき，l_C と l_D は常に交わると言えるか．また，常に交わる場合は，その交点 Y の座標および X と Y が一致するための条件を k, a, b, d で表せ．

図 形

7 凸四角形 ABCD とその内部の点 X は次の条件(∗)を満たしている.
   (∗) 4つの三角形 XAB, XBC, XCD, XDA の面積がすべて等しい
   X は AC 上にないものとして,以下の問いに答えよ.
 (1) △XAB=△XBC に着目して,直線 BX が AC の中点を通ることを示せ.また,直線 DX も AC の中点を通ることを示せ.
 (2) 直線 BD は AC の中点を通り,X は BD の中点であることを示せ.
 (3) A(1, 0), C(0, 1) とする.xy 平面の単位円 $x^2+y^2=1$ 上に B, D をとり,(∗)を満たすようにするとき,X の軌跡を図示せよ.

8 △ABC の辺 AB を $p:(1-p)$ に内分する点を P,辺 BC を $q:(1-q)$ に内分する点を Q,辺 CA を $r:(1-r)$ に内分する点を R とする.$\frac{1}{3} \leq p \leq \frac{2}{3}$, $\frac{1}{3} \leq q \leq \frac{2}{3}$, $\frac{1}{3} \leq r \leq \frac{2}{3}$, $p+q+r=\frac{3}{2}$ を満たすように p, q, r が動くとき,△PQR の重心 G の存在範囲の面積は △ABC の面積の何倍か.

9 △ABC の ∠A 内,∠B 内,∠C 内の傍接円の半径をそれぞれ r_A, r_B, r_C とする(∠A 内の傍接円とは,A を始点とする2つの半直線 AB, AC, および線分 BC と接する円のうち,△ABC の内接円でないものである).∠A=60°,BC=1,$r_B:r_C=2:5$ のとき,
 (1) 線分 CA, AB の長さをそれぞれ求めよ.
 (2) r_A を求めよ.

10 (1) 三角形 ABC に対して,BC=a,CA=b,AB=c とおく.また,三角形 ABC の外接円の半径を R,内接円の半径を r,面積を S とする.このとき,$a+b+c$ と abc を R, r, S のうち必要なものを用いて表せ.
 (2) 2つの三角形があり,それらの外接円の半径は等しく,内接円の半径も等しく,また,面積も等しい.この2つの三角形は合同であるといえるか.

11 直径1の円に内接するような正 $2n$ 角形 P が,ある辺 AB を下にして水平な直線 l の上に乗っている.P がすべることなく l 上を転がるとき,辺 AB が初めて直線 l と平行になるまでに辺 AB が通過する部分の面積を求めよ.ただし,n は2以上の整数とする.

方程式・不等式・関数

12 $f(x)=-2|x-p|+2$ (p は実数の定数) とする.
(1) $f(x)=x$ を満たす異なる実数 x の個数を求めよ.
(2) $f(f(x))=f(x)$ を満たす異なる実数 x の個数を求めよ.
(3) $f(f(x))=x$ を満たす異なる実数 x の個数を求めよ.

13 k を実数とし,$f(x)=x^2+kx+k$, $g(x)=x^2+(2k+1)x$, $h(x)=(4k+3)x-3k$ とする.x が全実数を動くとき,$f(x)$, $g(x)$, $h(x)$ について以下の 6 通りの大小関係がすべて実現できるような k の範囲を求めよ.

大小関係　ア $f(x)<g(x)<h(x)$ 　　イ $g(x)<h(x)<f(x)$ 　　ウ $h(x)<f(x)<g(x)$
　　　　　エ $g(x)<f(x)<h(x)$ 　　オ $f(x)<h(x)<g(x)$ 　　カ $h(x)<g(x)<f(x)$

14 $0.4<\tan 2005°<0.5$ であることを示せ.

15 $1<x$, $0<y<\dfrac{\pi}{2}$ のとき,$x\sin y>\sin xy$ は正しいか.正しいときは,その証明をし,誤りであるときは,反例をあげよ.

数列

16 n を正の整数とする．$S_n = \sum_{k=0}^{n} \left(|n-2k| \sum_{l=0}^{k} |n+1-2l| \right)$ と定める．

（1） $k=0, 1, \cdots, n$ のとき，$\sum_{l=0}^{n-k} |n+1-2l| = \sum_{l=k+1}^{n+1} |n+1-2l|$ を示せ．

（2） $S_n = \sum_{k=0}^{n} \left(|n-2k| \sum_{l=k+1}^{n+1} |n+1-2l| \right)$ を示せ．

（3） n が偶数のとき，S_n を n を用いて表せ．

17 数列 $\{a_n\}$ を，$a_1 = 1 + \dfrac{1}{2^{20}}$，$a_{n+1} = -\dfrac{7}{6}|a_n| - \dfrac{5}{6}a_n + 3$ $(n=1, 2, 3, \cdots)$ で定める．

（1） $a_n < 0$ となる最小の n を求めよ．

（2） 数列 $\{a_n\}$ の一般項 a_n を求めよ．

18 次のように数列 $\{a_n\}$ を定める．$a_1 = a$（a は実数），$a_{n+1} = a_n^2 - 2$ $(n=1, 2, 3, \cdots)$
任意の自然数 n に対して $a_{n+p} = a_n$ を満たす，n によらない自然数 p が存在するとき，そのような p のうちの最小のものを $\{a_n\}$ の基本周期と呼ぶ．

（1） $\{a_n\}$ の基本周期が 1 のとき，a を求めよ．

（2） $\{a_n\}$ の基本周期が 2 のとき，a を求めよ．

（3） $\{a_n\}$ の基本周期が 2 以上のとき，a は無理数であることを示せ．

整数

19 $abc+bcd+cda+dab=4(a+b+c+d)$ を満たす正の整数の組 (a, b, c, d) は何通りあるか．

20 3つの素数 a, b, c があり，$ab-1$, $bc-1$ は平方数で，$ca-1$ は素数の6乗である．a, b, c を求めよ．

21 n を正の整数とする．
（1） 399^{4n-1} の正の約数のうち，下1桁が1のもの，3のもの，7のもの，9のもの，の個数はいずれも等しいことを示せ．
（2） 399^{4n} の正の約数のうち，下1桁が1のものの個数を求めよ．

22 $2014!$ を 5^{503} で割った余りを求めよ．

23 自然数 a, b に対し，a を b で割った商を q，余りを r とするとき，$q+r=100$ ……………（*）
という条件を考える．100以下の自然数 i に対して，（*）および $q=i$ を満たす b が存在するような a 全体の集合を A_i とする．
（1） A_{10} の要素を小さい方から3つ求めよ．
（2） $A_{10} \cap A_{27} \subset A_j$ を満たす j をすべて求めよ．

24 n を自然数の定数とし，座標平面上で x 座標，y 座標がともに0以上 n 以下の整数である点を3頂点とする三角形の面積を S とする．
（1） S の最大値を求めよ．
（2） S は何種類の値をとるか．

25 k を自然数とする．曲線 $C: y=f(x)$ 上に2点 $A(-2(2k-1), f(-2(2k-1)))$，$B(2(2k-1), f(2(2k-1)))$ をとり，C と線分 AB で囲まれた部分（境界を含む）にあり，x 座標，y 座標がともに整数である点の個数を T とおく．
（1） $f(x)=\dfrac{1}{4}x^2$ のときの T を T_1 として，T_1 を k で表せ．
（2） $f(x)=\dfrac{1}{4}\{x+(2k-1)\}^2$ のときの T を T_2 として，T_2 を k で表せ．

26 （1） $n \geq 2$ のとき，$n^2-4 \leq \sqrt{n^4-4n^2} < n^2-2$ であることを示せ．
（2） n を2以上の整数の定数とする．0以上の実数 x が $[x]=[n\sqrt{x}]$ を満たすとき，以下の問に答えよ．ただし，実数 a に対して，$[a]$ は a の整数部分を表す．
（ⅰ） $[x]=[n\sqrt{x}]=k$ とおくとき，k の取りうる値を n で表せ．
（ⅱ） x の取りうる値の範囲を n で表せ．

場合の数・確率

27 （1） 三角形 ABC の内部（周上は除く）に点 D があるとき，4点 A, B, C, D を頂点とする凹四角形は何個あるか（答えのみでよい）．

（2） n を 2 以上の整数とし，O を中心とする円に内接する正 $2n$ 角形 $P_1P_2\cdots P_{2n}$ を考える．$2n+1$ 個の点 O, P_1, P_2, $\cdots$, P_{2n} のうち 4 点を頂点とする四角形の個数（凸四角形と凹四角形の個数の和）を求めよ．

28 （1） n を自然数とする．$(x+y+z)^n$ を展開したとき，x, y, z すべてが現れる項の係数の和を求めよ．

（2） m, n を自然数とする．$(x+y+z)^m(x+y+z+w)^n$ を展開したとき，x, y, z, w すべてが現れる項の係数の和を求めよ．

29 $f(n)=\sum_{k=0}^{n}\dfrac{1}{{}_n\mathrm{C}_k}$ とおく．ただし，n は自然数である．

（1） $\dfrac{1}{(n+1)\times {}_n\mathrm{C}_r}=\dfrac{1}{(n+2)\times {}_{n+1}\mathrm{C}_{r+1}}+\dfrac{1}{(n+2)\times {}_{n+1}\mathrm{C}_r}$ を示せ．ただし，$r=0$, 1, 2, $\cdots$, $n-1$, n である．

（2） $f(n+1)$ を $f(n)$, n を用いて表せ．

（3） $f(n)$ の最大値を求めよ．

30 n は 0 以上の整数とする．xy 平面上で，A 君は時刻 0 に $(0, 0)$ を出発し，n 秒後に点 (x, y) にいるとき，$n+1$ 秒後に点 $(x+1, y)$ と $(x, y+1)$ のいずれかにそれぞれ確率 $\dfrac{1}{2}$ で進み，B 君は時刻 0 に点 $(7, 3)$ を出発し，n 秒後に点 (x, y) にいるとき，$n+1$ 秒後に点 $(x-1, y)$ と $(x, y-1)$ のいずれかにそれぞれ確率 $\dfrac{1}{2}$ で進む．時刻 n のときの AB 間の直線距離を l_n とおく．

（1） $l_5=2\sqrt{2}$ かつ $l_6=2$ となる確率を求めよ．

（2） l_n の最小値が 2 である確率を求めよ．

31 袋の中に，O, T, U と書かれたカードが 1 枚ずつ入っている．この袋の中から無作為に 1 枚取り出して元に戻すという操作 S を繰り返す．ただし，O の次に U が出て，さらにその次に T が出たら，そこで終了する．操作 S を 10 回行っても終了しない確率を求めよ．

32 （1） 1 列に並んだ n 個の椅子があり，1 つの席に 1 人が座るように n 人が座っている．席を立って，1 つの席に 1 人が座るように無作為に座るとき，すべての人が直前に座っていた席か，その隣の席に座る確率を $\dfrac{a_n}{n!}$ とする．a_{n+2} を a_{n+1}, a_n で表せ．

（2） 円状に並んだ n 個の椅子があり，1 つの席に 1 人が座るように n 人が座っている．席を立って，1 つの席に 1 人が座るように無作為に座るとき，すべての人が直前に座っていた席か，その隣の席に座る確率を $\dfrac{b_n}{n!}$ とする．b_{15} を求めよ．

微分法・積分法（数式主体）

33 xy 平面上に点 $(-4, p)$ を中心とし，点 $(1, 1)$ を通る円 C がある．C と放物線 $y = x^2$ の共有点が異なる 2 点であるとき，p の範囲を求めよ．

34 数列 $\{a_n\}$ を $a_n = \left(1 + \dfrac{1}{n}\right)^{3(n+1)}$ $(n = 1, 2, \cdots)$ で定める．

(1) $\dfrac{6(n+1)}{2n+1} < \log a_n < \dfrac{3(2n+1)}{2n}$ $(n = 1, 2, \cdots)$ であることを示せ．

(2) $a_n > a_{n+1}$ $(n = 1, 2, \cdots)$ であることを示せ．

(3) $a_n < e^\pi$ を満たす最小の自然数 n を求めよ．ただし，$\pi = 3.1415\cdots$ である．

35 (1) $f(x)$ は連続関数とする．次の等式を証明せよ．
$$\int_0^\pi x f(\sin x)\, dx = \dfrac{\pi}{2} \int_0^\pi f(\sin x)\, dx$$

(2) 次の空欄に当てはまる式を答えよ（答のみでよい）．$1 + \sin x = 2\cos^2 \boxed{}$

(3) $\displaystyle\int_0^\pi \dfrac{x}{(1 + \sin x)^3}\, dx$ を求めよ．

36 $f(x) = \displaystyle\int_{\frac{\pi}{3}}^x (x-t)^2 \sin t\, dt$ とおく．

(1) $f''(x)$ を求めよ．

(2) $f(x) = 0$ となる実数 x は何個あるか．

積分法（面積）

37 a, b, c, d を実数とする．$f(x)=x^4+ax^2+b$, $g(x)=x^2+cx+d$ は次の2つの条件を満たす．
 (i) 2曲線 $y=f(x)$, $y=g(x)$ は $x=\alpha$, $x=\beta$ で交わり，$x=\gamma$ で接する．ただし，$\alpha<\beta<\gamma$ とする．
 (ii) 2曲線 $y=f(x)$, $y=g(x)$ で囲まれた2つの部分の面積は等しい．
 (1) α, γ を β を用いて表せ．
 (2) $f(x)$ が $g(x)$ で割り切れるとき，$f(x), g(x)$ を求めよ．

38 (1) 曲線 $y=x^3-50x$ と x 軸で囲まれた2つの部分の面積の和を求めよ．
 (2) 曲線 $y=x^3-50x$ と直線 $y=1$ で囲まれた2つの部分の面積の和は 1250.025 より大きいことを示せ．

39 xy 平面上に曲線 $C_1: y=\cos^2 x$（$0\leq x\leq \pi$）と $C_2: y=k\sin x$（k は負でない定数）があり，C_1, C_2 と y 軸で囲まれた部分の面積を S_1，C_1 と C_2 で囲まれた部分の面積を S_2 とする（ただし，$k=0$ のときは $S_2=0$）．$0\leq k\leq \dfrac{1}{\sqrt{2}}$ の範囲で k を動かすとき，S_1+S_2 の最大値を与える k を k_M，最小値を与える k を k_m として，k_M, k_m を求めよ．

40 1辺の長さが $\sqrt{2}$ の正四面体 OABC の辺 OA，辺 BC の中点をそれぞれ M，N とする．半直線 NC 上に点 S を NS=MN となるようにとり，さらに直線 BC 上に点 P をとる．△OAP の外心を Q として，次の問いに答えよ．
 (1) ∠PMN=θ とするとき，△OAP の外接円の半径を θ で表せ．
 (2) P が線分 NS（端点を含む）上を動くとき，線分 PQ が通過する部分の面積を求めよ．

41 xy 平面上に四分円 $C: x^2+y^2=1$（$x\geq 0, y\geq 0$）があり，長さ $\sqrt{3}$ の線分 AB は常に C に接するように動く．点 A を $y=0$ 上の $1\leq x\leq 2$ の範囲で動かすとき（ただし，A(1, 0) のとき B(1, $\sqrt{3}$) とする），線分 AB が通過する領域の面積を求めよ．

積分法（体積・弧長）

42 n を自然数として，$(n-1)\pi \leq x \leq n\pi$ において曲線 $y = e^{-x}\sin x$ と x 軸が囲む部分を，直線 $x = (n-1)\pi$ の周りに1回転させてできる立体の体積を $V_1(n)$，直線 $x = n\pi$ の周りに1回転させてできる立体の体積を $V_2(n)$ とする．$T(n) = \dfrac{V_1(n) + V_2(n)}{2}$ とするとき，$\lim\limits_{n\to\infty}\sum\limits_{k=1}^{n} T(k)$ を求めよ．

43 xyz 空間に，

$0 < z \leq 1$ のとき $\dfrac{x^2}{z^2} + \dfrac{(y-1)^2}{(2-z)^2} = 1$

$z = 0$ のとき $x = 0$ かつ $-1 \leq y \leq 3$

を満たす点の集合 C がある．C を z 軸の周りに回転してできる立体の体積を求めよ．

44 xyz 空間に2点 $P(2\cos\theta, \sin\theta, 0)$, $Q\left(\cos\left(\theta + \dfrac{\pi}{2}\right), 2\sin\left(\theta + \dfrac{\pi}{2}\right), 3\right)$ がある．

（1） t を $0 < t < 1$ をみたす定数とし，線分 PQ を $t : (1-t)$ に内分する点を R とおく．θ を $0 \leq \theta \leq 2\pi$ の範囲で動かすとき，R の描く曲線は楕円になることを示し，その長軸と短軸の長さを t で表せ．

（2） θ を $0 \leq \theta \leq 2\pi$ の範囲で動かすとき，線分 PQ が動いてできる曲面を S とする．S と2平面 $z = 0$, $z = 3$ で囲まれる部分の体積 V を求めよ．

45 $f(x) = \dfrac{e^x + e^{-x}}{2}$ とおく．曲線 $C : y = f(x)$ の $x \geq 0$ の部分に点 $P(t, f(t))$ をとり，P における C の法線の $y < f(t)$ の部分に，PQ $= f(t)$ となる点 Q をとる．$f(t) = f$, $f'(t) = f'$ とおく．

（1） $(f')^2$ を f で表せ．（答えのみでよい）．

（2） Q の座標を t, f, f' で表せ．

（3） $f = \dfrac{25}{16}$, $t > 0$ を満たす t を T とおく．t が $0 \leq t \leq T$ の範囲で動くとき，Q の描く曲線の長さを求めよ．必要ならば $f(t) = \dfrac{1}{4}\left(u + \dfrac{1}{u}\right)^2$ と置換せよ．

極限

46 曲線 $C: y=x^n$ (n は 2 以上の整数) 上に点 A(a, a^n), B(b, b^n) がある．ただし，$0 \leq a < b$ とする．A における C の接線と B における C の接線の交点の x 座標を p とするとき，$\displaystyle\lim_{b \to a+0} \frac{p-a}{b-a}$ を求めよ．

47 θ は $0 < \theta < \pi$ を満たす実数とし，O を中心とする半径 1，中心角 θ の扇形 OAB を考える．OB の中点を P とし，点 X が扇形の弧 AB 上（端点は B のみ含む）を動くときの，三角形 APX の面積の最大値を $M(\theta)$ とする．
（1） $M(\theta)$ を求めよ．
（2） $f(\theta) = M(\pi - \theta) - M(\theta)$ とおき，$\displaystyle\lim_{\theta \to +0} f(\theta) = c$ とする．このとき，$\displaystyle\lim_{\theta \to +0} \frac{f(\theta) - c}{\theta}$ を求めよ．

48 （1） $x \geq 0$ のとき，不等式 $x - \dfrac{x^3}{6} \leq \sin x \leq x$ および $x - \dfrac{x^2}{2} \leq \log(1+x) \leq x - \dfrac{x^2}{2} + \dfrac{x^3}{3}$ を示せ．
（2） $\displaystyle\lim_{n \to \infty} k^n \left\{ n \sin \frac{1}{n} + n \log \left(1 + \frac{1}{n}\right) \right\}^n$ が 0 でない値に収束するような正の定数 k と，そのときの極限値を求めよ．

49 （1） $\displaystyle\sum_{k=1}^{n} \frac{1}{k} \leq 1 + \log n$ ($n = 1, 2, 3, \cdots$) であることを示せ．
（2） 数列 $\{a_n\}$ を次の式で定める．$a_1 = 1$,
$$a_{n+1} = \frac{a_n}{2a_n^2 + 5a_n + 1} \quad (n = 1, 2, 3, \cdots)$$
（ⅰ） $b_n = \dfrac{1}{a_n}$ とおく．$n \geq 2$ のとき，次の空欄にあてはまる式を求めよ．$b_n = 2 \displaystyle\sum_{k=1}^{n-1} a_k + \boxed{}$
（ⅱ） $a_n \leq \dfrac{1}{5n - 4}$ であることを示せ．
（ⅲ） $\displaystyle\lim_{n \to \infty} n a_n$ を求めよ．必要ならば，$\displaystyle\lim_{x \to \infty} \frac{\log x}{x} = 0$ であることを用いてもよい．

50 （1） x を実数，n を自然数とするとき，$\displaystyle\sum_{k=1}^{n}(x^{3k-3} - x^{3k-1})$ を x と n で表せ（$0^0 = 1$ とする）．
（2） $\displaystyle\sum_{k=1}^{\infty} \left(\frac{1}{3k-2} - \frac{1}{3k} \right)$ を求めよ．

解答時間と正答率

解答時間は，考え始めてから答案を書き上げるまでの実質的な所要時間を，20点以上（25点満点）の人について集計したもので，

SS …… 30分以内　　　S …… 30分～1時間
M …… 1時間～2時間　　L …… 2時間以上

正答率は完答（25点満点）の人の割合です．
なお，具体的な数値は，解説編の各問の問題文の右に書いてあります．
コースは，下記のどのコースの問題かを表しています．

Sコース（1番～3番）：文理共通
Aコース（1番～4番）：理系向け
Bコース（1番～6番）：理系で意欲的な人向け

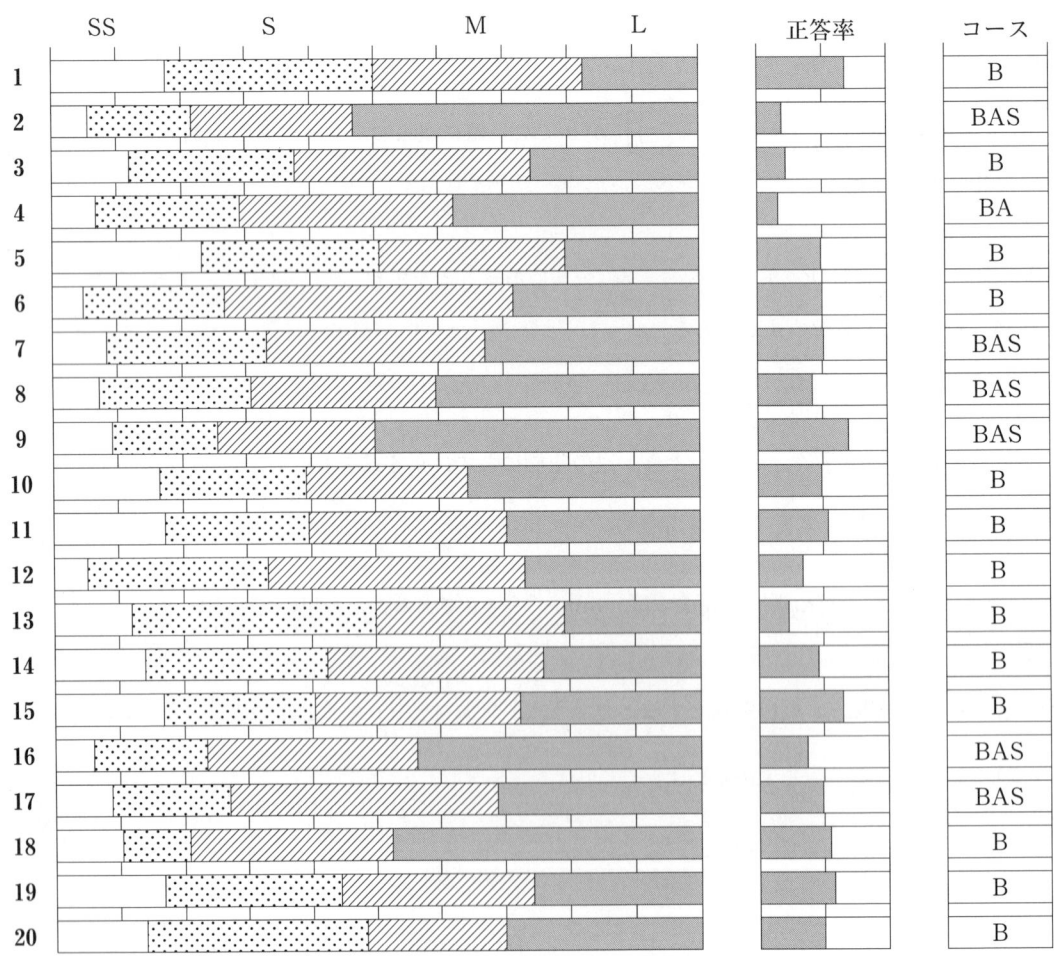

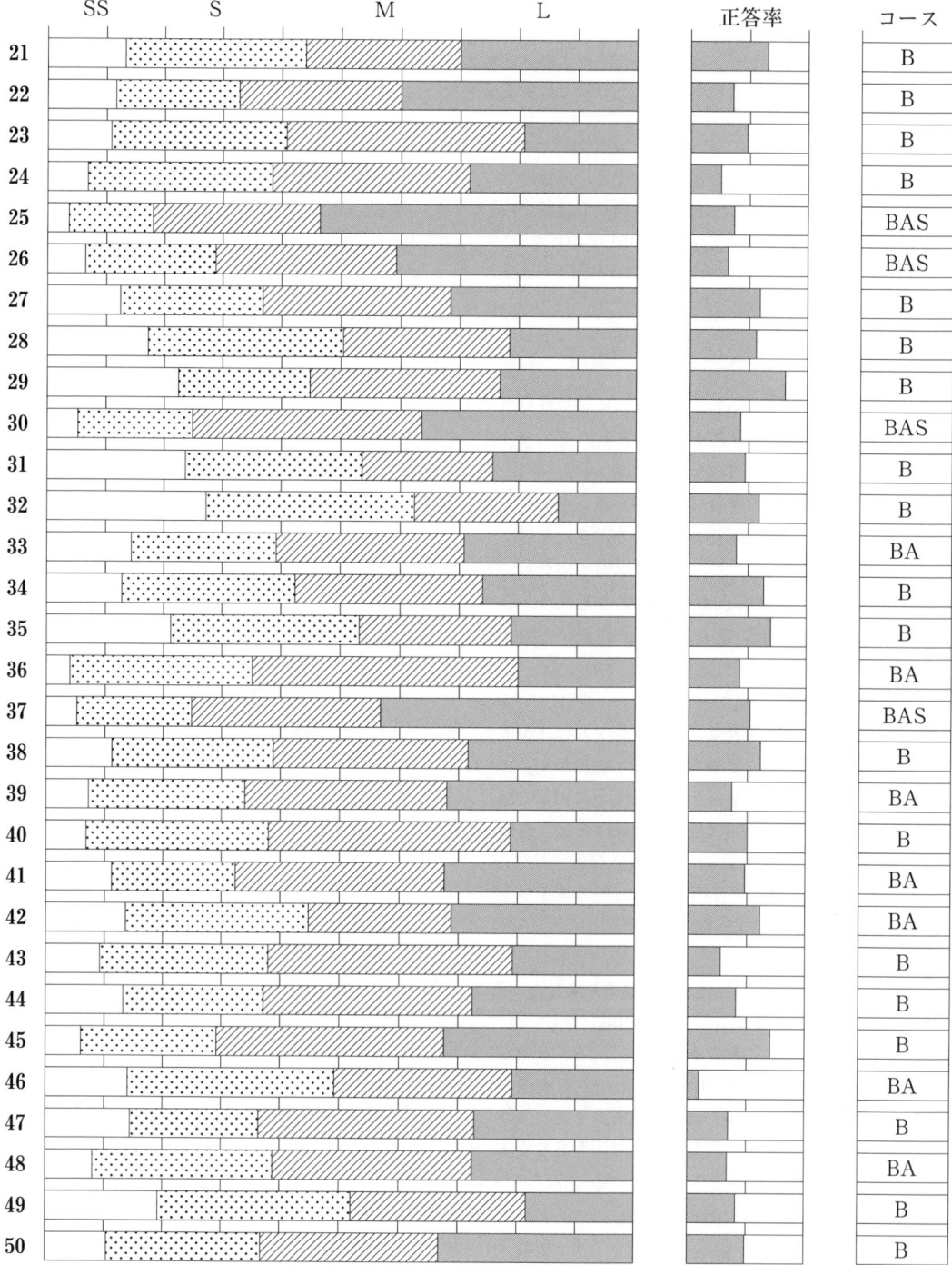

◎ ヒント ◎

解決への手がかりが得られない人や途中で行き詰まった人のためのヒントです．いきなり見るのではなく，まずは自分の頭で考え，手を動かすようにしましょう．すぐに見たくなる誘惑に勝てない人は，ホチキスなどで袋綴じにしてしまうのも一つの手です．

1 2交点を$P(p, p^2)$, $Q(q, q^2)$とおくと，放物線の接線と円の接線が直交することから，放物線の接線が円の中心を通るので，2接線の交点Mは円の中心になり，aとbはpとqで表せます．すると，PM＝QMからpとqの関係式が得られます．

2 "束の考え方"：
2曲線 $K_1: g(x, y)=0$, $K_2: h(x, y)=0$ が共有点を持つとき，曲線 $s \cdot g(x, y) + h \cdot g(x, y) = 0$ は，K_1とK_2のすべての共有点を通る
——を使うと，C_1とC_2の共有点をすべて通るような $y=px^2+qx+r$ の形の曲線が得られますが，それだけで片付くわけではありません．C_1とC_2の共有点の個数で場合分けしましょう．共有点が2個以下のときは，C_1とC_2が$x=1$で交わらない限り，必ず，題意の曲線または直線は存在します．

3 線分RSの方程式を得た後は，tの2次方程式がある範囲に解を持つ条件か，xを固定してtを動かすことを考えます．ただし，tの動きうる範囲はxによって制限されることに注意．さらに，$t \neq 0$の条件をどう処理するかが問題になってきます．$t=0$のときの線分RS上の点Xであっても，他のtの値に対する線分RSがXを通ればXは答えに含まれます．

4 （1） P, Qの座標をaで表す必要はありません．PとQのx座標の積が簡単になることを利用しましょう．
（2） （1）と同様にOR・OSをbで表せば，方べきの定理からaとbの関係式が得られます．$ka+b$の範囲の求め方は，直線と双曲線（の一部）が共有点を持つ条件として捉える，bを消去して微分，などの手があります．

5 条件は$\vec{a}+\vec{b}$と$\vec{a}-\vec{b}$に関するものなので，$\vec{a}+\vec{b}=\vec{x}$, $\vec{a}-\vec{b}=\vec{y}$とおき，$\vec{a}$, $\vec{b}$を$\vec{x}$, $\vec{y}$で表し，$\vec{x}$と$\vec{y}$のなす角をθとして，$|\vec{a}|+|\vec{b}|$をθの関数として考えましょう．$(|\vec{a}|+|\vec{b}|)^2$は増減がわかりやすい形になります．

6 （1） l_Aはz軸なのでX$(0, 0, t)$とおけます．
（2） 平面ABDに垂直なベクトルなどをもとに l_C, l_D のベクトル方程式を立てて，l_C上の点Pとl_D上の点Qが一致するための条件を考えましょう．

7 （2）は（1）を，（3）は（2）を用いて解答します．
（3） 円の中心とXを結ぶと図形的に解決します．それに気付かない場合は，ACの中点を通る直線をlとして，$l \not\parallel (y$軸$)$のとき，lの傾きをmとして，Xのx座標をmで表しましょう．Xのy座標をmで表さなくても，Xがl上にあることからmは消去できます．

8 見かけ上はp, q, rの3変数ありますが，
$p+q+r=\dfrac{3}{2}$により1つ消去できるので，実質的には2変数です．$\overrightarrow{AG}=\alpha\overrightarrow{AB}+\beta\overrightarrow{AC}$……Ⓐの形にして，$p$, q, rの条件をα, βに移して考えるか，例えばq, rを主役にして$\overrightarrow{AG}=q\overrightarrow{}+r\overrightarrow{}+\overrightarrow{}$の形にするという手があります．いずれにせよ，$p$, q, rの条件を必要十分に移すように注意しましょう．pを消去した場合は，pの条件をq, rに反映させるのを忘れないように，Ⓐの場合は，さらにq, rをα, βで表してα, βの不等式を導きましょう．

9 傍接円（傍心）は，様々な点で内接円（内心）と似ています．例えば，「面積を2通りに表す」という手法は傍接円に対しても使えて，△ABCの面積をSとおくと，r_Bとr_Cはb, c, Sで表せます．

10 （1） abcについては，正弦定理も用います．
（2） 2つの三角形の三辺の長さをそれぞれa, b, cおよびa', b', c'とすると，（1）から
$a+b+c=a'+b'+c'$, $abc=a'b'c'$がわかるので，$ab+bc+ca=a'b'+b'c'+c'a'$が示せれば，a, b, cとa', b', c'を解とする3次方程式が同じになり，合同であると言えます．面積が等しいことを，三辺の長さで捉えるには？

18

11 とりあえず，正方形や正6角形などで転がして図示して，状況を掴みましょう．Aの軌跡とBの軌跡が同じようになることがポイントです．同じ円弧になるところどうしが重なるように平行移動していくと….

12 （1） グラフを考えましょう．
（2） $f(x)=X$ とおけば（1）の結果が使えます．
（3） $y=f(f(x))$ のグラフを考える，地道に計算して解を求める，といったやり方もありますが，$y=f(x)$ とおくと与式は $f(y)=x$ となるので，これらのグラフを考えると….

13 まず，2曲線 $y=f(x)$，$y=g(x)$ は交点を持つ必要があります．このとき，題意を満たすための条件は，直線 $y=h(x)$ が，その交点よりも上側にあることなのですが，それが必要であること（そうでないとダメなこと）をちゃんと説明してやらなければなりません（十分性は，ほぼ明らか）．$y=f(x)$，$y=g(x)$ と，それらの交点を通り y 軸に平行な直線で xy 平面を分けると….

14 $\tan 2005°=\tan 25°$ の値そのものはわからないので，何らかの形で「知っているもの」に帰着させます．3倍角の公式により $\tan 75°$ に帰着させる（$\tan 25°=t$ として t の満たす方程式を導く），$\tan$ よりも値を求めやすい関数（$x<\tan x$ $\left(0<x<\dfrac{\pi}{2}\right)$ や $y=\tan x$ 上の2点を結ぶ線分）で評価する，などの手があります．

15 y を固定したときの2つのグラフの上下関係を調べる，x と y の一方を固定して（左辺）$-$（右辺）>0 を微分して示す，両辺を xy で割った $\dfrac{\sin y}{y}>\dfrac{\sin xy}{xy}$ を考えるなど，色々なやり方があります．

16 （1）（2） 変数の置き換えで示せますが，慣れていなければ和を具体的に書き下すとよいでしょう．
（3） S_n の定義式と（2）の式をよく見比べましょう．$\displaystyle\sum_{l=0}^{k}|n+1-2l|$ と $\displaystyle\sum_{l=k+1}^{n+1}|n+1-2l|$ を加えると….

17 a_n の正負によって a_{n+1} を求める式が変わってきます．（1）は，とりあえず $a_n\geqq 0$ とした漸化式を解いて一般項を求めてみましょう．初めて $a_n<0$ となるまではその一般項は正しいです．（2）は，初めて $a_n<0$ となるところから，いくつかの項を実際に計算してみると，a_n の正負が交互に変化すると予想できます．それを帰納法で示すには，$p\leqq a_n\leqq q$ （<0）の形の仮定を考え，この仮定の下で，$a_{n+1}\geqq 0$，$p\leqq a_{n+2}\leqq q$ となるような p，q を見つけましょう．

18 （1）は $a_2=a_1$ が，（2）は $a_3=a_1$ かつ $a_2\neq a_1$ が条件です．（3）は解法が大別して2通りあります．
$a=\dfrac{p}{q}$ （p，q は互いに素な整数で $q>0$）とおくと $q\geqq 2$ のときは漸化式から分母がどんどん増えてしまって，周期を持たないことに着目する（あとは a が整数の場合を調べる）か，a_n を a の多項式で表したときの a の方程式 $a_n=a$ を考えます．

19 不等式を作って，有限個に絞りこみ，シラミツブシに調べていきましょう．その際，与式は $a\sim d$ に関して対称なので，とりあえず，$a\leqq b\leqq c\leqq d$ というように大小関係を設定しておくのが有効です．絞り方は色々あります．例えば，（左辺）$-$（右辺）において，$abc-4a$ を $a(bc-4)$ とまとめ，他の部分も同様にすると….
なお，1の個数に着目する手もあります．

20 素数がたくさん登場するので，因数分解の形に持っていき，一つでも多くの値を確定させましょう．$ca-1$ が素数の6乗…と特別な設定になっているので，これに着目してみましょう．$a\leqq c$ として $ca-1=p^6$ （p は素数）とおくと，a，c は p で表せ，p が決まります．

21 （1） 399を素因数分解した後は，構成要素の素因数のべき乗の下1桁について調べてみましょう．繰り返しが現れます．
（2） （1）の過程や結果を使えないか考えてみましょう．使うには，どこかの指数を $4n$ ではなく $4n-1$ にすればよさそうです．そこで，ある指数について，$4n-1$ 以下の場合と $4n$ の場合に分けて考えましょう．

22 まずは $2014!$ が 5 で何回割り切れるかを調べましょう．すると 501 回割り切れることがわかるので，5^{503} で割った余りは $\dfrac{2014!}{5^{501}}$ を 25 で割った余りを調べれば求まります．$\dfrac{2014!}{5^{501}}$ は $2014!$ を 5 で割れるだけ割ったものであることに注意し，2014 以下の自然数を 5 で割り切れる回数で分類して，合同式を用いながら余りを考えていきましょう．

23 A_i の要素は b と i で表せます．割る数 b が余り r より大きいということを忘れてはいけません．
（2） a が $A_{10} \cap A_{27}$ の要素であるとき，
$a = 10(b-1) + 100$，$a = 27(b'-1) + 100$ と表せることから，$A_{10} \cap A_{27}$ の要素が等差数列をなすことがわかります．また，A_j の要素も等差数列をなします．
$A_{10} \cap A_{27}$ の要素すべてが A_j の要素であることは，どのように言い換えられるでしょうか？ 数直線に図示すると，わかりやすくなります．

24 （1） 答えの予想はつくでしょうが，きちんとした論証が必要です．三角形を y 軸に平行な線分で分けましょう．あるいは，1 点を正方形の頂点に移動させて議論することもできますが，そうしてよい正当化が必要．
（2） S は $\dfrac{1}{2}$ の整数倍ですが，（1）の最大値以下の値をすべて取りうるのでしょうか？ 3 頂点を $(0, 0)$，$(q, 1)$，(r, n) $(1 \leq q \leq n, 0 \leq r \leq n)$ とすると $S = \dfrac{1}{2}(qn - r)$ で，まず q を固定して r を動かすと…．

25 （1） $x = j$ 上の格子点の個数を求めて加えますが，j の偶奇で場合分けが必要です．
（2） （1）と同様にやると，似た式が現れます．$x = j$ 上の格子点の個数について，（1）との関係は？

26 （2）（i） $[a]$ についての不等式 $[a] \leq a < [a] + 1$ を用いると，$[x] = k$ と $[n\sqrt{x}] = k$ から 2 個の不等式が得られます．それらを満たす x が存在するための条件から，n と k についての不等式を導いて，k について解いて評価します．$\sqrt{n^4 + 4n^2}$ も現れるので，（1）と同様に整数で挟みましょう．

27 （2） （1）から，O と円周上の 3 点をえらぶときは，O が，円周上の 3 点を結んだ三角形の内部か外部かで，できる四角形の数が違うので，場合分けして数えることになりますが，数え方は色々あります．O が外部にある鈍角三角形の個数は，鈍角の頂点ではなく鋭角の頂点の一方を固定すると，一発で出ます．これと直角三角形の個数から，鋭角三角形の個数がわかります．

28 色々な方法が考えられますが，解法により手間が大きく異なってきます．例えば，（1）は全ての項の係数の和から不適当な項（x, y, z のうち 1 文字か 2 文字しか含まれない項）の係数の和を引く，（2）は（1）を利用するために，$(x+y+z+w)^n$ を $\{(x+y+z)+w\}^n$ として二項展開する，といった手があります．

29 （1） 与式を階乗を用いて表してみましょう．
（2） （1）の式を足し合わせ，$\sum \dfrac{1}{{}_n C_r}$ と $\sum \dfrac{1}{{}_{n+1} C_r}$ の形にして，$f(n)$ と $f(n+1)$ が現れるようにしましょう．
（3） （2）で得られた式を用いて $f(n+1) - f(n)$ を $f(n)$ で表すことにより，$f(n)$ の増減を調べましょう．

30 （1） まずは 5 秒後に A 君と B 君が止まりうる位置を把握しましょう．その上で，$l_5 = 2\sqrt{2}$ となる 2 人の位置を調べ，さらに $l_6 = 2$ となるには 2 人がどういう進み方をすればよいかを考えます．
（2） l_n が最小値 2 をとるのは $n = 4$ または 6 のときしかありえないことがわかります．重複が生じないようにうまく場合分けするか，重複を除きましょう．

なお，A 君と B 君の一方を固定する手もあります．

31 余事象の確率を「操作 S を強制的に 10 回行い，取り出したカードの文字を順に記入し，その中で，O, U, T がこの順に出現する確率」と捉えると，手間が少なくなります．「O, U, T」が 2 回や 3 回現れる場合のダブりに注意しましょう．

なお，漸化式を立てることもできます．

32 （1） $n + 2$ 個の椅子がある場合を考え，$n + 2$ 人目が初めと同じ席に座る場合と隣の席に座る場合とで分けて考えましょう．
（2） 同様に，$n + 2$ 人目がどこに座るかで場合分けすることによって，b_{n+2} を a_{n+1}，a_n を用いて表すことを考えます．

33 C の式と $y=x^2$ から y を消去すると x の4次方程式になりますが，1つの解は $x=1$ なので，実質的には3次方程式の問題です．その3次方程式を直接相手にするとメンドウですが，"定数は分離せよ"の定石に従って $p=(x$ の式$)$ の形にすると明快です．

34（1）うまい解法もありますが，微分して解くので十分です．右側の不等式についても，$3(n+1)$ で割ったものを示すと楽です．
（2）（1）を利用しましょう．
（3）$\log a_n < \pi$ となる最小の n を求めればよいので，(1)(2)を利用して，$\log a_n < \pi \leqq \log a_{n-1}$ を満たす n を見つけます．$\dfrac{6(n+1)}{2n+1} \fallingdotseq 3.141$ となる n のあたりだと見当をつけましょう．

35（1）$x=\pi-t$ の置換で一発ですが，図形的意味付けをすることもできます．
（3）（1）（2）を用いると $\cos^n t$ の形の積分に帰着され，部分積分で漸化式を作るのも一つの手ですが，本問では n が負の偶数になるので，$\tan t = u$ の置換で処理することもできます．

36（1）$\dfrac{d}{dx} \int_c^x g(t)dt = g(x)$（$c$ は定数，$g(t)$ は x を含まない）を使いましょう．それには，x を積分の外に出さなければなりません．
（2）方程式を解いて具体的に x を求めることはできません．$f(x)$ の増減を調べるために $f'(x)$ の符号変化を考えますが，$f'(x)$ を（三角関数）−（1次関数）の形にして，グラフの上下関係を調べましょう．

37（1）（ⅰ），（ⅱ）を順番に使っていけばよいです．$a \sim d$ ではなく α, β, γ を主役にして，$f(x)-g(x)$ を因数分解した式を出発点にしましょう．x^3 の係数が0であることからも α, β, γ の関係式が得られます．
（2）$f(x)-g(x)$ が $g(x)$ で割り切れることから，$g(x)$ の候補が絞れます．

38（2）（1）に対する増減を調べましょう．曲線がらみの部分は，凹凸に注意して直線図形で評価できますが，関係するもの全部を評価しなくても，用は足ります．なお，（1）と無関係に，交点の x 座標を α, β, γ ($\alpha < \beta < \gamma$) とすると，面積の和が β の2次式で表せることを用いる手もあります．

39 最終的には $k=0$ の場合と $k=\dfrac{1}{\sqrt{2}}$ の場合を比べるために積分計算しますが，微分する段階では完全に計算しきらずに $\dfrac{d}{du} \int_c^u f(x)dx = f(u)$ ……Ⓐ（c は定数，$f(x)$ は u を含まない）を用いる方が，見通し良くできます．なお，交点の x 座標を α として α で微分する場合は，k も α の関数なので k を積分の外に出さないとⒶは使えません．微分すると $\cos\alpha$ の式になりますが，α で微分した場合は，α が増えると微分した式の符号がどう変化するかを考えなければなりません．

40（1）△OAP の外接円の半径 PQ を求めるには MP が分かればよいので，まずは MP を θ で表しましょう．
（2）極座標の面積公式：
極方程式 $r=f(\theta)$ で表される曲線に対して，$f(\theta)$ が連続のとき，右図の網目部の面積は $\int_\alpha^\beta \dfrac{1}{2}\{f(\theta)\}^2 d\theta$

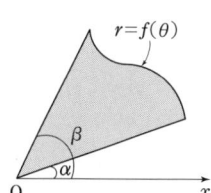

——を使うのが楽でしょう．ただし，P, Q を極座標で捉える場合，M が極なので，$\dfrac{1}{2}PQ^2$ を積分するのは誤りです．線分 MQ の通過範囲なら公式が使えます．

41 まずは，線分 AB が常に C に接することを考慮して，求める領域を図示しましょう．$\angle AOP = \theta$ として，Bの座標は $\overrightarrow{AB}$ で捉えるのが明快です．Bの軌跡が関係した部分の面積は，θ を動かすとBの y 座標が単調減少するのが明らかなので，y で積分すると良いです．

42 y 軸に平行な直線のまわりの回転体の体積ですが，$y=e^{-x}\sin x$ について x を y の式で表すことはできないので，バウムクーヘン分割：
$0 \leqq a < b$ のとき，右図の網目部を y 軸のまわりに回転させて得られる立体の体積は
$\int_a^b 2\pi x |f(x)-g(x)| dx$

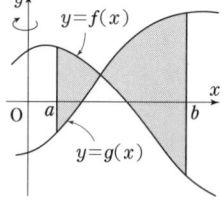

——を応用します．なお，$V_1(n), V_2(n)$ を別々に求めるのは大変ですが，$V_1(n)+V_2(n)$ なら頻出タイプになります．

43 C を回転軸に垂直な平面 $z=k$ で切って得られる曲線 C_k 上の点と $(0, 0, k)$ との距離 d を考えましょう．その距離の最小値を d_m，最大値を d_M とすると，C の回転体を $z=k$ で切った断面は半径 d_m の円と半径 d_M の円に挟まれるドーナッツ状の領域で，その面積は $\pi(d_M{}^2-d_m{}^2)$ になります．これを $0 \leqq k \leqq 1$ で積分したものが求める体積です．なお，C_k は楕円ですが，適当に図を描いて d を最小・最大にする点を判断するのは危険です．計算で捉えましょう．

44（1）$\overrightarrow{OR}=\vec{u}+(\cos\theta)\vec{v}+(\sin\theta)\vec{w}$（$\vec{u}$, $\vec{v}$, $\vec{w}$ は定ベクトル）の形で表すとき，もしも $\vec{v}\perp\vec{w}$，$|\vec{v}|=|\vec{w}|$ ならば R の軌跡は円になります．本問では $|\vec{v}|\neq|\vec{w}|$ ですが，楕円は円を一定方向に拡大・縮小したものなので，拡大 or 縮小した円を元に捉えましょう．
（2）（1）から，求める部分を，R を通り z 軸に垂直な平面で切った切り口の面積が t で表せます．しかし，t は PQ の内分比なので，単純に t で積分しても体積は出ません．微小部分の厚みを，きちんと捉えましょう．

45（2）$\overrightarrow{PQ}$ を考えましょう．
（3）（2）により Q がパラメータ t で表せたことになるので，パラメータで表された曲線の長さの公式
$$L=\int_{t_0}^{t_1}\sqrt{\left(\frac{dx}{dt}\right)^2+\left(\frac{dy}{dt}\right)^2}\,dt$$
を使って，曲線の長さを計算します．問題文のように置換するとうまく行きますが，いきなり全部 u で表すのではなく，とりあえず一部は f や f' で表して，$\sqrt{}$ を外すことを目標にしましょう．t の積分範囲が $0 \to T$ のとき，u の積分範囲は数パターン考えられますが，どれでも結果は同じです．

46 $a\neq 0$ のとき，$\dfrac{p-a}{b-a}$ は，そのままでは $\dfrac{0}{0}$ の不定形です．不定形をいかに解消するか？ 分子は $b-a$ でくくれますが，それでも不定形が残ります．さらに分子の $nb^{n-1}-(b^{n-1}+b^{n-2}a+\cdots+a^{n-1})$ から $b-a$ をくくり出すことを考えましょう．

あるいは，微分係数の定義に持ち込むこともできます．

47（1）X と AP の距離に注目し，図形的に考えるとよいです．θ の値によって場合分けが必要になる，という点にも注意しましょう．
（2）ルートのついたわかりにくい部分を有理化して，極限値が求めやすい形に変形しましょう．

48（2）（1）を利用すると
$n\sin\dfrac{1}{n}+n\log\left(1+\dfrac{1}{n}\right)\to 2$ $(n\to\infty)$ なので，$k=\dfrac{1}{2}$ でなければならないことはわかりますが，このとき，安易に極限値を 1 だとしてはいけません（$((n\text{ の式})^n$ の ——だけ先に極限をとってはいけない!!）．e の定義
$\lim_{m\to\infty}\left(1+\dfrac{1}{m}\right)^m=e$ に結びつけましょう．

49（1）面積で評価しましょう．
（2）(i) 与えられた漸化式の両辺の逆数をとります．
(iii) a_n の一般項が求められないことから，はさみうちの原理で na_n の極限を求めることになりますが，a_n を下から評価するところが問題です．（2）(i) から a_n は $\dfrac{1}{b_n}=\dfrac{1}{2\sum\limits_{k=1}^{n-1}a_k+(n\text{ の式})}$ のように分母に a_k を含む分数ですが，（2）(ii) より，各 a_k は上から押さえられているので，a_n を下から評価できることが分かります．さらに，（1）が利用できるように評価しましょう．

50（1）$x=1$ は別扱いです．
（2）x^{3k-3} を積分すると $\dfrac{1}{3k-2}$ が現れるので，（1）の式を積分しましょう．x^{3n} がらみの部分は計算できませんが，0 に収束しそうなので，適当に挟み撃ちします．

飯島 康之／石城 陽太／一山 智弘／伊藤 大介／上原 早霧／浦辺 理樹

條　秀彰／濵口 直樹／藤田 直樹／山崎 海斗／吉川　祥／吉田　朋

問題1 xy 平面上に2曲線 $C: y=x^2$, $D: (x-a)^2+(y-b)^2=1$ がある．C, D が異なる2点で直交するとき，a, b の値を求めよ．ただし，2曲線がある点で直交するとは，2曲線がその点で交わり，かつその点における2曲線の接線が直交することを言う．

（2012年9月号5番）

平均点：21.1
正答率：68%
時間：SS 18%, S 32%, M 32%, L 18%

2交点を $P(p, p^2)$, $Q(q, q^2)$ とおくと，放物線の接線と円の接線が直交することから，放物線の接線が円の中心を通るので，2接線の交点Mは円の中心になり，a と b は p と q で表せます．すると，$PM=QM$ から p と q の関係式が得られます．

解 C と D の交点を $P(p, p^2)$, $Q(q, q^2)$ $(p \neq q)$ とし，D の中心を $M(a, b)$ とする．$y=x^2$ のとき $y'=2x$ だから，C の P, Q における接線は，それぞれ

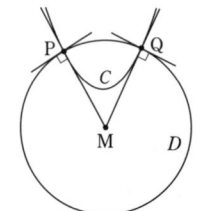

$$y=2px-p^2 \cdots \text{①}, \quad y=2qx-q^2 \cdots \text{②}$$

①は P における円 D の接線に直交するので，中心 M を通る．同様に，②も M を通る．よって，M は①と②の交点である．$2px-p^2=2qx-q^2$ より，$x=\dfrac{p+q}{2}$

①に代入して $y=pq$

よって，$a=\dfrac{p+q}{2}$ ………③，$b=pq$ ………④

また，$PM^2=QM^2$ より，
$$\left(\frac{p+q}{2}-p\right)^2+(pq-p^2)^2$$
$$=\left(\frac{p+q}{2}-q\right)^2+(pq-q^2)^2$$

∴ $\dfrac{1}{4}(p-q)^2+p^2(p-q)^2=\dfrac{1}{4}(p-q)^2+q^2(p-q)^2$

∴ $(p^2-q^2)(p-q)^2=0$

$p \neq q$ であるから，$p+q=0$

これと③より，$\boldsymbol{a=0}$

また，$q=-p$ と④より，$M(0, -p^2)$ であるから，$PM^2=1$ より，$p^2+4p^4=1$

∴ $4p^4+p^2-1=0$ ∴ $p^2=\dfrac{-1+\sqrt{17}}{8}$

ゆえに，$\boldsymbol{b=-p^2=\dfrac{1-\sqrt{17}}{8}}$

【解説】

A **解**のように解いていた人は，全体の44%でした．

$PM=QM$ について，**解**では正直に $PM^2=QM^2$ を立式しましたが，線分 PQ の垂直二等分線（l とおく）が

M を通る，としても結構です．

PQ の傾きが $p+q$ なので，$p+q \neq 0$ のとき，l は
$$y=-\frac{1}{p+q}\left(x-\frac{p+q}{2}\right)+\frac{p^2+q^2}{2}$$

$M\left(\dfrac{p+q}{2}, pq\right)$ を上式に代入して，

$$pq=\frac{p^2+q^2}{2} \quad \therefore \quad (p-q)^2=0 \quad \therefore \quad p=q$$

これは $p \neq q$ に反します．ということは，$p+q \neq 0$ は不適で，$p+q=0$ となります．

また，③のように P, Q における接線の交点 M の x 座標が P, Q の x 座標の平均になるというのは，放物線の有名性質ですが，このことと $PM=QM$ からも，P, Q の y 座標が等しくなることは，すぐに言えます．

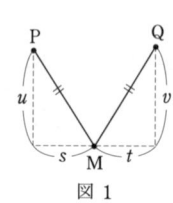 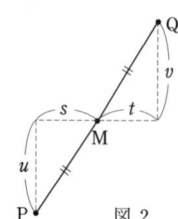

図1 　　　　　図2

上図において $s=t$ なので，$PM=QM$ より $u=v$

このとき，図2の場合は P, M, Q が一直線上にあって不適．図1の場合は P, Q の y 座標が等しくなり，$p^2=q^2$ より $q=-p$

B **解**以外の方法として，交点の座標を (t, t^2) とおいて，t, a, b についての方程式を立てる手もあります．未知数が3個あるのに対して，方程式は2個しか立たないので，単純に "解く" だけでは求まりません．それらの方程式を満たす t が2つあることがポイントです．

別解 $T(t, t^2)$ で直交するとする．C の T における接線は，$y=2tx-t^2$

この直線は D に直交することから，D の中心 (a, b) を通るので，$b=2ta-t^2$ ……⑤

また T は D 上の点であるから $(t-a)^2+(t^2-b)^2=1$ ……⑥

[b を消去すると t の4次方程

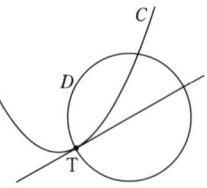

式になり, 収拾がつきません. 次数下げしましょう]
⑤より, $t^2=2at-b$ ……………⑦
これを⑥に代入して, $(t-a)^2+(2at-2b)^2=1$
整理して $(1+4a^2)t^2-(2a+8ab)t+a^2+4b^2-1=0$
再び⑦を代入して,
$(1+4a^2)(2at-b)-(2a+8ab)t+a^2+4b^2-1=0$
∴ $8a(a^2-b)t=b(1+4a^2)-a^2-4b^2+1$ ……⑧
CとDは2点で直交するので, ⑧を満たすtが2つなくてはならない. $a(a^2-b)\ne 0$とすると, ⑧の両辺を$a(a^2-b)$で割ることにより, ⑧を満たすtは1つに定まるので不適. したがって, $a(a^2-b)=0$ ………⑨
ところで⑦より, $t^2-2at+b=0$ ………⑩
であるが, これを満たす実数tが2つあることより,
(⑩の判別式)$/4=a^2-b>0$ ………⑪
ゆえに⑨より, $a=0$

このとき⑧より, $4b^2-b-1=0$ ∴ $b=\dfrac{1\pm\sqrt{17}}{8}$

$a=0$と⑪より, $b<0$なので, $b=\dfrac{1-\sqrt{17}}{8}$

*   *

ポイントは, tについての方程式を組み合わせることで, tの見かけの1次方程式が導けることです (以下, "見かけの"は省略). ⑤はtの2次方程式, ⑥は4次方程式ですが, ⑤を変形した⑦により, t^2がtの1次式になるので, ⑦を繰り返し用いて⑥を次数下げしていくと, ⑧のようにtの1次方程式が得られます.

そして, 1次方程式なのに解が2つあるということは, tの係数が0であることを意味し, このことからa, bの条件が導けるわけです.

別解では, $a^2-b\ne 0$を言うのに, (⑩の判別式)>0を利用しましたが,
$a^2-b=0$と仮定すると, (⑧の左辺)$=0$,
(⑧の右辺)$=1$となるので不適
とするのでも良いでしょう.

別解のように解いていた人は全体の31%でした.

<u>C</u> 本問は放物線が$y=x^2$と固定されていました. 一方, $y=kx^2$はkを変えるといろいろな放物線を描きますが, これらのすべてと直交する曲線は, どのようなものでしょうか? 現在は数Ⅲの教科書の発展事項にある"微分方程式"が高校の範囲内だった頃は教科書でも取り上げられていました.

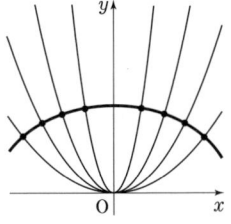

上記の曲線のうち, 点$(1, 1)$を通るものを $y=f(x)$として, $f(x)$を求めてみます. 意欲的な人は, 以下の解説を見る前にチャレンジしてみましょう.

*   *

[解説] 求める曲線上の点を$P(X, Y)$とおく. Pは
$y=kx^2$ ………⑫
上にあるから, $Y=kX^2$ …⑬

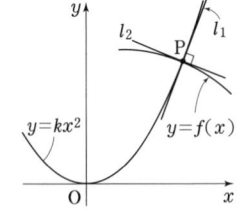

⑫のとき$y'=2kx$だから, Pにおける⑫の接線l_1の傾きは$2kX$
一方, Pにおける$y=f(x)$の接線l_2の傾きは$f'(X)$
$l_1\perp l_2$より, $2kX\cdot f'(X)=-1$ ………⑭
⑬⑭からkを消去する. ⑭$\times X$より $2kX^2 f'(X)=-X$
これと⑬より, $2Yf'(X)=-X$
よって$y=f(x)$は, $2yf'(x)=-x$ つまり $2yy'=-x$
を満たす. $(y^2)'=2yy'$だから, $(y^2)'=-x$

∴ $y^2=-\dfrac{x^2}{2}+C$ (Cは定数) ………⑮

$(1, 1)$を通るから$C=\dfrac{3}{2}$で, $f(x)=\sqrt{-\dfrac{x^2}{2}+\dfrac{3}{2}}$

*   *

⑮より, 一般には, 楕円 $\dfrac{x^2}{2}+y^2=C$ (および直線 $x=0$) が, $y=kx^2$のすべてと直交する曲線となります.

(濱口)

問題2 xy 平面上に, 2曲線 $C_1: y = 3x^3 - 3x$, $C_2: y = x^3 + 3ax^2 - 3x + b$ がある（a, b は定数）. C_1 と C_2 の共有点すべてと点 $(1, -3)$ を通るような, $y = px^2 + qx + r$（p, q, r は定数）の形で表される曲線または直線が存在するための a と b の条件を求め, ab 平面上に図示せよ.

（2014年8月号2番）

平均点：12.4
正答率：19%
時間：SS 6%, S 16%, M 25%, L 53%

"束の考え方"を使うと, C_1 と C_2 の共有点をすべて通るような $y = px^2 + qx + r$ の形の曲線が得られますが, それだけで片付くわけではありません. C_1 と C_2 の共有点の個数で場合分けしましょう. 共有点が2個以下のときは, C_1 と C_2 が $x = 1$ で交わらない限り, 必ず, 題意の曲線または直線は存在します.

解 C_1 と C_2 の共有点の個数が,
　　　（i） 3個　　　（ii） 2個以下
の場合に分けて考える. まず, （i）となるための a, b の条件を求める.
$$f(x) = (3x^3 - 3x) - (x^3 + 3ax^2 - 3x + b)$$
$$= 2x^3 - 3ax^2 - b$$
とおくと, $f'(x) = 6x(x-a)$ より, 条件は
$f(0)f(a) = -b(-a^3 - b) < 0$ （$a = 0$ のときも OK）
$$\therefore\ b(b + a^3) < 0 \quad \cdots\cdots ①$$

（i）の場合： $C_1: 3x^3 - 3x - y = 0$ と $C_2: x^3 + 3ax^2 - 3x + b - y = 0$ をともに満たす (x, y) は, $D: 3x^3 - 3x - y - 3(x^3 + 3ax^2 - 3x + b - y) = 0$
つまり, $y = \dfrac{9}{2}ax^2 - 3x + \dfrac{3}{2}b \quad \cdots\cdots ②$
を満たすから, D は C_1 と C_2 の3つの共有点を全て通る. また,

$y = px^2 + qx + r$ と表される曲線または直線 $\cdots\cdots ③$

で異なる3点を通るものは高々1つしかないので, 3つの共有点を全て通るような③は D 以外にはない. よって, a, b の条件は, ②が $(1, -3)$ を通ることで,
$$-3 = \dfrac{9}{2}a - 3 + \dfrac{3}{2}b \quad \therefore\ b = -3a \quad \cdots\cdots ④$$

（ii）の場合：
● C_1 と C_2 が $x = 1$ で交わる $\cdots\cdots ⑤$ とき, C_1 の式より交点は $(1, 0)$ だが, $(1, 0)$ と $(1, -3)$ を通るような③は存在せず, 不適. なお⑤となるための条件は, $f(1) = 0$ より, $2 - 3a - b = 0$ $\therefore\ b = 2 - 3a \quad \cdots\cdots ⑥$
● ⑥以外のときは, C_1 と C_2 の共有点と $(1, -3)$ は x 座標が全て異なり, 合計3個以下なので, それらを通るような③は存在する.

以上より, 求める条件は,
（①かつ④） または （①でない, かつ⑥でない）
で, 右上図の網目部と太実線（太破線と○を除く）.

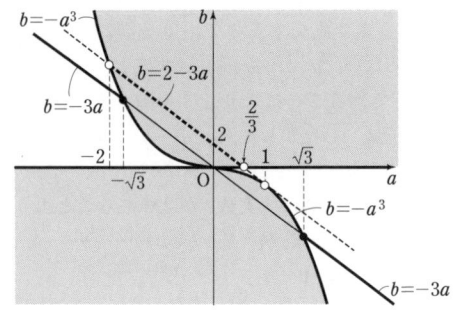

【解説】

A C_1 と C_2 が3交点を持つとき, $2x^3 - 3ax^2 - b = 0$ の3解を α, β, γ として, $y = px^2 + qx + r$ に $(x, y) = (\alpha, 3\alpha^3 - 3\alpha)$ などを代入し, 解と係数の関係を用いて p, q, r を a, b で表すこともできますが, 工夫をしてもメンドウです.

そこで, **解**では束の考え方を利用しました.

$g(x, y)$ を x, y の式として, 曲線（または直線）を $g(x, y) = 0$ と表すと,

2曲線 $K_1: g(x, y) = 0$, $K_2: h(x, y) = 0$
が共有点を持つとき, 曲線
$$s \cdot g(x, y) + t \cdot h(x, y) = 0 \quad \cdots\cdots ⑦$$
は, K_1 と K_2 のすべての共有点を通る.

[理由] 共有点を (X, Y) とおくと, $g(X, Y) = 0$, $h(X, Y) = 0$ なので, $s \cdot g(X, Y) + t \cdot h(X, Y) = 0$ が成り立つ. よって, (X, Y) は⑦上にある.

＊　　　　＊

この考え方は, 2つの曲線（または直線）の共有点を通る線を"束"のようにして一挙に捉えることから, "束の考え方"と呼ばれています. 上の[理由]のような説明もできるようにしておきましょう.

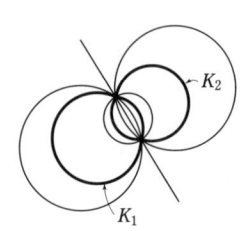

重要なのは, 曲線を $\boxed{} = 0$ の形にしておくことです. 本問では, C_1 を $3x^3 - 3x - y = 0$, C_2 を $x^3 + 3ax^2 - 3x + b - y = 0$ として, ⑦に当てはめた

$s(3x^3-3x-y)+t(x^3+3ax^2-3x+b-y)=0$ ……⑧

は，C_1とC_2の3交点をすべて通ります．

さらに，x^3が消えるように，⑧で$s=1$, $t=-3$とすると，②が得られるわけです．

B 本問で最も多かった誤答例を紹介しておきます．

[誤答例]
$D: 3x^3-3x-y-3(x^3+3ax^2-3x+b-y)=0$

すなわち，$y=\frac{9}{2}ax^2-3x+\frac{3}{2}b$は$C_1$と$C_2$の共有点をすべて通るので，これが点$(1, -3)$を通ればよい．よって，求める条件は$b=-3a$である．

*　　　　　*

この解答の何がダメかというと，確かにDが$(1, -3)$を通るときは条件を満たすのですが，他にも条件を満たすような③が存在する，すなわち，$b=-3a$じゃなくても条件を満たすような③が存在するかどうかが議論されていないのです．

具体的には，解を見ればわかる通り，C_1とC_2の共有点が2個以下のときは，その共有点を通るような③はD以外にも沢山存在するので，必ずしもDが$(1, -3)$を通る必要はなく，C_1とC_2が$x=1$で交わらなければ，a, bがどのような値であっても，C_1とC_2の共有点と点$(1, -3)$を通るような③が必ず存在するのです．

Aの"束の考え方"を振り返ると，

$s \cdot g(x, y)+t \cdot h(x, y)=0$ ……⑦

は，K_1とK_2のすべての共有点を通る

と言いましたが，逆に，K_1とK_2のすべての共有点を通る曲線が全部⑦の形になるわけではありません．

上記の誤答例は，"束の考え方"の中途半端な理解が原因だとも言えます．生兵法は怪我の元！ 該当した人は十分注意しましょう．

C 解の(i)では，②以外には3交点を通るような③がないのか？という心配を解消するために，〜〜部のような確認をしました．

一般に，x座標が異なる3つの点を通るような③は**ただ一つ存在します**．解ではそのことを既知としましたが，以下，確認しておきましょう．

$y=px^2+qx+r$が3点$A_1(x_1, y_1)$, $A_2(x_2, y_2)$, $A_3(x_3, y_3)$ ($x_1 \sim x_3$はすべて異なる)を通るとき，

$$\begin{cases} y_1=px_1^2+qx_1+r & \cdots\cdots ⑨ \\ y_2=px_2^2+qx_2+r & \cdots\cdots ⑩ \\ y_3=px_3^2+qx_3+r & \cdots\cdots ⑪ \end{cases}$$

これを満たすp, q, rの組がただ一つ存在することが言えればよいのです．未知数が3個で方程式も3個だからOK……とは限りません（例えば，連立方程式$x+y+z=1$, $x+2y+3z=1$, $3x+4y+5z=3$の解は無数にある）．きちんと計算してみましょう．

⑩－⑨より，$y_2-y_1=p(x_2^2-x_1^2)+q(x_2-x_1)$

⑪－⑨より，$y_3-y_1=p(x_3^2-x_1^2)+q(x_3-x_1)$

$x_1 \neq x_2$, $x_1 \neq x_3$より，

$q=\frac{y_2-y_1}{x_2-x_1}-p(x_2+x_1)$, $q=\frac{y_3-y_1}{x_3-x_1}-p(x_3+x_1)$

$\therefore \; p(x_3-x_2)=\frac{y_3-y_1}{x_3-x_1}-\frac{y_2-y_1}{x_2-x_1}$

$x_2 \neq x_3$より，両辺をx_3-x_2で割るとpがただ一つに定まり，したがって，q, rもただ一つに定まります．

③の形の放物線や直線は，通る3点が決まれば1つに決まるということは，覚えておいて損はないでしょう．

なお，③が直線になるのは$p=0$，つまり，

$\frac{y_3-y_1}{x_3-x_1}=\frac{y_2-y_1}{x_2-x_1}$のときですが，これは，

$\overrightarrow{A_1A_3} /\!/ \overrightarrow{A_1A_2}$に他なりませんね．

また「存在するならばただ一つである」ということだけなら，次のようにして，すぐに言えます：

$y=px^2+qx+r$と$y=p'x^2+q'x+r'$が$A_1 \sim A_3$を通るとき，$px^2+qx+r=p'x^2+q'x+r'$が異なる3つのxの値に対して成り立つから，$p=p'$, $q=q'$, $r=r'$

D 3次方程式の解の判別について：

3次方程式$F(x)=0$の実数解の個数をNとおくと，

● $F'(x)=0$が実数解を持たない，もしくは重解を持つとき，$N=1$

● $F'(x)=0$が異なる実数解を持つとき，それらをα, βとおくと，
$F(\alpha)F(\beta)>0$ならば$N=1$
$F(\alpha)F(\beta)=0$ならば$N=2$
$F(\alpha)F(\beta)<0$ならば$N=3$

となることが，グラフを考えるとわかります．

本問ではα, βがきれいになりましたが，そうでなくても，$F(\alpha)F(\beta)$はα, βの対称式なので，基本対称式$\alpha+\beta$, $\alpha\beta$で表してやれば，解と係数の関係から$F(\alpha)F(\beta)$も求まります．

E Bの誤答例の他に多かった間違いとしては，解の(ii)の場合で，C_1とC_2が$x=1$で交わる場合を考えていない人が散見されました．③は一つのxを与えるとyは1通りに決まるので，C_1とC_2の共有点のx座標の中に$(1, -3)$のx座標と同じになるものがある，すなわち，C_1とC_2が$x=1$で交わるときは，交点のy座標が-3でない限りは不適となります．この議論が抜けていた人は注意しましょう．

(山崎)

問題3 xy 平面上の放物線 $C: y=x^2$ 上に2点 $P(t-1, (t-1)^2)$, $Q(t+1, (t+1)^2)$ $(t\neq 0)$ がある．線分 PQ 上にない2点 R, S を，四角形 PRQS の各辺が x 軸または y 軸に平行になるように取る．t が 0 以外の実数を動くとき，線分 RS が動きうる領域を図示せよ．

（2011年4月号5番）

平均点：16.3
正答率：22%
時間：SS 12%, S 26%, M 36%, L 26%

　線分 RS の方程式を得た後は，t の2次方程式がある範囲に解を持つ条件か，x を固定して t を動かすことを考えます．ただし，t の動きうる範囲は x によって制限されることに注意．さらに，$t\neq 0$ の条件をどう処理するかが問題になってきます．

解　R, S は，
$$(t-1, (t+1)^2)$$
$$(t+1, (t-1)^2)$$ 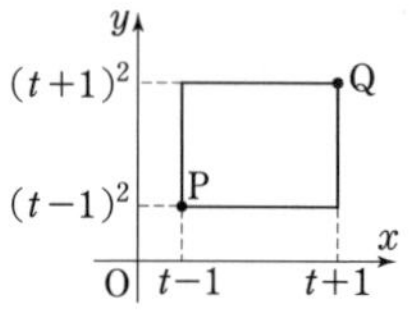
である．ゆえに，線分 RS の方程式は，

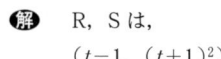

$$y=\frac{(t-1)^2-(t+1)^2}{(t+1)-(t-1)}(x-t-1)+(t-1)^2$$
$$(t-1\leq x\leq t+1)$$
$$\therefore\ y=-2tx+3t^2+1\ (t-1\leq x\leq t+1)\ \cdots\cdots\text{①}$$

$f(t)=3t^2-2xt-y+1\ \left(=3\left(t-\dfrac{x}{3}\right)^2-\dfrac{x^2}{3}-y+1\right)$

とおく．$f(t)=0$ が①つまり $x-1\leq t\leq x+1$ に解を持つ条件を考える．まず，$t=0$ を解に持つ場合も含めて考える．

（ⅰ）図1 または図2 のようになるとき，
$$f(x-1)f(x+1)\leq 0$$
ここで，$f(x-1)$
$=3(x-1)^2-2x(x-1)-y+1$
$=x^2-4x+4-y=(x-2)^2-y$
$f(x+1)$
$=3(x+1)^2-2x(x+1)-y+1$
$=x^2+4x+4-y=(x+2)^2-y$
であるから，
$$\{(x-2)^2-y\}\{(x+2)^2-y\}\leq 0$$

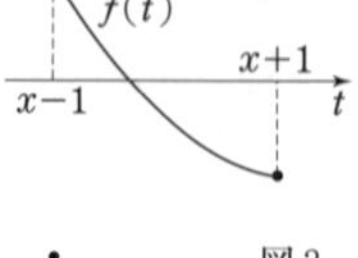

（ⅱ）図3 のようになるとき，
$f(t)=0$ の判別式：
$$x^2-3(-y+1)\geq 0$$
$f(t)$ の軸：$x-1\leq t=\dfrac{x}{3}\leq x+1$
$f(x-1)\geq 0,\ f(x+1)\geq 0$
よって，$y\geq -\dfrac{1}{3}x^2+1,\ -\dfrac{3}{2}\leq x\leq \dfrac{3}{2}$
$$y\leq (x-2)^2,\ y\leq (x+2)^2$$

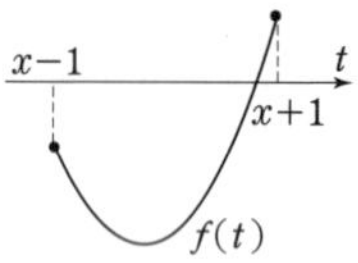

最後に，$t\neq 0$ の条件について考察する．

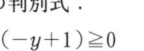

図1

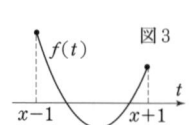

図2

図3

$f(t)=0\ (x-1\leq t\leq x+1)$ が $t=0$ を解に持つとき，
$$f(0)=-y+1=0,\ x-1\leq 0\leq x+1$$
$$\therefore\ y=1,\ -1\leq x\leq 1\ \cdots\cdots\text{②}$$
$y=1$ のとき，$f(t)=3t^2-2xt=t(3t-2x)$
$y=1$ のもとで，$t=\dfrac{2}{3}x$ を
$f(t)=0\ (x-1\leq t\leq x+1,\ t\neq 0)$ が解に持つのは，
$$x-1\leq \dfrac{2}{3}x\leq x+1,\ \dfrac{2}{3}x\neq 0$$
すなわち，$-3\leq x\leq 3,\ x\neq 0$　$\cdots\cdots\text{③}$

のとき．よって②のうち，③の部分（$y=1,\ -1\leq x\leq 1$，$x\neq 0$）は求める領域に含まれるが，それ以外の部分（$y=1,\ x=0$）は除かれる．

　以上をまとめると，求める領域は下図の網目部分．境界は $(0, 1)$ 以外は含む．なお，$y=(x-2)^2$ と
$y=-\dfrac{x^2}{3}+1$ は，
$$(x-2)^2=-\dfrac{x^2}{3}+1$$
$$\iff (2x-3)^2=0$$
より，$x=\dfrac{3}{2}$ で接する．同様に，$y=(x+2)^2$ と，
$y=-\dfrac{x^2}{3}+1$ は，$x=-\dfrac{3}{2}$ で接する．

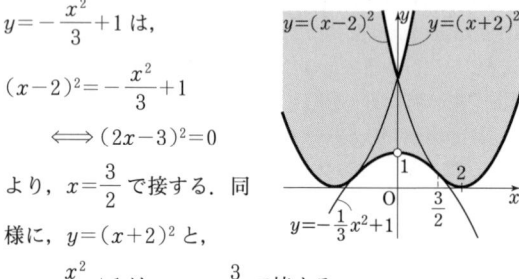

【解説】

A　本問は，パラメータ t が動くときの線分の通過領域を考えるもので，頻出タイプです．ただ今回は $t\neq 0$ の条件があるために，少々処理が厄介になっています．

　単純に $t=0$ となる部分（②の $y=1,\ -1\leq x\leq 1$）を除けば良いというわけではなく，t が 0 以外の値のときに②の一部が補われるかもしれないので，**解**のような処理が必要になってくるわけです．例えば，$t=\dfrac{1}{3}$ のとき，線分 RS は $y=-\dfrac{2}{3}x+\dfrac{4}{3}\ \left(-\dfrac{2}{3}\leq x\leq \dfrac{4}{3}\right)$ なので，点 $\left(\dfrac{1}{2}, 1\right)$ は②内の点ですが，求める領域に含まれます．

　それでは②のうち，どの部分が補われるかというと，

実際 $y=1$ としてみると, $f(t)=0$ は $t=0$ 以外に, $t=\dfrac{2}{3}x$ という解を持ちます. これが $x-1\leqq t\leqq x+1$, $t\neq 0$ を満たせば良いわけです.

ところが, $x-1\leqq t\leqq x+1$ の条件を考えずに, 「$t\neq 0$ だから, $x\neq 0$. ゆえに除外点は $(0,1)$ のみ」程度しか書いていないものが目立ちました. 答えは合うものの, 議論的にはマズいです.

さらには, 0 以外の t が補われるということも考えず, ②が丸ごと抜け落ちている人もいました.

いずれにせよ, $t\neq 0$ の処理に不備があった人は, 全体の 56% もいました. 本問のような, 除外点を考慮しなくてはならない問題が苦手な人は多いということでしょうか. とにかく, 不備のあった人はしっかりと復習して理解を深めておいて下さい.

B $t\neq 0$ の処理以外の部分は, 次のようにすることもできます. x を固定して t を動かしたときの $y=3t^2-2xt+1$ の取り得る値の範囲を考えるものです. (ファクシミリの原理)

別解 (①に続く) x を固定して, $t-1\leqq x\leqq t+1$, すなわち $x-1\leqq t\leqq x+1$ で t を動かしたときの $y=-2tx+3t^2+1$ の右辺の取り得る値の範囲を考える.

$$g(t)=3t^2-2xt+1 \ \left(=3\left(t-\dfrac{x}{3}\right)^2-\dfrac{x^2}{3}+1\right)$$
$$(x-1\leqq t\leqq x+1)$$

とおく. $g(t)$ の最小値と最大値は, 次のうち最も小さいものと最も大きいものである:

$g(x-1), g(x+1), g\left(\dfrac{x}{3}\right)$ (ただし $g\left(\dfrac{x}{3}\right)$ は $x-1\leqq \dfrac{x}{3}\leqq x+1$ つまり $-\dfrac{3}{2}\leqq x\leqq \dfrac{3}{2}$ のときのみ)

ここで,
$$g(x-1)=3(x-1)^2-2x(x-1)+1$$
$$=x^2-4x+4=(x-2)^2 \ \cdots\cdots ④$$
$$g(x+1)=3(x+1)^2-2x(x+1)+1$$
$$=x^2+4x+4=(x+2)^2 \ \cdots\cdots ⑤$$
$$g\left(\dfrac{x}{3}\right)=-\dfrac{x^2}{3}+1 \ \cdots\cdots ⑥$$

また, $④-⑥=\dfrac{1}{3}(2x-3)^2$, $⑤-⑥=\dfrac{1}{3}(2x+3)^2$ より, $g(t)$ の最小値と最大値のグラフは, 右図の太線部のようになる. (以下略)

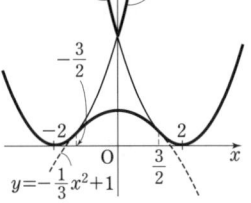

* *

いずれにせよ, **解** と同様に $t\neq 0$ の処理が問題になってきます.

C 包絡線について:

直線 RS: $y=-2tx+3t^2+1$

を別解のように t について平方完成した

$$y=3\left(t-\dfrac{x}{3}\right)^2-\dfrac{x^2}{3}+1 \ \cdots\cdots ⑦$$

に対して, $y=-\dfrac{x^2}{3}+1 \ \cdots\cdots ⑧$

を考えると, ⑦=⑧ より, $\left(t-\dfrac{x}{3}\right)^2=0$

つまり $(x-3t)^2=0$ ですから, ⑦と⑧は $x=3t$ の点で接しています. したがって, ⑧は直線 RS が常に接する曲線, つまり, 直線 RS の包絡線です.

直線 RS の通過範囲だったら, ⑧の接線 ($t\neq 0$ より $(0,1)$ で接するものを除く) を引けば OK ですが, 本問は**線分** RS の通過範囲です. そこで, 端点 R, S を調べると, $R(t-1,(t+1)^2)$ の軌跡は $y=(x+2)^2\cdots ⑨$

$S(t+1,(t-1)^2)$ の軌跡は $y=(x-2)^2 \ \cdots ⑩$

したがって, ⑧の接線 ($(0,1)$ で接するもの以外) のうち⑨と⑩の間にある部分を図示すると答えが得られます. ただし, 接線と⑨および⑩の交点はそれぞれ 2 個ありますから, そのどちらを選ぶかは慎重にやらなければなりません. (Rの x 座標)+2=(Sの x 座標) にも注意すると, $t>0$ のとき, 線分 RS は下図のように動いていき, 対称性から, これと y 軸に関して対称なものも合わせると, 答えの図が得られます. (濱口)

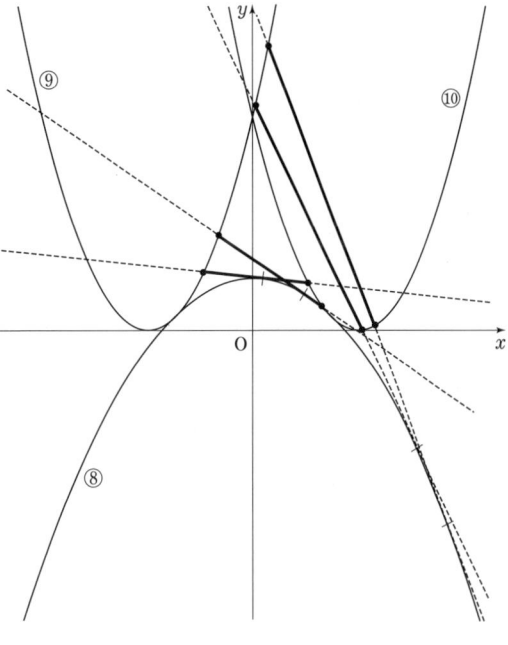

問題4 座標平面上に放物線 $C: y = \dfrac{1}{2}x^2 + 1$ $(x \geq 0)$, $D: x = \dfrac{1}{2}y^2 + 2$ $(y \geq 0)$ と，直線 $l: y = ax$, $m: x = by$ があり，C と l は2点 P, Q で，D と m は2点 R, S で交わっているとする．

（1） O を原点として，OP・OQ を a で表せ．

（2） 4点 P, Q, R, S により作られる四角形がある円に内接するとき，k を定数として，$ka+b$ の取りうる値の範囲を k で表せ．

（2015年7月号4番）

平均点：14.5
正答率：16％ （1）90％ （2）16％
時間：SS 7％, S 22％, M 33％, L 38％

（1） P, Q の座標を直接 a で表す必要はありません．P と Q の x 座標の積が簡単になることを利用しましょう．

（2）（1）と同様に OR・OS を b で表せば，方べきの定理から a と b の関係式が得られます．$ka+b$ の範囲の求め方は，直線と双曲線（の一部）が共有点を持つ条件として捉える，b を消去して微分，などの手があります．

解 （1） P, Q の x 座標を p, q とおくと，p, q は， 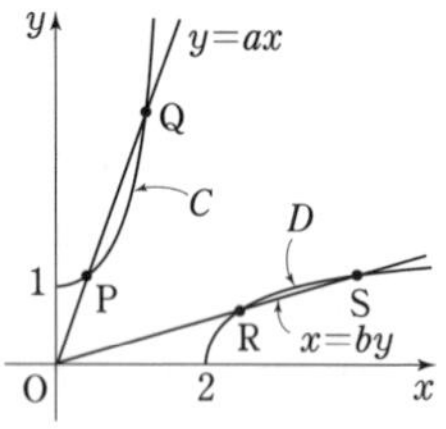
$$\dfrac{1}{2}x^2 + 1 = ax \text{ つまり}$$
$$x^2 - 2ax + 2 = 0 \quad \cdots\cdots①$$
の2解なので，解と係数の関係より，$pq = 2$
よって，OP・OQ
$= p\sqrt{1+a^2} \cdot q\sqrt{1+a^2}$
$= pq(1+a^2) = 2(1+a^2)$

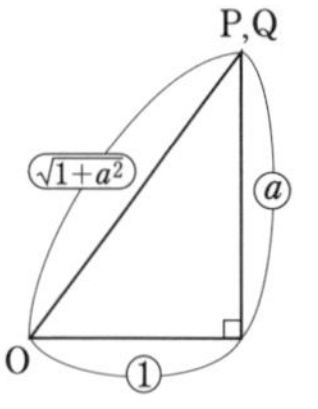

（2） 同様に，R, S の y 座標を r, s とおくと，r, s は，
$$\dfrac{1}{2}y^2 + 2 = by \text{ つまり}$$
$$y^2 - 2by + 4 = 0 \quad \cdots\cdots②$$
の2解なので，$rs = 4$ であり，
OR・OS $= r\sqrt{1+b^2} \cdot s\sqrt{1+b^2} = rs(1+b^2) = 4(1+b^2)$
方べきの定理より，OP・OQ = OR・OS が成り立つので，
$$2(1+a^2) = 4(1+b^2) \quad \therefore \quad a^2 - 2b^2 = 1 \quad \cdots\cdots③$$
ここで，C と l が異なる2点 P, Q で交わる条件は，
（①の判別式）/4 > 0 と $a > 0$ から，$a > \sqrt{2}$ $\cdots\cdots④$
同様に，D と m が異なる2点 R, S で交わる条件は，
（②の判別式）/4 > 0 と $b > 0$ から，$b > 2$ $\cdots\cdots⑤$
③④⑤を ab 平面に図示すると，右図太線部．
$ka+b = t$ とおくと，
$$b = -ka + t \quad \cdots\cdots⑥$$
直線⑥（傾き $-k$, b 切片 t）が，太線部と共有点を

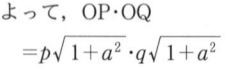

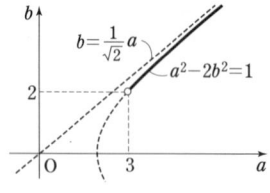

持つ t の範囲を求める．

曲線③上の点 $(3, 2)$ における接線 $3a - 4b = 1$ の傾きが $\dfrac{3}{4}$ であり，漸近線の傾きが $\dfrac{1}{\sqrt{2}}$ であることから，

● $-k < \dfrac{1}{\sqrt{2}}$ すなわち

$k > -\dfrac{1}{\sqrt{2}}$ のとき，

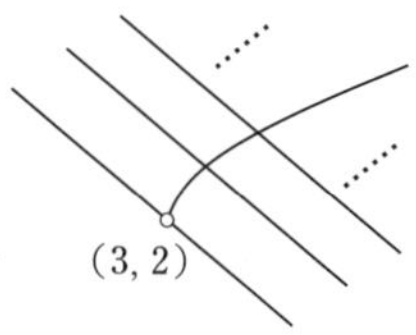

（$(3, 2)$ を通るときの b 切片）$< t$
より，$3k + 2 < ka + b$

● $-k = \dfrac{1}{\sqrt{2}}$ すなわち $k = -\dfrac{1}{\sqrt{2}}$ のとき，

（$(3, 2)$ を通るときの b 切片）
$< t <$（漸近線の b 切片）
より，$-\dfrac{3}{\sqrt{2}} + 2 < ka + b < 0$

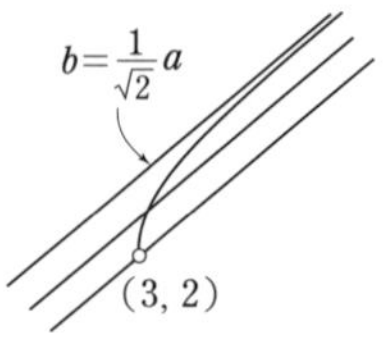

● $\dfrac{1}{\sqrt{2}} < -k < \dfrac{3}{4}$ すなわち

$-\dfrac{3}{4} < k < -\dfrac{1}{\sqrt{2}}$ のとき，

$t \leq$（太線部と⑥が接するときの b 切片（t_0 とおく））

③と $b = -ka + t_0$ から b を消去して $a^2 - 2(-ka + t_0)^2 = 1$
$\therefore (1-2k^2)a^2 + 4kt_0 a - 2t_0^2 - 1 = 0$
（判別式）/4 $= (2kt_0)^2 - (1-2k^2)(-2t_0^2 - 1) = 0$ より
$t_0^2 = k^2 - \dfrac{1}{2}$ である．$t_0 = \sqrt{k^2 - \dfrac{1}{2}}$ は③の $a < 0$ の部分で接する場合だから不適．よって，

$t_0 = -\sqrt{k^2 - \dfrac{1}{2}}$ であり，$ka + b \leq -\sqrt{k^2 - \dfrac{1}{2}}$

● $\dfrac{3}{4} \leq -k$ すなわち

$k \leq -\dfrac{3}{4}$ のとき，

$t <$（$(3, 2)$ を通るときの b 切片）
より，$ka + b < 3k + 2$

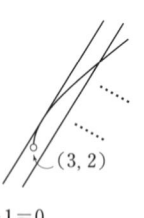

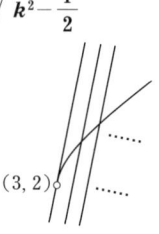

【解説】

A 本問は，大きく分けて，a, b の関係式③④⑤を求める部分（前半）と，その下で $ka+b$ の範囲を求める部分（後半）に分かれます．まず，前半についてですが，4点 P，Q，R，S からなる四角形が円に内接するという条件をどう捉えるかがポイントになります．本問では方べきの定理を使うとうまくいくのですが，(1)の誘導のおかげもあって，これについてはよくできていました．

③④⑤が得られれば，あとはこれを満たしながら a, b が動くときの $ka+b$ の範囲を求めればよいということになりますが，これは色々な方法が考えられるでしょう．

(解) では，$ka+b$ の値域を W としたとき，

$t \in W \iff$ ③④⑤と $ka+b=t$ を満たす実数 a, b が存在する
$\iff$ 太線部と⑥が共有点を持つ

という考え方をしています（いわゆる逆手流）．この考え方は，教科書でも線形計画法などを学ぶ部分で扱われているので親しみやすいでしょう．ただし，本問の場合は相手が双曲線の一部であり，直線⑥は k の値によって傾きが変わるので，そう簡単にはいきません．とくに，双曲線には他の2次曲線と違って漸近線があるので，注意していないと特殊な場合を見逃してしまうことにもなりかねません．本問でも，⑥の傾きが，漸近線の傾きと一致する場合，すなわち $k=-1/\sqrt{2}$ のときだけ特殊で，$k>-1/\sqrt{2}$ や $k<-1/\sqrt{2}$ に含めることはできません．これを分けていない人は全体の 29% でした．これともう1つ注意するべき部分は，太線部の端点での接線の傾きですが，双曲線の接線の公式を覚えていない，もしくは忘れてしまったとしても，微分すればすぐにわかります．以上のことをすべて考慮して丁寧に場合分けをして，上限と下限を考えて，やっと答えが出るのですが，すべて正確に処理するのは難しかったようで，正答率はあまり伸びませんでした．後半を(解)の方針で解いた人は全体の 56% でした．

B 後半についてですが，丁寧に傾きを考えて場合分けする自信がないなら，1文字消去してしまうのも悪くありません．③により b を消去して，微分して増減を考えると，自然と場合分けが出てきます．

(別解) (2) [③④⑤を求めるまでは(解)と同じ]

$f(a) = ka+b = ka + \dfrac{\sqrt{a^2-1}}{\sqrt{2}}$ $(a>3)$ とおくと，

$f'(a) = k + \dfrac{1}{\sqrt{2}} \cdot \dfrac{2a}{2\sqrt{a^2-1}} = k + \dfrac{1}{\sqrt{2\left(1-\dfrac{1}{a^2}\right)}}$

これは，$a>3$ で単調減少で，

$\lim_{a \to 3+0} f'(a) = k + \dfrac{3}{4}$, $\lim_{a \to \infty} f'(a) = k + \dfrac{1}{\sqrt{2}}$

また，$\lim_{a \to 3+0} f(a) = 3k+2$ ………⑦

$f(a) = \left(k + \dfrac{1}{\sqrt{2}}\right)a - \dfrac{a - \sqrt{a^2-1}}{\sqrt{2}}$

$= \left(k + \dfrac{1}{\sqrt{2}}\right)a - \dfrac{1}{\sqrt{2}(a+\sqrt{a^2-1})}$

より，$\lim_{a \to \infty} f(a) = \begin{cases} -\infty & (k<-1/\sqrt{2}) \cdots\cdots⑧ \\ 0 & (k=-1/\sqrt{2}) \cdots\cdots⑨ \\ \infty & (k>-1/\sqrt{2}) \cdots\cdots⑩ \end{cases}$

● $k > -\dfrac{1}{\sqrt{2}}$ のとき，$f'(a)>0$ より $f(a)$ は単調増加で，⑦⑩より $3k+2 < ka+b$

● $k = -\dfrac{1}{\sqrt{2}}$ のとき，$f'(a)>0$ より $f(a)$ は単調増加で，⑦⑨より，$-\dfrac{3}{\sqrt{2}}+2 < ka+b < 0$

● $-\dfrac{3}{4} < k < -\dfrac{1}{\sqrt{2}}$ のとき，$f'(a)=0$ はただ1つの解 α を持ち，

$2\left(1-\dfrac{1}{a^2}\right) = \dfrac{1}{k^2}$

a	(3)		α		(∞)
$f'(a)$		+	0	−	
$f(a)$		↗		↘	$(-\infty)$

より $\alpha = -\dfrac{\sqrt{2}k}{\sqrt{2k^2-1}}$

∴ $f(\alpha) = k \cdot \left(-\dfrac{\sqrt{2}k}{\sqrt{2k^2-1}}\right) + \dfrac{1}{\sqrt{2}}\sqrt{\dfrac{2k^2}{2k^2-1}-1}$

$= -\sqrt{k^2 - \dfrac{1}{2}}$

∴ $ka+b \leq -\sqrt{k^2 - \dfrac{1}{2}}$

● $k \leq -\dfrac{3}{4}$ のとき，$f'(a)<0$ より $f(a)$ は単調減少で，⑦⑧より，$ka+b < 3k+2$

*　　　　　*　　　　　*

慎重にやらないとダメなのは(解)も別解も同じなので，好きな方でやればよいでしょう．別解の方針で解いた人は，全体の 11% でした．

C 2次曲線上の点 (x_0, y_0) における接線の方程式は，以下の置き換えで作れます：$x^2 \Rightarrow x_0 x$, $y^2 \Rightarrow y_0 y$, $xy \Rightarrow \dfrac{x_0 y + y_0 x}{2}$, $x \Rightarrow \dfrac{x_0+x}{2}$, $y \Rightarrow \dfrac{y_0+y}{2}$

すなわち，2次曲線 $ax^2 + by^2 + cxy + dx + ey + f = 0$ 上の点 (x_0, y_0) における接線の方程式は，

$ax_0 x + by_0 y + c \cdot \dfrac{x_0 y + y_0 x}{2} + d \cdot \dfrac{x_0+x}{2} + e \cdot \dfrac{y_0+y}{2} + f = 0$

証明は微分を使って計算すればできるので，余力のある人は試してみましょう．なお，上の方法は，2次曲線以外に対しては使えません．

(山崎)

問題5 p, q を負でない実数の定数として，ベクトル $\vec{a}, \vec{b}$ が $|\vec{a}+\vec{b}|=p$ と $|\vec{a}-\vec{b}|=q$ を満たすとき，$|\vec{a}|+|\vec{b}|$ の取り得る値の範囲を p, q で表せ．

（2011年9月号5番）

平均点：18.4
正答率：49%
時間：SS 23%, S 27%, M 29%, L 20%

問題設定がシンプルなだけに，様々な解法が考えられます．条件は $\vec{a}+\vec{b}$ と $\vec{a}-\vec{b}$ に関するものなので，$\vec{a}+\vec{b}=\vec{x}, \vec{a}-\vec{b}=\vec{y}$ とおき，$\vec{x}$ と $\vec{y}$ のなす角を θ として，$|\vec{a}|+|\vec{b}|$ を θ の関数として考えると….

解 $\vec{a}+\vec{b}=\vec{x}$ ………①，$\vec{a}-\vec{b}=\vec{y}$ ………② とおくと，条件は，$|\vec{x}|=p, |\vec{y}|=q$ ………③

また，①②より $\vec{a}=\dfrac{1}{2}(\vec{x}+\vec{y}), \vec{b}=\dfrac{1}{2}(\vec{x}-\vec{y})$ なので，$|\vec{a}|+|\vec{b}|=\dfrac{1}{2}(|\vec{x}+\vec{y}|+|\vec{x}-\vec{y}|)$

$=\dfrac{1}{2}(\sqrt{|\vec{x}+\vec{y}|^2}+\sqrt{|\vec{x}-\vec{y}|^2})$

$=\dfrac{1}{2}(\sqrt{|\vec{x}|^2+|\vec{y}|^2+2\vec{x}\cdot\vec{y}}+\sqrt{|\vec{x}|^2+|\vec{y}|^2-2\vec{x}\cdot\vec{y}})$ ……④

ここで，$\vec{x}$ と $\vec{y}$ のなす角を θ（$0\le\theta\le\pi$）とおくと，③より，$\vec{x}\cdot\vec{y}=pq\cos\theta$ なので，

④$=\dfrac{1}{2}(\sqrt{p^2+q^2+2pq\cos\theta}+\sqrt{p^2+q^2-2pq\cos\theta})$ ……⑤

$p^2+q^2=k, 2pq=j, \cos\theta=t$（$-1\le t\le 1$）とおくと，

$|\vec{a}|+|\vec{b}|=$⑤$=\dfrac{1}{2}(\sqrt{k+jt}+\sqrt{k-jt})$ ……⑥

なので，$(|\vec{a}|+|\vec{b}|)^2$

$=\dfrac{1}{4}(2k+2\sqrt{k^2-j^2t^2})=\dfrac{1}{2}(k+\sqrt{k^2-j^2t^2})$ …⑦

$0\le t^2\le 1$ なので，$(|\vec{a}|+|\vec{b}|)^2$ のとりうる値の範囲は

$\underline{\dfrac{1}{2}(k+\sqrt{k^2-j^2})}\le (|\vec{a}|+|\vec{b}|)^2\le \underline{\underline{\dfrac{1}{2}(k+\sqrt{k^2})}}$

ここで，$\underline{}=\dfrac{1}{2}\{p^2+q^2+\sqrt{(p^2+q^2)^2-(2pq)^2}\}$

$=\dfrac{1}{2}\{p^2+q^2+\sqrt{(p^2-q^2)^2}\}$

$=\dfrac{1}{2}(p^2+q^2+|p^2-q^2|)=\begin{cases}p^2 & (p\ge q)\\ q^2 & (p\le q)\end{cases}$

$k=p^2+q^2\ge 0$ より，$\underline{\underline{}}=\dfrac{1}{2}(k+k)=k=p^2+q^2$

答えは，$p\ge q$ のとき，$p\le |\vec{a}|+|\vec{b}|\le\sqrt{p^2+q^2}$
$p\le q$ のとき，$q\le |\vec{a}|+|\vec{b}|\le\sqrt{p^2+q^2}$

【解説】

A 冒頭で述べた通り，本問は色々な解法が考えられます．**解**では，$|\vec{a}|+|\vec{b}|$ を1つの変数で表して，取りうる値の範囲を考えました．その際，⑥の形からすぐに微分しても，もちろん構わないのですが（□**B**），$|\vec{a}|+|\vec{b}|$ を2乗することにより，⑦のように，微分せずともすぐに増減がわかる形になります（ただし，いつでも2乗すると上手くいくとは限らない）．

いずれにせよ，**解**の方法だと，$|\vec{a}|+|\vec{b}|$ が $\max\{p, q\}$ から $\sqrt{p^2+q^2}$ の間の値を全てとりうることがわかるので，良い解法と言えるでしょう．

B ⑥のまま微分すると，次のようになります．

別解（⑥に続く）$\dfrac{1}{2}(\sqrt{k+jt}+\sqrt{k-jt})=f(t)$ とおく．$f(-t)=f(t)$ だから，$0\le t\le 1$ で考えればよい．

$f'(t)=\dfrac{1}{2}\left(\dfrac{j}{2\sqrt{k+jt}}+\dfrac{-j}{2\sqrt{k-jt}}\right)$

$=\dfrac{j}{4}\left(\dfrac{1}{\sqrt{k+jt}}-\dfrac{1}{\sqrt{k-jt}}\right)$

$j=2pq>0$ のとき，$t>0$ において $\sqrt{k+jt}>\sqrt{k-jt}$ より $f'(t)<0$ なので，$f(t)$ は単調減少．

$j=0$ のとき $f(t)$ は一定．

いずれの場合も，$f(t)$ の取りうる値の範囲は

$f(1)\le f(t)\le f(0)$

ここで，$f(0)=\sqrt{k}=\sqrt{p^2+q^2}$

$f(1)=\dfrac{1}{2}(\sqrt{k+j}+\sqrt{k-j})$

$=\dfrac{1}{2}(\sqrt{p^2+q^2+2pq}+\sqrt{p^2+q^2-2pq})$

$=\dfrac{1}{2}\{\sqrt{(p+q)^2}+\sqrt{(p-q)^2}\}$

$=\dfrac{1}{2}(|p+q|+|p-q|)=\begin{cases}p & (p\ge q)\\ q & (p\le q)\end{cases}$

答えは，$p\ge q$ のとき，$p\le |\vec{a}|+|\vec{b}|\le\sqrt{p^2+q^2}$
$p\le q$ のとき，$q\le |\vec{a}|+|\vec{b}|\le\sqrt{p^2+q^2}$

C 以下のような答案はどうでしょうか？

[解答例] $|\vec{a}+\vec{b}|=p, |\vec{a}-\vec{b}|=q$ を2乗して，

$|\vec{a}|^2+|\vec{b}|^2+2\vec{a}\cdot\vec{b}=p^2$

$|\vec{a}|^2+|\vec{b}|^2-2\vec{a}\cdot\vec{b}=q^2$

$\therefore |\vec{a}|^2+|\vec{b}|^2=\dfrac{p^2+q^2}{2}$ ……⑧

$$\vec{a}\cdot\vec{b}=\frac{p^2-q^2}{4} \quad \cdots\cdots\cdots ⑨$$

ここで，$(|\vec{a}|+|\vec{b}|)^2=|\vec{a}|^2+|\vec{b}|^2+2|\vec{a}||\vec{b}|$
$$=\frac{p^2+q^2}{2}+2|\vec{a}||\vec{b}| \quad \cdots\cdots ⑩$$
$$(\because ⑧)$$

よって，$|\vec{a}||\vec{b}|$ のとりうる値の範囲を考えればよい．
$(|\vec{a}||\vec{b}|)^2=|\vec{a}|^2|\vec{b}|^2$
$$=|\vec{a}|^2\left(\frac{p^2+q^2}{2}-|\vec{a}|^2\right) \quad (\because ⑧)$$
$$=-\left(|\vec{a}|^2-\frac{p^2+q^2}{4}\right)^2+\left(\frac{p^2+q^2}{4}\right)^2\leqq\left(\frac{p^2+q^2}{4}\right)^2$$
$$\therefore \quad |\vec{a}||\vec{b}|\leqq\frac{p^2+q^2}{4} \quad \cdots\cdots\cdots ⑪$$

また，$|\vec{a}||\vec{b}|\geqq|\vec{a}\cdot\vec{b}|=\left|\frac{p^2-q^2}{4}\right| \quad \cdots\cdots\cdots ⑫$
$$(\because ⑨)$$

これらと⑩より，
$$\frac{p^2+q^2}{2}+\left|\frac{p^2-q^2}{2}\right|\leqq(|\vec{a}|+|\vec{b}|)^2\leqq\frac{p^2+q^2}{2}+\frac{p^2+q^2}{2}$$

したがって，$p\geqq q$ のとき，$p\leqq|\vec{a}|+|\vec{b}|\leqq\sqrt{p^2+q^2}$
$p\leqq q$ のとき，$q\leqq|\vec{a}|+|\vec{b}|\leqq\sqrt{p^2+q^2}$

※　　　　　　　　　※

何も間違ったことはしていないのですが，厳密には，⑪⑫では $|\vec{a}||\vec{b}|$ が $\left|\frac{p^2-q^2}{4}\right|$ 以上 $\frac{p^2+q^2}{4}$ 以下のすべての値を本当にとりうるのかどうかわからないのが問題です．問題文では「$|\vec{a}|+|\vec{b}|$ の取り得る値の範囲を求めよ」と言われているので，適当に不等式を作るだけではダメというわけです．

このような理由から，答案に書くなら，(解)や別解のような方法をオススメします．

D 値域を求める問題にチャレンジしてみましょう．

> **参考問題** a,b は実数で，$2a-b, a+2b$ を小数第1位で四捨五入すると，それぞれ 2, 20 となる．
> (1) $a+b$ のとりうる値の範囲を求めよ．
> (2) $\frac{a+b}{2a-b}$ のとりうる値の範囲を求めよ．
> （類 09 東京工科大・メディア）

ab 平面に図示して線形計画法を用いるか，問題5の(解)と同様に $2a-b$ と $a+2b$ を主役にしましょう．(2)は与えられた条件から得られる $2a-b$ の範囲と(1)から答えるのは誤り．$2a-b$ と $a+b$ が独立に動けるわけではないので，無造作にやると，実際には取り得ない値まで紛れ込んでしまいます．線形計画法なら $\frac{a+b}{2a-b}$ の分母・分子を a で割ると，傾きに帰着できます．

(解) (1)
$1.5\leqq 2a-b<2.5$
$19.5\leqq a+2b<20.5$
を満たす (a,b) の存在範囲 S は右図網目部（太実線と●を含み，太破線と○を除く）．

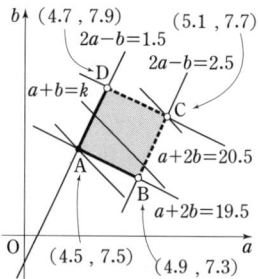

$$a+b=k \quad \cdots\cdots ⑬$$
とおくと，⑬の表す直線と S が共有点を持つような k の範囲を求めればよい．⑬の傾きは -1 だから，k が最小になるのは⑬が図の A を通るとき．また，k の上限は⑬が図の C を通るとき（等号不成立）．よって，
$$4.5+7.5\leqq a+b<5.1+7.7 \quad \therefore \quad \mathbf{12\leqq a+b<12.8}$$

(2) $\frac{a+b}{2a-b}$ の分母・分子を a で割り，$\frac{b}{a}=m$ とおくと，
$$\frac{a+b}{2a-b}=\frac{1+\frac{b}{a}}{2-\frac{b}{a}}=\frac{1+m}{2-m}=-1+\frac{3}{2-m} \quad \cdots\cdots ⑭$$

m は原点と点 (a,b) を通る直線の傾きを表すから，m の下限は上図の B のとき，上限は D のとき（等号不成立）．よって，$\frac{7.3}{4.9}<m<\frac{7.9}{4.7}$ $\therefore \frac{73}{49}<m<\frac{79}{47}$
この範囲で⑭は単調増加だから，⑭の範囲は
$$-1+\frac{3}{2-\frac{73}{49}}<⑭<-1+\frac{3}{2-\frac{79}{47}}$$
$$\therefore \quad \frac{\mathbf{122}}{\mathbf{25}}<\frac{\mathbf{a+b}}{\mathbf{2a-b}}<\frac{\mathbf{42}}{\mathbf{5}}$$

(別解) (1) $2a-b=s \cdots\cdots ⑮$，$a+2b=t \cdots\cdots ⑯$
とおくと，s,t の条件は
$$1.5\leqq s<2.5 \cdots\cdots ⑰, \quad 19.5\leqq t<20.5 \cdots\cdots ⑱$$
また，⑮⑯を a,b について解くと，
$$a=\frac{2s+t}{5} \cdots\cdots ⑲, \quad b=\frac{-s+2t}{5} \cdots\cdots ⑳$$
⑲⑳より，$a+b=\frac{s+3t}{5} \quad \cdots\cdots ㉑$
これと⑰⑱より，$\frac{1.5+3\times 19.5}{5}\leqq a+b<\frac{2.5+3\times 20.5}{5}$
$$\therefore \quad \mathbf{12\leqq a+b<12.8}$$

(2) ⑮㉑より $\frac{a+b}{2a-b}=\frac{s+3t}{5s}=\frac{1}{5}+\frac{3}{5}\cdot\frac{t}{s}$
これと⑰⑱より，$\frac{1}{5}+\frac{3}{5}\cdot\frac{19.5}{2.5}<\frac{a+b}{2a-b}<\frac{1}{5}+\frac{3}{5}\cdot\frac{20.5}{1.5}$
$$\therefore \quad \mathbf{4.88}<\frac{\mathbf{a+b}}{\mathbf{2a-b}}<\mathbf{8.4}$$

（山崎）

問題6 座標空間に相異なる4点 $A(0, 0, k)$, $B(-1, 0, 0)$, $C(a, b, 0)$, $D(c, d, 0)$ があり，これらは四面体の4頂点になっているとする．また，A を通り平面 BCD に垂直な直線を l_A とし，B を通り平面 ACD に垂直な直線を l_B とし，C を通り平面 ABD に垂直な直線を l_C とし，D を通り平面 ABC に垂直な直線を l_D とする．いま，l_A と l_B が点 X で交わっているとする．

(1) a と c がみたす等式を求めよ．また，X の座標を k, a で表せ．

(2) k, a, b, c, d を変化させたとき，l_C と l_D は常に交わると言えるか．また，常に交わる場合は，その交点 Y の座標および X と Y が一致するための条件を k, a, b, d で表せ．

（2015年4月号5番）

平均点：19.8
正答率：50％ (1) 74％ (2) 52％
時間：SS 5％, S 22％, M 45％, L 29％

四面体の「垂心」に相当するものについての問題です．(1), (2)はともに，直線の交点について考えればよいわけですが，(1)の方は l_A が z 軸と一致するように座標が設定されているので簡単になります．(2)は l_C, l_D のベクトル方程式で考えるとよいでしょう．

解 (1) 平面 BCD は xy 平面であり，A は z 軸上にあるから，l_A は z 軸である．X は l_A 上にあるので，実数 t を用いて $X(0, 0, t)$ とおける．また，X は l_B 上にあるので，$\overrightarrow{BX} \perp$ 平面 ACD よって，

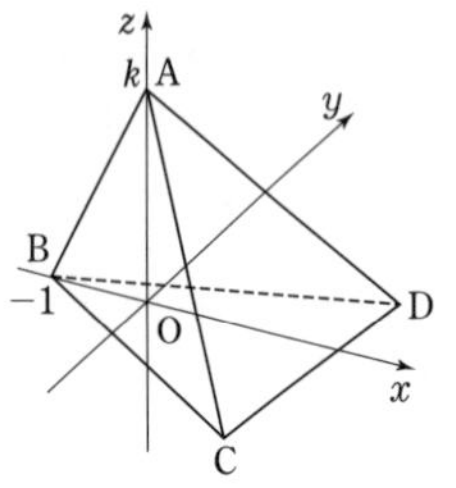

$$\overrightarrow{BX} \cdot \overrightarrow{AC} = \begin{pmatrix}1\\0\\t\end{pmatrix} \cdot \begin{pmatrix}a\\b\\-k\end{pmatrix} = 0$$

$$\overrightarrow{BX} \cdot \overrightarrow{AD} = \begin{pmatrix}1\\0\\t\end{pmatrix} \cdot \begin{pmatrix}c\\d\\-k\end{pmatrix} = 0$$

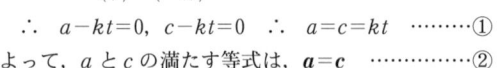

∴ $a - kt = 0$, $c - kt = 0$ ∴ $a = c = kt$ ……①

よって，a と c の満たす等式は，$\boldsymbol{a = c}$ ……②

$k = 0$ だと，A も xy 平面上にあり，A, B, C, D が四面体をなさないので，$k \neq 0$

よって，①から $t = \dfrac{a}{k}$ であり，$\boldsymbol{X\left(0, 0, \dfrac{a}{k}\right)}$

(2) ②より，$D(a, d, 0)$

平面 ABD に垂直なベクトルを $\vec{n} = \begin{pmatrix}\alpha\\\beta\\\gamma\end{pmatrix}$ とおくと，

$\vec{n} \cdot \overrightarrow{BA} = \begin{pmatrix}\alpha\\\beta\\\gamma\end{pmatrix} \cdot \begin{pmatrix}1\\0\\k\end{pmatrix} = 0$, $\vec{n} \cdot \overrightarrow{BD} = \begin{pmatrix}\alpha\\\beta\\\gamma\end{pmatrix} \cdot \begin{pmatrix}a+1\\d\\0\end{pmatrix} = 0$

より，$\alpha + k\gamma = 0$, $(a+1)\alpha + d\beta = 0$

$\begin{pmatrix}\alpha\\\beta\\\gamma\end{pmatrix} = \begin{pmatrix}kd\\-k(a+1)\\-d\end{pmatrix}$ ……③ とすれば上の2式は成立するので，③が $\vec{n}$ の一つである．

よって，l_C 上の点を P とすると，実数 p を用いて

$$\overrightarrow{OP} = \overrightarrow{OC} + p\begin{pmatrix}kd\\-k(a+1)\\-d\end{pmatrix} = \begin{pmatrix}a+pkd\\b-pk(a+1)\\-pd\end{pmatrix} \quad \cdots ④$$

と表せる．同様に，l_D 上の点を Q とすると，実数 q を用いて（④の b と d を入れ替え，p を q にして）

$$\overrightarrow{OQ} = \begin{pmatrix}a+qkb\\d-qk(a+1)\\-qb\end{pmatrix}$$ と表せる．

従って，P と Q が一致するための条件は，

$$\begin{cases}a+pkd = a+qkb\\ b-pk(a+1) = d-qk(a+1)\\ -pd = -qb\end{cases}$$

$$\iff \begin{cases}pd = qb \quad \cdots\cdots ⑤\\ b-pk(a+1) = d-qk(a+1) \quad \cdots\cdots ⑥\end{cases}$$

⑥ $\times b$ より，$b^2 - pbk(a+1) = bd - qbk(a+1)$

⑤を代入して，$b^2 - pbk(a+1) = bd - pdk(a+1)$

∴ $p(d-b) \cdot k(a+1) = b(d-b)$

ここで，$C \neq D$ より $b \neq d$

また，$a = -1$ だと，B, C, D が一直線上にあり，A, B, C, D が四面体をなさないので，$a \neq -1$

よって，$p = \dfrac{b}{k(a+1)}$ ……⑦

同様に，⑥を d 倍して⑤を代入すれば，$q = \dfrac{d}{k(a+1)}$

この p, q は⑤⑥を満たすから，l_C と l_D は常に交わる．

また，⑦を④に代入して，

$$\boldsymbol{Y\left(a + \dfrac{bd}{a+1}, \ 0, \ -\dfrac{bd}{k(a+1)}\right)}$$

X, Y が一致するための条件は，

$$\begin{cases}a + \dfrac{bd}{a+1} = 0\\ -\dfrac{bd}{k(a+1)} = \dfrac{a}{k}\end{cases} \iff \boldsymbol{a(a+1) + bd = 0}$$

【解説】

A 平面上においては，2直線は平行でなければ交わりますが，空間においては，「ねじれ」の関係というのがあるので，平行でなくても交わることの方が珍しいです．

2直線が交わるかどうかを考えるときは，ベクトル方程式を用いるとよいです．具体的には，ある直線 l について，l の方向ベクトル $\vec{l}$ と，l 上の1点 P_0 の位置ベクトル $\overrightarrow{OP_0}$ が分かれば，l 上の点 P は，実数 s を用いて
$$\overrightarrow{OP} = \overrightarrow{OP_0} + s\vec{l}$$
と表せるので，2直線をそれぞれこの形で表し，直線上の点が一致する実数の値が存在するか考えます．

本問では，たとえば l_C なら，l_C の方向ベクトルは平面 ABD の法線ベクトルで，l_C 上に C があることが分かっているので，このように表すことができます．

このように表して，直線上の点が一致する条件を考えると，それぞれの直線で実数変数を1つずつ使ってベクトル方程式を表しているので，変数は合計2つ，それに対して，x, y, z 座標がそれぞれ等しいという条件を考えるので，式の数は3つです．変数の数より式の数が多い連立方程式なので，一般には解はないのですが，今回は，(2)では，$a=c$ という(1)の条件の下では，3つの式のうち2つが同値な式になり，解が存在します．ただし，変数2つ，式2つの連立方程式でも，解が存在しないことがあるので，解が存在することを示すなら，**解**のように解いてしまうのが無難でしょう．

B 本問では，座標設定に定数が入っているので，特殊な形の四面体を考えているように見えるかもしれませんが，そんなことはありません．大抵の形の四面体は，本問のようにおくことができます．

とある四面体 ABCD があったら，まず，B を $(-1, 0, 0)$ に固定して，C, D を xy 平面上にのせます．こうした後でも，B を中心として，C, D を xy 平面上ですべらすような回転の自由度は残っているので，辺 AB と面 BCD が垂直でなければ，こういう風に回転させて，直線 AB が z 軸と交わるような向きに，もってくることができます．あとは，四面体の大きさを変えるか，座標軸の目盛りの大きさを変えてやれば，A が z 軸上にくるように設定できます．つまり，道端で適当に落ちている四面体を拾ってきたとしても，大抵は，座標軸の大きさを調節してやれば，問題の座標設定の，A が z 軸上，B が $(-1, 0, 0)$，C, D が xy 平面上となるように，その四面体を置くことができる，ということです．

「大抵は」と言ったのは，例外が存在するからです．辺 AB と面 BCD が垂直なときは，本問の設定ではおけません．この場合は，本問とは別に考えてみます．このとき，l_A にあたるものと l_B にあたるものは，点 B で必ず交わります．そして，平面 BCD と平面 ABD，ABC は垂直なので，l_C, l_D にあたるものは平面 BCD 上にあります．l_C, l_D が平行になることはあり得ないので，同一平面上の l_C, l_D は，必ず交わります．つまり，(2) と同じく，
$$l_A \text{と} l_B \text{が交わる} \Longrightarrow l_C \text{と} l_D \text{が交わる}$$
ということが言えたわけです．

他の垂線の組に関しても，頂点の名前をつけかえて，置き直してあげることで，**解**のやり方，もしくは先ほどのやりかたで同様に議論できるはずです．つまり，

> 四面体において，各頂点から向かい合う面に下ろした垂線4本のうち，2本が交わっていれば残り2本は必ず交わる

ということが分かります．

さらに，4本の垂線が1点で交わる条件についても考えてみます．

まずは，辺 AB と面 BCD が垂直でないときです．このときの条件は，$a=c$ かつ $a(a+1)+bd=0$ でした．この条件は，l_A が $\triangle$BCD の垂心を貫いていることを表しています．そのことを確かめてみましょう．l_A と $\triangle$BCD の交点は O です．また，
$$a=c \Longleftrightarrow \text{OB} \perp \text{CD}$$
が分かります．さらに，
$$\overrightarrow{OC} \cdot \overrightarrow{BD} = \begin{pmatrix} a \\ b \\ 0 \end{pmatrix} \cdot \begin{pmatrix} a+1 \\ d \\ 0 \end{pmatrix}$$
$$= a(a+1) + bd$$
となるので，$a(a+1)+bd=0 \Longleftrightarrow \text{OC} \perp \text{BD}$ です．なので，l_A と $\triangle$BCD の交点 O は $\triangle$BCD の垂心です．

「例外」の場合はどうでしょうか．このとき，4本の垂線が1点で交わるとしたら，l_A と l_B は点 B で交わっているので，l_C と l_D も点 B で交わります．したがって，四面体 ABCD は，AB⊥BC，AB⊥BD，BC⊥BD の四面体になります．すると，$\triangle$BCD は直角三角形で，$\triangle$BCD の垂心は B になりますから，l_A は $\triangle$BCD の垂心を貫いています．

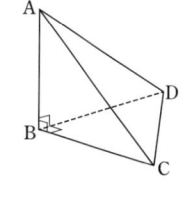

これも，頂点の名前をつけかえて置き直したとしても，4本の垂線が1点で交わるための条件は変わらないので，同様に議論できるはずです．

> 四面体において，「垂心」に相当するものが存在するなら，各頂点から向かい合う面に下ろした垂線は，その三角形の垂心を貫く

ということも，分かりますね．

(石城)

問題7 凸四角形 ABCD とその内部の点 X は次の条件（*）を満たしている．

（*） 4つの三角形 XAB, XBC, XCD, XDA の面積がすべて等しい

X は AC 上にないものとして，以下の問いに答えよ．

（1） △XAB＝△XBC に着目して，直線 BX が AC の中点を通ることを示せ．また，直線 DX も AC の中点を通ることを示せ．

（2） 直線 BD は AC の中点を通り，X は BD の中点であることを示せ．

（3） A(1, 0), C(0, 1) とする．xy 平面の単位円 $x^2+y^2=1$ 上に B, D をとり，（*）を満たすようにするとき，X の軌跡を図示せよ．

（2008年10月号3番）

平均点：21.0
正答率：51%
　　（1）93% （2）90% （3）53%
時間：SS 8%, S 25%, M 34%, L 33%

（2）は（1）を，（3）は（2）を用いて解答します．
（3） 円の中心と X を結ぶと図形的に解決します．それに気付かない場合は，AC の中点を通る直線を l とし，$l \not\parallel$（y軸）のとき，l の傾きを m として，X の x 座標を m で表してみましょう．X の y 座標を m で表さなくても m は消去できます．

解 （1） 直線 BX, DX と AC との交点をそれぞれ B′, D′ とする．△ABX と △CBX で，BX を底辺と見ると，高さの比は，図の $h_A : h_C = $AB′:CB′ だから，
$$\frac{AB'}{CB'} = \frac{\triangle ABX}{\triangle CBX} = 1$$ 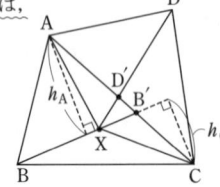
同様に，$\frac{AD'}{CD'} = \frac{\triangle ADX}{\triangle CDX} = 1$

よって，B′, D′ は AC の中点だから，題意は示された．

（2） AC の中点を M とおくと，X は AC 上にないので，
X≠M
（1）より，相異なる3点 B, X, M は同一直線上にあり，相異なる3点 D, X, M も同一直線上にあるから，4点 B, D, X, M は同一直線上にある．よって，直線 BD は M を通る．

また，X は BD 上にあり，
$$\frac{BX}{DX} = \frac{\triangle BAX}{\triangle DAX} = 1$$
なので，X は BD の中点．

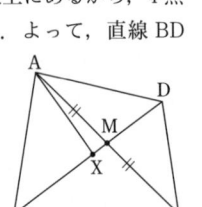

（3） $M\left(\frac{1}{2}, \frac{1}{2}\right)$

M を通る AC 以外の直線を l とする．l と円との交点を B, D とすれば，（2）より，X は BD の中点になる．逆に，このようにして定めた □ABCD と X は（*）を満たす．……①

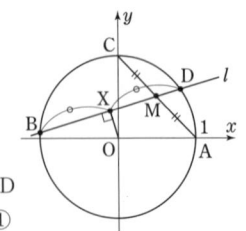

1° l が直線 OM のとき： BD は直径となり，X=O
2° l が直線 OM でないとき： X は円の弦 BD の中点だから，OX⊥BD
よって ∠OXM＝90° だから，X は OM を直径とする円周上（O, M を除く）をすべて動く．

以上から，答えは右図太線部（○を除く）．

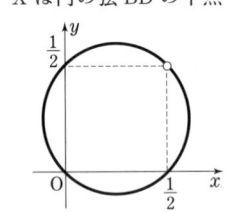

【解説】
A （1）（2）の正答率は高く，（3）も，多くの人が答えと同じ円（の一部）を図示できていました．
（1）（2）では，線分比＝面積比を利用しています．
解 の説明（～～部は省略しても良いでしょう）の他に，
「AC と BX のなす角を θ として，
$$\frac{\triangle ABX}{\triangle CBX} = \frac{\frac{1}{2}\cdot BX\cdot AB'\cdot \sin\theta}{\frac{1}{2}\cdot BX\cdot CB'\cdot \sin\theta} = \frac{AB'}{CB'}\text{」}$$
などとしている答案もありました． 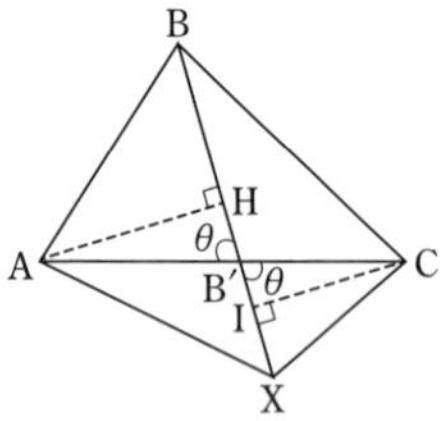

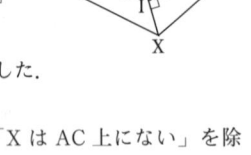

B 前提となっている条件「X は AC 上にない」を除いて本問を考えてみましょう．条件（*）を満たすような X は，下図の （ア） X が AC 上にない場合
　　　　　　　　　（イ） X が AC 上にある場合

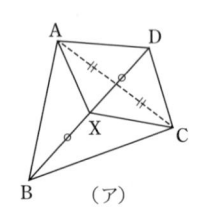

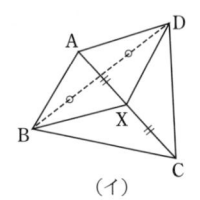

の2種類が考えられます．

解の(2)で「XはAC上にないので，X≠M」とわざわざ断っているのは，(イ)の場合を考慮しているからです．(イ)ではX＝Mとなり，B，X，Mが同一直線上，D，X，Mが同一直線上にあるにも関わらず，B，D，X，Mは同一直線上に存在しません．

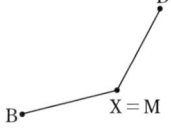

このようなことが起こるため，(2)を示す際には，安易に「(1)より明らか」などとしてはいけません．本問では(ア)の場合のみ考えればよかったから「明らか」でも済みますが，幾何的に議論するときには，本当に全ての場合を考え尽くしたのか，見直す必要があります．

ちなみに，(ア)(イ)両方の場合を考えれば，(3)の答えは「円全体」になります．(イ)のときのXは**解**の○のM$\left(\frac{1}{2}, \frac{1}{2}\right)$に一致するからです．興味深いですね．

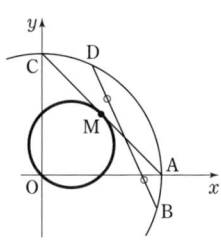

C (3)は，**解**は少数派（20%）で，何らかの文字でおいて式を計算した人が多く見られました．

[解答例] (3) ①に続く

(i) $l /\!/ (y\text{軸})$のとき：X$\left(\frac{1}{2}, 0\right)$

(ii) $l \not/\!/ (y\text{軸})$のとき：lはMを通るAC以外の直線なので，$y = m\left(x - \frac{1}{2}\right) + \frac{1}{2}$ ……②，$m \neq -1$ …③

と表せる．②を円の式に代入して，

$$x^2 + \left\{m\left(x - \frac{1}{2}\right) + \frac{1}{2}\right\}^2 = 1$$

$$\therefore (m^2+1)x^2 - (m^2-m)x + \frac{1}{4}(m^2-2m-3) = 0$$

この2次方程式の解α, βはlと円の交点B，Dのx座標．X(a, b)とおくと，XはBDの中点だから，

$$a = \frac{\alpha+\beta}{2} = \frac{1}{2} \cdot \frac{m^2-m}{m^2+1} \quad \therefore a = \frac{m^2-m}{2(m^2+1)} \cdots\cdots ④$$

Xは②上にあるから，$b = m\left(a - \frac{1}{2}\right) + \frac{1}{2}$ …………⑤

$a = \frac{1}{2}$とすると④より$m = -1$となり③に反するから，$a \neq \frac{1}{2}$である（$m = -1$のとき④より$a = \frac{1}{2}$なので，$a \neq \frac{1}{2}$ならば③）．このとき⑤より$m = \dfrac{b - \frac{1}{2}}{a - \frac{1}{2}}$

④の分母を払った$2a(m^2+1) = m^2 - m$ に代入して，

$$2a\left\{\left(\frac{b-\frac{1}{2}}{a-\frac{1}{2}}\right)^2 + 1\right\} = \left(\frac{b-\frac{1}{2}}{a-\frac{1}{2}}\right)^2 - \frac{b-\frac{1}{2}}{a-\frac{1}{2}}$$

$$\therefore 2a\left\{\left(b-\frac{1}{2}\right)^2 + \left(a-\frac{1}{2}\right)^2\right\}$$
$$= \left(b-\frac{1}{2}\right)^2 - \left(a-\frac{1}{2}\right)\left(b-\frac{1}{2}\right)$$

$$\therefore (2a-1)\left(b-\frac{1}{2}\right)^2 + 2a\left(a-\frac{1}{2}\right)^2$$
$$+ \left(a-\frac{1}{2}\right)\left(b-\frac{1}{2}\right) = 0$$

$a - \frac{1}{2}$で割り，$2\left(b-\frac{1}{2}\right)^2 + 2a\left(a-\frac{1}{2}\right) + b - \frac{1}{2} = 0$

よって，$2b^2 - b + 2a^2 - a = 0$，$a \neq \frac{1}{2}$

(i)(ii)合わせて，答えの図を得る．

*　　　　　　　　*　　　　　　　　*

欲しいのはaとbの関係なので，bをmで表さなくても，④⑤から直接mを消去すればよいのです．

なお，bをmで表すと，⑤④より，$b = \dfrac{-m+1}{2(m^2+1)}$

これと④から，$b \neq 0$のとき$\dfrac{a}{b} = -m$ となります．これからも∠OXM＝90°がわかります．

D **解**で，Xは円周上のM以外の点をすべて動くと書きました．M以外に除外点がないことは，lを動かしてみれば図形的に明らかですが，説明するとすれば

「**解**の答えの図の太線上に任意にXをとる．

直線XMと円$x^2 + y^2 = 1$との交点をB，Dとすれば，∠OXM＝90°より，OX⊥BD ∴ BX＝DX

このとき，△XAB≡△XBC≡△XCD≡△XDAとなる．従って，太線上の任意の点は(*)を満たす．」

計算主体の場合，[解答例]では，a, bの満たす条件は，③④⑤を満たすmが存在することなので，得られた(a, b)はすべてOKですが，解法によってはOKかどうかが不鮮明になり，十分性も調べなければなりません．

E 本問は，円の内部の定点Mを通る弦の中点Xの軌跡を考えました．それでは，弦の延長が円の外部の点Nを通るときの弦の中点Yの軌跡はどうなるでしょうか．

本問と同様に，∠OYN＝90°より，ONを直径とする円周上にYがあることがわかります．直線YNの動ける範囲に注意すると，Yの軌跡は右図の太線部になります． （上原）

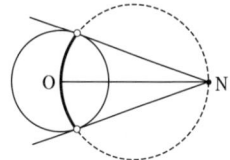

問題8 △ABC の辺 AB を $p:(1-p)$ に内分する点を P, 辺 BC を $q:(1-q)$ に内分する点を Q, 辺 CA を $r:(1-r)$ に内分する点を R とする. $\frac{1}{3}\leq p\leq\frac{2}{3}$, $\frac{1}{3}\leq q\leq\frac{2}{3}$, $\frac{1}{3}\leq r\leq\frac{2}{3}$, $p+q+r=\frac{3}{2}$ を満たすように p, q, r が動くとき, △PQR の重心 G の存在範囲の面積は △ABC の面積の何倍か. （2013年10月号3番）

平均点：15.5
正答率：42%
時間：SS 7%, S 24%, M 29%, L 41%

見かけ上は p, q, r の3変数ありますが, $p+q+r=\frac{3}{2}$ により1つ消去できるので, 実質的には2変数です. $\overrightarrow{AG}$ を $\alpha\overrightarrow{AB}+\beta\overrightarrow{AC}$ の形にして, p, q, r の条件を α, β に移して考えるか, 例えば q, r を主役にして $\overrightarrow{AG}=q\square+r\square+\square$ の形にするという手があります. いずれにせよ, p, q, r の条件を<u>必要十分に</u>移すように注意しましょう.

解 $\overrightarrow{AB}=\vec{b}$, $\overrightarrow{AC}=\vec{c}$ とおくと,

$$\overrightarrow{AG}=\frac{1}{3}(\overrightarrow{AP}+\overrightarrow{AQ}+\overrightarrow{AR})$$
$$=\frac{1}{3}\{p\vec{b}+(1-q)\vec{b}+q\vec{c}+(1-r)\vec{c}\}$$

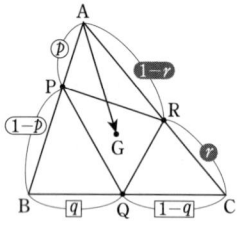

ここで, $p+q+r=\frac{3}{2}$ より, $p=\frac{3}{2}-q-r$ ……①

よって, $\overrightarrow{AG}$
$$=\frac{1}{3}\left\{\left(\frac{3}{2}-q-r\right)\vec{b}+(1-q)\vec{b}+q\vec{c}+(1-r)\vec{c}\right\} \cdots ②$$
$$=\frac{1}{3}\left(\frac{5}{2}-2q-r\right)\vec{b}+\frac{1}{3}(1+q-r)\vec{c}$$

である. $\alpha=\frac{1}{3}\left(\frac{5}{2}-2q-r\right)$, $\beta=\frac{1}{3}(1+q-r)$ …③

とおくと, $2q+r=\frac{5}{2}-3\alpha$, $q-r=3\beta-1$ より,

$$q=-\alpha+\beta+\frac{1}{2},\ r=-\alpha-2\beta+\frac{3}{2}\quad \cdots ④$$

また, ①と $\frac{1}{3}\leq p\leq\frac{2}{3}$ より, $\frac{1}{3}\leq\frac{3}{2}-q-r\leq\frac{2}{3}$

よって, $\frac{5}{6}\leq q+r\leq\frac{7}{6}$ なので, q, r の条件は

$$\frac{1}{3}\leq q\leq\frac{2}{3},\ \frac{1}{3}\leq r\leq\frac{2}{3},\ \frac{5}{6}\leq q+r\leq\frac{7}{6}\quad \cdots ⑤$$

これと④より,

$$\begin{cases}\frac{1}{3}\leq -\alpha+\beta+\frac{1}{2}\leq\frac{2}{3}\\ \frac{1}{3}\leq -\alpha-2\beta+\frac{3}{2}\leq\frac{2}{3}\\ \frac{5}{6}\leq\left(-\alpha+\beta+\frac{1}{2}\right)+\left(-\alpha-2\beta+\frac{3}{2}\right)\leq\frac{7}{6}\end{cases}$$

∴ $\alpha-\frac{1}{6}\leq\beta\leq\alpha+\frac{1}{6}$, $\frac{5}{12}-\frac{1}{2}\alpha\leq\beta\leq\frac{7}{12}-\frac{1}{2}\alpha$

$\frac{5}{6}-2\alpha\leq\beta\leq\frac{7}{6}-2\alpha$

以上を $\alpha\beta$ 平面に図示すると, 右図網目部になる（境界を含む）. 図のように各点をとると, 網目の六角形の面積は

△IJK + □IKLN + △LMN

$$=\frac{1}{2}\times\frac{1}{6}\times\frac{1}{18}+\frac{1}{6}\times\frac{1}{9}+\frac{1}{2}\times\frac{1}{6}\times\frac{1}{18}=\frac{1}{36}$$

△ABC は $\alpha\geq 0$, $\beta\geq 0$, $\alpha+\beta\leq 1$ に対応し, $\alpha\beta$ 平面で面積 $\frac{1}{2}$ に相当するので, $\frac{1}{36}\div\frac{1}{2}=\frac{1}{18}$ より, G の存在範囲の面積は △ABC の面積の $\boxed{\frac{1}{18}}$ 倍である.

【解説】

A 冒頭でも述べた通り, **解**では $\overrightarrow{AG}$ を $\alpha\overrightarrow{AB}+\beta\overrightarrow{AC}$ の形にして, α, β の満たす条件を $\alpha\beta$ 平面に図示し, その面積と, $\alpha\beta$ 平面において △ABC に対応する部分の面積 $\frac{1}{2}$ とを比較するという方針で解きました.

この解法で大切なのは, まず, 文字を1つ消したとき, **消した文字の条件を残った文字に反映**させなければならないということです. **解**だと p を消去しているので, p の条件 $\frac{1}{3}\leq p\leq\frac{2}{3}$ を残った文字 q, r に反映させなければならず, それが $\frac{5}{6}\leq q+r\leq\frac{7}{6}$ に当たるわけです. これは基本中の基本なので, できなかった人は注意しましょう.

さらに, もう1つ注意しなければならないのが, p, q, r の条件を必要十分に α, β に移さなければならないということで, これができていない人が散見されました. 例えば, $q=\frac{3}{2}-p-r$ で q を消去すると

$$\overrightarrow{AG}=\frac{1}{3}\left(-\frac{1}{2}+2p+r\right)\vec{b}+\frac{1}{3}\left(\frac{5}{2}-p-2r\right)\vec{c}$$

$\alpha'=\frac{1}{3}\left(-\frac{1}{2}+2p+r\right),\ \beta'=\frac{1}{3}\left(\frac{5}{2}-p-2r\right)$ とおくと，

$$\alpha'+\beta'=\frac{1}{3}(2+p-r),\ \alpha'-\beta'=-1+p+r$$

$\frac{1}{3}\leqq p\leqq\frac{2}{3},\ \frac{1}{3}\leqq r\leqq\frac{2}{3}$ より，$\frac{5}{9}\leqq\alpha'+\beta'\leqq\frac{7}{9}$ ……⑥

$\frac{5}{6}\leqq p+r\leqq\frac{7}{6}$ より，$-\frac{1}{6}\leqq\alpha'-\beta'\leqq\frac{1}{6}$ ……⑦

となります．しかし，⑥かつ⑦が α',β' の満たす条件であるとするのは大間違いです．⑥⑦自体は間違いではありませんが，だからと言って，逆が成り立つとは限りません．すなわち，⑥⑦を満たす，すべての α',β' をとりうるわけではないのです．

適当に式を足したり引いたりするのではダメで，**解** と同様に，p,r を α',β' で表して不等式に代入しなければなりません．これも間違えた人は注意しましょう．

解 と同様の方法をとった人は全体の 39% でした．なお，q や r を消去しても，本質的には変わりません．

B **解** とは違い，以下のように q,r を主体にして考える方法もあります．

別解（②に続く）$\overrightarrow{AG}=$ ②
$$=q\cdot\frac{1}{3}(\vec{c}-2\vec{b})+r\cdot\frac{1}{3}(-\vec{c}-\vec{b})+\frac{5}{6}\vec{b}+\frac{1}{3}\vec{c}\ \cdots ⑧$$

q,r の条件は（**解** の⑤のようにして）

$$\frac{1}{3}\leqq q\leqq\frac{2}{3},\ \frac{1}{3}\leqq r\leqq\frac{2}{3},\ \frac{5}{6}\leqq q+r\leqq\frac{7}{6}\ \cdots⑨$$

また，$\frac{1}{3}(\vec{c}-2\vec{b})=\overrightarrow{AD},\ \frac{1}{3}(-\vec{c}-\vec{b})=\overrightarrow{AE}$ ……⑩

とおくと，$\frac{5}{6}\vec{b}+\frac{1}{3}\vec{c}$ は定ベクトルなので，

$\overrightarrow{AG'}=q\overrightarrow{AD}+r\overrightarrow{AE}$ で定まる点 G' が⑨を満たしながら動くときの存在範囲の面積 S を考えればよい．

qr 平面上において，(q,r) の存在範囲は下図網目部で，その面積は，正方形から 2 つの直角三角形を引き，

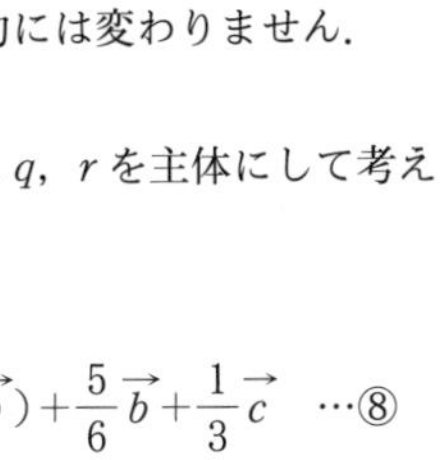

$$\frac{1}{3}\cdot\frac{1}{3}-\frac{1}{2}\cdot\frac{1}{6}\cdot\frac{1}{6}\times 2=\frac{1}{12}$$

$\triangle ADE$ は，$q\geqq 0,\ r\geqq 0$，$q+r\leqq 1$ に対応し，qr 平面で面積 $\frac{1}{2}$ に相当するので，

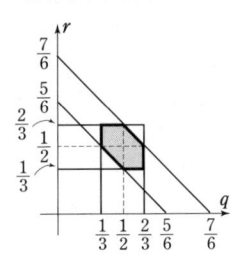

$$S=\frac{1/12}{1/2}\triangle ADE=\frac{1}{6}\triangle ADE\ \cdots\cdots⑪$$

ここで，$\triangle ADE=\frac{1}{2}\sqrt{|\overrightarrow{AD}|^2|\overrightarrow{AE}|^2-(\overrightarrow{AD}\cdot\overrightarrow{AE})^2}$

$$=\frac{1}{2}\cdot\frac{1}{3^2}\sqrt{|\vec{c}-2\vec{b}|^2|-\vec{c}-\vec{b}|^2-\{(\vec{c}-2\vec{b})\cdot(-\vec{c}-\vec{b})\}^2}$$

$$=\frac{1}{2}\cdot\frac{1}{3^2}\times$$
$$\sqrt{(|\vec{c}|^2-4\vec{c}\cdot\vec{b}+4|\vec{b}|^2)(|\vec{c}|^2+2\vec{c}\cdot\vec{b}+|\vec{b}|^2)-(-|\vec{c}|^2+\vec{c}\cdot\vec{b}+2|\vec{b}|^2)^2}$$

$$=\frac{1}{2}\cdot\frac{1}{3^2}\times 3\sqrt{|\vec{c}|^2|\vec{b}|^2-(\vec{c}\cdot\vec{b})^2}=\frac{1}{3}\triangle ABC$$

⑪より $S=\frac{1}{18}\triangle ABC$ なので，S は $\triangle ABC$ の $\frac{1}{18}$ **倍**．

* *

いま，動くのは q,r なので．⑧のような形に整理するのは自然な発想です．

この解法だと，$\overrightarrow{AD},\overrightarrow{AE}$ の作る斜交座標で考えているのですが，**解** であった "p,q,r の条件を α,β に移す" という作業がない代わりに，$\triangle ADE$ と $\triangle ABC$ の面積比を考える必要があります．これは，別解のように計算でやっても構いませんし，⑩より右図のようになることから，幾何的に考えてもできます（右図で F が DE の中点であることを用いるなど）．

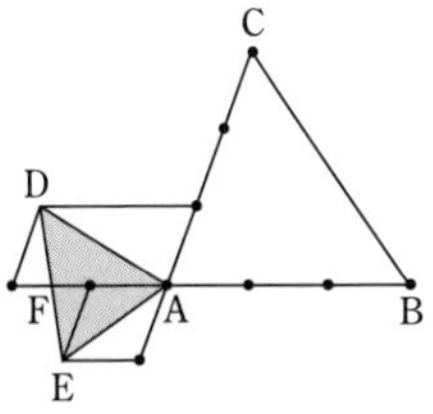

あるいは，$\vec{b},\vec{c}$ の作る斜交座標で考えてもよいでしょう．点 X を $\overrightarrow{AX}=\gamma\vec{b}+\delta\vec{c}$ と表すとき，⑩より，

D は $(\gamma,\delta)=\left(-\frac{2}{3},\frac{1}{3}\right)$

E は $(\gamma,\delta)=\left(-\frac{1}{3},-\frac{1}{3}\right)$

なので，$\gamma\delta$ 平面上で右図のようになり，$\triangle ADE$ の面積は，$\frac{1}{2}\left|\left(-\frac{2}{3}\right)\cdot\left(-\frac{1}{3}\right)-\frac{1}{3}\cdot\left(-\frac{1}{3}\right)\right|=\frac{1}{2}\cdot\frac{1}{3}$

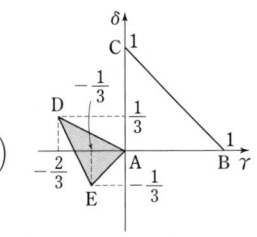

これから，$\triangle ADE=\frac{1}{3}\triangle ABC$

一般に，$\overrightarrow{AD}=x_1\overrightarrow{AB}+y_1\overrightarrow{AC},\ \overrightarrow{AE}=x_2\overrightarrow{AB}+y_2\overrightarrow{AC}$ のとき，$\triangle ADE=\triangle ABC\times|x_1y_2-x_2y_1|$

となります．斜交座標を考えれば明らかですが，別解のように計算で示すこともできます．

別解と同様の解法をとった人は全体の 28% でした．

（山崎）

問題9 △ABCの∠A内, ∠B内, ∠C内の傍接円の半径をそれぞれ r_A, r_B, r_C とする（∠A内の傍接円とは, Aを始点とする2つの半直線AB, AC, および線分BCと接する円のうち, △ABCの内接円でないものである）. ∠A=60°, BC=1, $r_B : r_C = 2:5$ のとき,
(1) 線分CA, ABの長さをそれぞれ求めよ.
(2) r_A を求めよ.
（2007年8月号2番）

平均点：20.8
正答率：70%（1）75%
時間：SS 9%, S 16%, M 25%, L 50%

傍接円（傍心）という慣れない題材に戸惑った人が多かったことでしょう. 様々な点で内接円（内心）と共通しており,「面積を2通りに表す」などの手法は傍接円に対しても使えます.

解 （1） △ABCの∠B内の傍心（傍接円の中心）を I_B とし, CA=b, AB=c, △ABC=S とする.

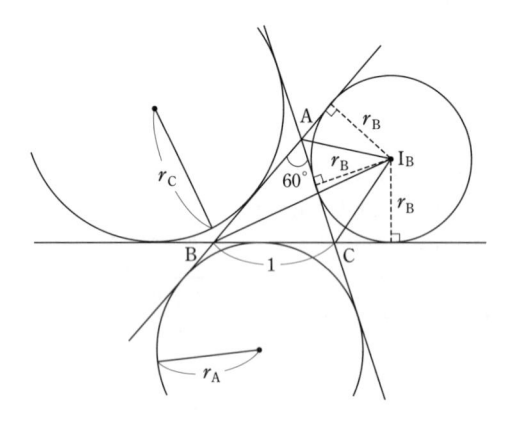

$$S = \triangle I_B AB + \triangle I_B BC - \triangle I_B CA$$
$$= \frac{1}{2} c r_B + \frac{1}{2} \cdot 1 \cdot r_B - \frac{1}{2} b r_B = \frac{c+1-b}{2} r_B$$

より, $r_B = \dfrac{2S}{c+1-b}$ ……①

同様に, $r_C = \dfrac{2S}{1+b-c}$ だから,

$$r_B : r_C = \frac{1}{c+1-b} : \frac{1}{1+b-c} = (1+b-c):(c+1-b)$$

仮定よりこの比が 2:5 なので,

$$5(1+b-c) = 2(c+1-b) \quad \therefore \quad c = b + \frac{3}{7} \quad \cdots\cdots ②$$

余弦定理より, $b^2 + c^2 - 2bc\cos 60° = 1$

$$\therefore b^2 + \left(b + \frac{3}{7}\right)^2 - 2b\left(b + \frac{3}{7}\right) \cdot \frac{1}{2} = 1$$

$$\therefore b^2 + \frac{3}{7}b - \frac{40}{49} = 0 \quad \therefore \quad \left(b - \frac{5}{7}\right)\left(b + \frac{8}{7}\right) = 0$$

よって, **CA** $= b = \dfrac{5}{7}$, ②より **AB** $= c = \dfrac{8}{7}$

（2） ①と同様に, $r_A = \dfrac{2S}{b+c-1}$

$$\therefore r_A = \frac{bc\sin 60°}{b+c-1} = \frac{\frac{5}{7} \cdot \frac{8}{7} \cdot \frac{\sqrt{3}}{2}}{\frac{5}{7} + \frac{8}{7} - 1} = \frac{10}{21}\sqrt{3}$$

【解説】

A 冒頭でも述べたとおり, 傍接円と内接円は似たような性質を持っています. 具体的には,
- 内接円は△ABCの3辺に接するのに対し, 傍接円は1辺と2辺の延長と接する.
- 内心は3つの内角の2等分線の交点であるのに対し, 傍接円は1つの内角と2つの外角の2等分線の交点である.

などがあり（簡単に確認できます）,「内接円と似ている」ことを知っているか（試行錯誤の過程で気付けるか）がポイントとなってきます.

これからいくつかの解法を紹介していきますが, 以下のように接点に名前をつけ, 以後断りなく用います；∠A内の傍接円と直線BC, CA, ABの接点を順に S_1, S_2, S_3, ∠B内の傍接円と直線BC, CA, ABの接点を順に T_1, T_2, T_3, ∠C内の傍接円と直線BC, CA, ABの接点を順に U_1, U_2, U_3（あとの別解1の図も参照）. I_A, I_C も**解**と同様に定め, 一般的な考察をする場合には BC=a とおきます.

B **A**で「内接円と似ている」と書きましたが, 内接円の半径の求め方で最も一般性があるのは,「面積を2通りに表す」でしょう. この手法は傍接円にも使え, それが**解**の方法です（全体の20%）.

次のやり方もときに有効です：
右図のように長さ l, m, n をおくと,

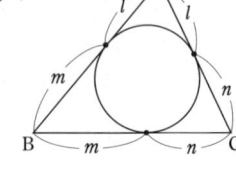

$l+m = AB = c$
$m+n = BC = a$
$n+l = CA = b$

となり, $l = \dfrac{b+c-a}{2}$, $m = \dfrac{c+a-b}{2}$, $n = \dfrac{a+b-c}{2}$

*   *

たとえば，∠A＝90°であれば内接円の半径は $l=\dfrac{b+c-a}{2}$ となりますね．このように内角の1つが有名角である場合に特に有効で，下記の③はその考え方を応用して導かれます．

[C] まず，頂点と接点の距離について考察を加えておきます．

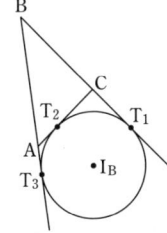

右図で，BT_1+BT_3
$=(BC+CT_1)+(BA+AT_3)$
$=(BC+CT_2)+(BA+AT_2)$
$=BC+CA+AB=a+b+c$

ここで，$BT_1=BT_3$ から
$$BT_1=BT_3=\dfrac{a+b+c}{2}$$

上記の議論は，∠B内の傍接円に対してのみならず，他の2つの傍接円に対しても成立します．一般に

> 頂点からその角内の傍接円に引いた接線の長さ（頂点と接点の距離）はどれも等しく，$\dfrac{a+b+c}{2}$（周長の半分）である ……③

ことがわかりますね．

それでは別解を紹介します．

別解1（1） $T_3I_B/\!/I_CU_3$ より，
$AT_3:AU_3=T_3I_B:U_3I_C=r_B:r_C=2:5$
$AT_3=2k$，$AU_3=5k$ とおく．

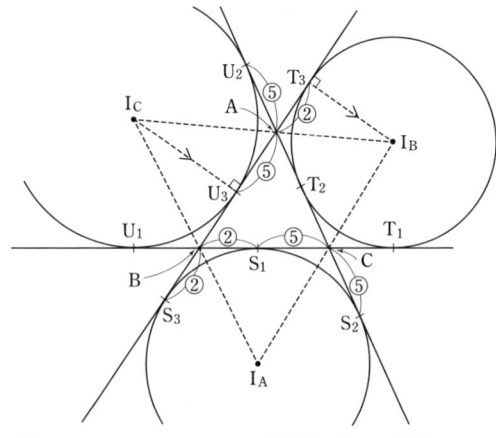

③より $BT_3=AS_3$ なので，共通部分 AB を除いて
$BS_3=AT_3=2k$
同様にして，$CS_2=AU_2=5k$
よって，$BC=BS_1+CS_1=BS_3+CS_2=2k+5k=7k$
仮定より $BC=1$ なので，$k=\dfrac{1}{7}$

$\therefore\ AT_2=AT_3=\dfrac{2}{7},\ AU_3=AU_2=\dfrac{5}{7}$

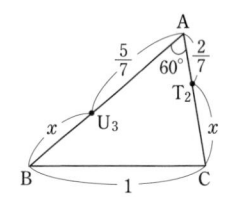

同様に，$BU_1=CT_1$ であり，$BU_1=BU_3$，$CT_1=CT_2$ なので，$BU_3=CT_2=x$ とおいて△ABCに余弦定理を使うと，
$BC^2=$
$AB^2+AC^2-2AB\cdot AC\cdot\cos 60°$
より，
$1=\left(\dfrac{5}{7}+x\right)^2+\left(\dfrac{2}{7}+x\right)^2-2\left(\dfrac{5}{7}+x\right)\left(\dfrac{2}{7}+x\right)\cdot\dfrac{1}{2}$

$\therefore\ x^2+x-\dfrac{30}{49}=0\quad\therefore\ \left(x-\dfrac{3}{7}\right)\left(x+\dfrac{10}{7}\right)=0$

よって $x=\dfrac{3}{7}$ となり，$CA=\dfrac{5}{7}$，$AB=\dfrac{8}{7}$

——(解)では2次方程式を解いたあとでしか求まらなかった r_B，r_C が，このやり方では1次方程式を解くだけで求まりますね（∠$I_BAT_3=60°$ から，それぞれ AT_3，AU_3 の $\sqrt{3}$ 倍）．

*　　　　　　　*

別解2（1）△BI_BT_1 に注目して，
$$r_B=BT_1\tan\dfrac{\angle B}{2}=\dfrac{a+b+c}{2}\tan\dfrac{\angle B}{2}\quad(\because\ ③)$$
同様にして $r_C=\dfrac{a+b+c}{2}\tan\dfrac{\angle C}{2}$ となり，
$$r_B:r_C=\tan\dfrac{\angle B}{2}:\tan\dfrac{\angle C}{2}\quad\cdots\cdots ④$$

$\dfrac{\angle B}{2}=\theta$ とおくと，∠A＝60°から $\dfrac{\angle C}{2}=60°-\theta$
よって，$\tan\theta=t$ として，
$④=\tan\theta:\tan(60°-\theta)$
$=\tan\theta:\dfrac{\tan 60°-\tan\theta}{1+\tan 60°\tan\theta}=t:\dfrac{\sqrt{3}-t}{1+\sqrt{3}\,t}$

これが 2:5 なので，$t:\dfrac{\sqrt{3}-t}{1+\sqrt{3}\,t}=2:5$
よって，$5t(1+\sqrt{3}\,t)=2(\sqrt{3}-t)$ より，
$5\sqrt{3}\,t^2+7t-2\sqrt{3}=0\quad\therefore\ (5t-\sqrt{3})(\sqrt{3}\,t+2)=0$
$0<t<\sqrt{3}$ より $t=\dfrac{\sqrt{3}}{5}$ （以下略）

*　　　　　　　*

このあと，$\sin\angle B$，$\sin\angle C$ を求め，正弦定理から（1）の答えを出すことになります．

[D] 上記以外にも，上手なものからそうでないものまで様々な解法がありました．その中で比較的目立ったものは，△I_ABC，△AI_BC，△ABI_C，△$I_AI_BI_C$ が相似である（それぞれの内角の大きさを計算すればわかる）ことを使うというものでした．詳細は省略します．　　（條）

問題10 （1） 三角形 ABC に対して，BC$=a$，CA$=b$，AB$=c$ とおく．また，三角形 ABC の外接円の半径を R，内接円の半径を r，面積を S とする．このとき，$a+b+c$ と abc を R，r，S のうち必要なものを用いて表せ．

（2） 2つの三角形があり，それらの外接円の半径は等しく，内接円の半径も等しく，また，面積も等しい．この2つの三角形は合同であるといえるか．

（2009年5月号5番）

平均点：17.4
正答率：49% （1）96%
時間：SS 16%, S 23%, M 25%, L 36%

（2） 勘違いしやすい，なかなか厄介な問題です．2つの三角形の三辺の長さをそれぞれ a, b, c および a', b', c' とすると，（1）から $a+b+c=a'+b'+c'$，$abc=a'b'c'$ がわかるので，$ab+bc+ca=a'b'+b'c'+c'a'$ が示せれば，合同であると言えます．面積が等しいことを，三辺の長さで捉えるには？

解 （1） $S=\dfrac{r}{2}(a+b+c)$ ……①

$\therefore\ a+b+c=\dfrac{2S}{r}$ ……②

また，$S=\dfrac{1}{2}ab\sin C$ ……③

正弦定理から $\dfrac{c}{\sin C}=2R$

$\therefore\ \sin C=\dfrac{c}{2R}$

③に代入して，$S=\dfrac{abc}{4R}$ ……④

$\therefore\ abc=4RS$ ……⑤

（2） 三辺の長さが a, b, c の三角形と a', b', c' の三角形が，ともに，外接円の半径が R，内接円の半径が r，面積が S であるとすると，②⑤より

$a+b+c=a'+b'+c'$, $abc=a'b'c'$ ……⑥

$\dfrac{a+b+c}{2}=\dfrac{a'+b'+c'}{2}=s$ とおくと，ヘロンの公式より

$S=\sqrt{s(s-a)(s-b)(s-c)}=\sqrt{s(s-a')(s-b')(s-c')}$

$\therefore\ s(s-a)(s-b)(s-c)=s(s-a')(s-b')(s-c')$

s で割り，$s^3-(a+b+c)s^2+(ab+bc+ca)s-abc$
$=s^3-(a'+b'+c')s^2+(a'b'+b'c'+c'a')s-a'b'c'$

これと⑥より $ab+bc+ca=a'b'+b'c'+c'a'$

よって，$a+b+c=a'+b'+c'=A$，
$ab+bc+ca=a'b'+b'c'+c'a'=B$, $abc=a'b'c'=C$
とおくと，a, b, c と a', b', c' はともに，3次方程式 $x^3-Ax^2+Bx-C=0$ の3解である．よって $\{a, b, c\}=\{a', b', c'\}$ で，二つの三角形は**合同**．

【解説】
A （1）は非常に出来が良かったです．

①は，内接円の半径を求めるときなど使用頻度が高いですが，④も外接円の半径と面積の間のきれいな関係式です．**解**のようにすれば容易に導けるので丸暗記する必要はありませんが，S を辺の長さと R で表せるということは，頭に入れておいてソンはないでしょう．

他の解法としては，対称性を崩さずにやる，次のようなものもありました．

別解 正弦定理より，

$a=2R\sin A$, $b=2R\sin B$, $c=2R\sin C$

これらを掛け合わせて，$abc=8R^3\sin A\sin B\sin C$

辺々に $(abc)^2$ を掛けると，

$(abc)^3=8R^3(abc)^2\sin A\sin B\sin C$

$\therefore\ (abc)^3=8R^3(ab\sin C)(bc\sin A)(ca\sin B)$

$S=\dfrac{1}{2}ab\sin C$ などにより，上式は $(abc)^3=64R^3S^3$

$\therefore\ abc=4RS$

B （2）はまず，$\{a, b, c\}=\{a', b', c'\}$ つまり a, b, c と a', b', c' が全体として一致することと，

$a+b+c=a'+b'+c'$
$ab+bc+ca=a'b'+b'c'+c'a'$
$abc=a'b'c'$

が全て成立することが同じことだという感覚が大事になります．したがって，（1）より，合同かどうかは，$ab+bc+ca=a'b'+b'c'+c'a'$ が成立するかどうかにかかってくるわけです．

実際の答案では，誤って，合同でないことを示している人が多かったです．目立ったものは，

[**誤答例**] x の3次方程式

$x^3-\dfrac{2S}{r}x^2+Kx-4RS=0$ ……⑦

を考える．これは K を変えると3解が変わるが，どの K についても3解 α, β, γ が

$\alpha+\beta+\gamma=\dfrac{2S}{r}$, $\alpha\beta\gamma=4RS$ ……⑧

を満たしているので，(1) より，内接円の半径，外接円の半径，面積が等しい．よって，合同でない．

　　＊　　　　　　　　＊

のようなものです．これは，かなり勘違いしやすい間違いだと言えます．

まず，―――は言えません．⑦の3解 α, β, γ を三辺とする三角形の内接円の半径，外接円の半径，面積をそれぞれ r', R', S' とおきます．このとき，(1) より，
$$\alpha+\beta+\gamma=\frac{2S'}{r'}, \quad \alpha\beta\gamma=4R'S'$$
ですから，⑧より，$\frac{2S}{r}=\frac{2S'}{r'}, \quad 4RS=4R'S'$
は成立していますが，上の式を整理しても，
$$\frac{S'}{S}=\frac{r'}{r}=\frac{R}{R'}$$
までしか言えなくて，この比の値が1に等しいとは限りません．したがって，$r'=r, R'=R, S'=S$ とは限らず，r', R', S' は一意には定まらないのです．このことは，直観的には，r, R, S と3文字があるのに，(1) だけでは式が2つしかないから，r, R, S は決まらないということを表しています．

さらに，半径 r, R と面積 S を与えたとき，三辺の長さ α, β, γ の満たす関係は⑧の2式だけではありませんから，$\alpha\beta+\beta\gamma+\gamma\alpha$ は自由には動けません．したがって，「Kを変える」こと自体ができないのです．実際，ヘロンの公式を平方した，
$S^2=s(s-\alpha)(s-\beta)(s-\gamma)$ つまり
$S^2=s\{s^3-(\alpha+\beta+\gamma)s^2+(\alpha\beta+\beta\gamma+\gamma\alpha)s-\alpha\beta\gamma\}$
に，⑧および $s=\frac{\alpha+\beta+\gamma}{2}=\frac{S}{r}$ を代入すると，
$\alpha\beta+\beta\gamma+\gamma\alpha=r^2+4rR+\frac{S^2}{r^2}$ となり，$\alpha\beta+\beta\gamma+\gamma\alpha$ は1通りに決まってしまいます．

[C] **解**のようにヘロンの公式を使用した人は47%でした．それ以外の解法では出来ている人は少なく，正解している人も，実質的に，ヘロンの公式を余弦定理で導くような流れでやっている人が多かったです．

ヘロンの公式：
$\frac{a+b+c}{2}=s$ とおくと，$S=\sqrt{s(s-a)(s-b)(s-c)}$
は教科書の発展事項にも載っていますが，
$S=\frac{1}{2}ab\sin C$ と $\cos C=\frac{a^2+b^2-c^2}{2ab}$ から導けるので，皆さんも確認しておきましょう．

記憶があやふやなら，具体的な数値で確かめるとよいでしょう．また，無理に覚えなくても，内積か余弦定理で cos を出すか，$\frac{1}{2}\sqrt{|\vec{a}|^2|\vec{b}|^2-(\vec{a}\cdot\vec{b})^2}$ を用いれば面積は求まりますね．

円に内接する四角形でも，同様の式が成り立ちます．練習問題として，チャレンジしてみましょう．

> **参考問題** 図のように円に内接する四角形の4辺の長さを a, b, c, d とする．
> $$s=\frac{1}{2}(a+b+c+d)$$
> とおくとき，四角形の面積 S は，$S=\sqrt{(s-a)(s-b)(s-c)(s-d)}$
> であることを示せ．

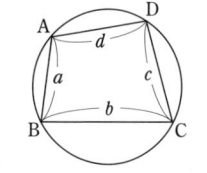

a, b, c, d が具体的な数値の場合に対角線の長さや面積を求める問題は，経験した人も多いでしょう．それと同様に，対角の cos を経由します．

解　△ABC と △ADC に余弦定理を用いると，
$AC^2=a^2+b^2-2ab\cos B, \quad AC^2=c^2+d^2-2cd\cos D$
$B+D=180°$ だから，$\cos D=\cos(180°-B)=-\cos B$
よって，$a^2+b^2-2ab\cos B=c^2+d^2+2cd\cos B$
$$\therefore \cos B=\frac{a^2+b^2-(c^2+d^2)}{2(ab+cd)}$$

また，$\sin D=\sin(180°-B)=\sin B$ だから，
$S=\triangle ABC+\triangle ADC$
$=\frac{1}{2}ab\sin B+\frac{1}{2}cd\sin D=\frac{1}{2}(ab+cd)\sin B$

ここで，$(ab+cd)^2\sin^2 B=(ab+cd)^2(1-\cos^2 B)$
$=(ab+cd)^2(1-\cos B)(1+\cos B)$
$=\{ab+cd-(ab+cd)\cos B\}$
$\qquad \times\{ab+cd+(ab+cd)\cos B\}$
$=\left\{ab+cd-\dfrac{a^2+b^2-(c^2+d^2)}{2}\right\}$
$\qquad \times\left\{ab+cd+\dfrac{a^2+b^2-(c^2+d^2)}{2}\right\}$
$=\dfrac{1}{4}\{(c+d)^2-(a-b)^2\}\{(a+b)^2-(c-d)^2\}$
$=\dfrac{1}{4}(c+d+a-b)(c+d-a+b)$
$\qquad \times(a+b+c-d)(a+b-c+d)$
$=\dfrac{1}{4}(2s-2b)(2s-2a)(2s-2d)(2s-2c)$
$=4(s-b)(s-a)(s-d)(s-c)$

$\therefore S=\dfrac{1}{2}\sqrt{4(s-b)(s-a)(s-d)(s-c)}$ （藤田）

問題11 直径1の円に内接するような正$2n$角形Pが，ある辺ABを下にして水平な直線lの上に乗っている．Pがすべることなくl上を転がるとき，辺ABが初めて直線lと平行になるまでに辺ABが通過する部分の面積を求めよ．ただし，nは2以上の整数とする．

（2011年6月号5番）

平均点：18.0
正答率：54%
時間：SS 17%, S 23%, M 31%, L 30%

とりあえず，正方形や正6角形などで転がして図示してみると，状況がだんだん掴めてくるでしょう．Aの軌跡とBの軌跡が同じようになることがポイントです．同じ円弧になるところどうしが重なるように平行移動していくと….

解 Pは初めの状態においてAを左側，Bを右側とし，時計周りに回転するものとする．

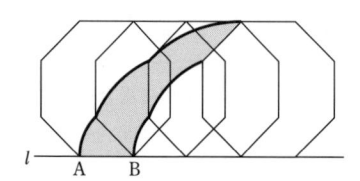

一つの辺がlに乗っているところから，転がって隣の辺がlに乗った後に，転がる前の位置までPを平行移動させる．この操作を「1回」と数える．k回後のBをB_k，AをA_kと呼ぶ．B_kとA_{k-1}は一致するので，k回目の回転においてA_{k-1}が描く軌跡と，$k+1$回目の回転においてB_kが描く軌跡は等しい（これらの軌跡は，いずれもB_0中心の円弧になる）．なお，$k+1$回目の回転において，A_kB_k上の点のB_0からの距離は，B_kからA_kに向かうにしたがって長くなるので，A_kB_kが2度通過するような領域はない．よって，A_kB_k（$k=0, 1, \cdots, n-1$）の通過する領域は下図網目部のようになる．

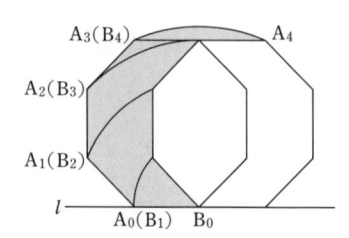

この領域を変形すると，下図網目部のようになる．

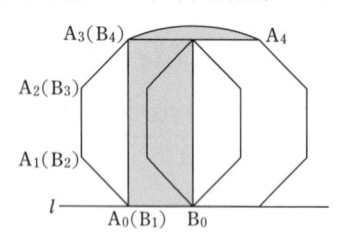

これをさらに変形すると，下図のように扇形になる．

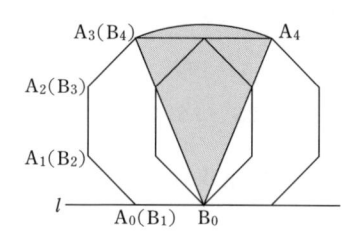

この扇形の半径は，Pの外接円の直径に等しく，1である．また中心角は，1回分だけ転がるときの回転角，すなわちPの外角に等しく，$\dfrac{2\pi}{2n}=\dfrac{\pi}{n}$である．したがって，求める面積は，$\dfrac{1}{2}\cdot 1^2 \cdot \dfrac{\pi}{n} = \boldsymbol{\dfrac{\pi}{2n}}$

【解説】

A 本問のポイントは，冒頭でも書いたように，Aの軌跡とBの軌跡が平行移動すると部分的に重なる（Aの軌跡の方が一回分長い）ことです．

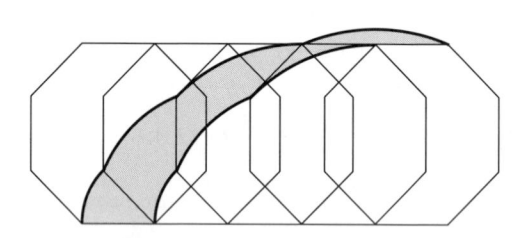

そのため，**解**では，1回分だけ転がるごとに平行移動させて，領域を整理しているわけです．さらにこの領域を整理して扇形まで変形すれば，計算はほとんど不要ですね．扇形の面積に帰着していた人は，全体の45%でした．

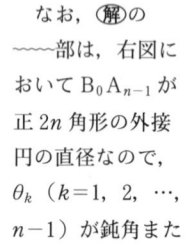

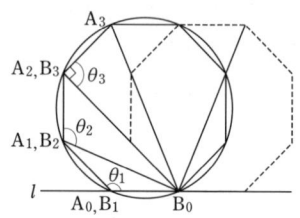

なお，**解**の～～部は，右図においてB_0A_{n-1}が正$2n$角形の外接円の直径なので，θ_k（$k=1, 2, \cdots, n-1$）が鈍角または直角になることからわかります．

（$n=4$の場合の図）

B 解のように考えず，k 回目の回転における AB の通過領域の面積を求め，それを $k=1 \sim n$ で加える，というようにしてもさほど面倒ではありません．

別解 k 回目の転がりを考える．下図において，O は P の中心であり，$\angle AOC = k \angle AOB = k \cdot \dfrac{2\pi}{2n} = \dfrac{k\pi}{n}$

A の回転半径は右図の CA の長さで，

$$2 \cdot \dfrac{1}{2} \cdot \sin \dfrac{k\pi}{2n} = \sin \dfrac{k\pi}{2n}$$

同様に，B の回転半径は

$$\sin \dfrac{(k-1)\pi}{2n}$$

AB が通過する領域は，下の左図の網目部のようになる（なお，A，B の回転角は，解と同様に P の外角に等しく，$\dfrac{\pi}{n}$ である）．この領域を変形すると下の右図のような領域になり，その面積は，

$$\dfrac{1}{2} \cdot \dfrac{\pi}{n} \left\{ \sin^2 \dfrac{k\pi}{2n} - \sin^2 \dfrac{(k-1)\pi}{2n} \right\}$$

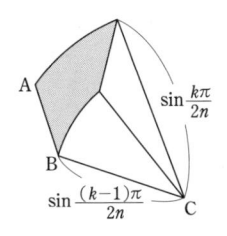

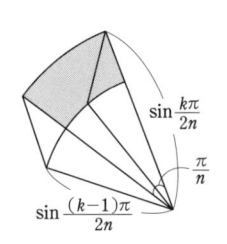

ゆえに，求める面積は，

$$\sum_{k=1}^{n} \dfrac{\pi}{2n} \left\{ \sin^2 \dfrac{k\pi}{2n} - \sin^2 \dfrac{(k-1)\pi}{2n} \right\} = \boldsymbol{\dfrac{\pi}{2n}}$$

* *

この場合，右上の図の領域が積み重なって扇形になる，とも考えることができます．

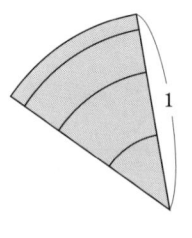

C 三角形を回転させる問題を紹介します．

参考問題 xy 平面上の 3 点 A(4, 3)，B(0, 0)，C(5, 0) を頂点とする三角形において，その内部または辺の上を動く点 P がある．点 P から直線 BC，CA，AB までの距離をそれぞれ s，t，u とする．

(1) s_0，t_0，u_0 をそれぞれ s，t，u の最大値とするとき，$\dfrac{s}{s_0} = \dfrac{t}{t_0} = \dfrac{u}{u_0}$ となる点 P の座標を求めよ．

(2) 右上図は △ABC が，x 軸にそってすべらずに矢印の方向に一回転して △A″B″C″ に移動する様子を表す．(1) で求めた点 P から y 軸上に垂線 PQ を下ろすと，この移動で点 P が動くのにあわせて，点 Q は y 軸上を繰り返し上下する．この一回転の間に点 Q の移動する距離を求めよ．

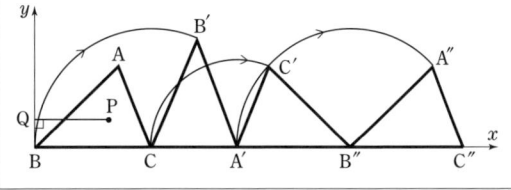

(類 07 秋田大・医)

(1) s_0 は BC を底辺と見たときの高さで，t_0，u_0 も同様です．面積にも着目しましょう．また，BA = BC なので，結局 $s = u$ になり，P は AC の中点と B を通る直線上にあります．

(2) P の y 座標の動きを見ればよいわけです．

解 (1) $s_0 = 3$

BA = 5 = BC より $u_0 = s_0 = 3$

$\dfrac{1}{2} \cdot AC \cdot t_0 = \triangle ABC = \dfrac{1}{2} \cdot 5 \cdot 3$ と

AC = $\sqrt{10}$ より $t_0 = \dfrac{15}{\sqrt{10}}$

これらと $\dfrac{s}{s_0} = \dfrac{t}{t_0} = \dfrac{u}{u_0}$ より $\dfrac{s}{3} = \dfrac{\sqrt{10}}{15} t = \dfrac{u}{3}$

∴ $u = s$, $t = \dfrac{5}{\sqrt{10}} s$ ……………①

以上と △PBC + △PCA + △PAB = △ABC より，

$\dfrac{1}{2} \cdot 5 \cdot s + \dfrac{1}{2} \cdot \sqrt{10} \cdot \dfrac{5}{\sqrt{10}} s + \dfrac{1}{2} \cdot 5 \cdot s = \dfrac{1}{2} \cdot 5 \cdot 3$ ∴ $s = 1$

よって P の y 座標は 1

$u = s$ より P は $\angle ABC$ の二等分線 l 上にあるが，BA = BC だから l は AC の中点 M $\left(\dfrac{9}{2}, \dfrac{3}{2} \right)$ を通る．

よって l は $y = \dfrac{1}{3} x$ だから，**P(3, 1)**

(2) (1) より PA = PC = $\sqrt{5}$，PB = $\sqrt{10}$

$s = 1$ と①より $u = 1$，$t = \dfrac{\sqrt{10}}{2}$ だから，下図を得る．

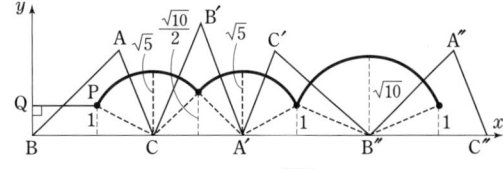

答えは $\left\{ (\sqrt{5} - 1) + \left(\sqrt{5} - \dfrac{\sqrt{10}}{2} \right) \right\} \times 2 + (\sqrt{10} - 1) \cdot 2$

$= \boldsymbol{4\sqrt{5} + \sqrt{10} - 4}$

(濱口)

問題12 $f(x)=-2|x-p|+2$ (p は実数の定数) とする．
(1) $f(x)=x$ を満たす異なる実数 x の個数を求めよ．
(2) $f(f(x))=f(x)$ を満たす異なる実数 x の個数を求めよ．
(3) $f(f(x))=x$ を満たす異なる実数 x の個数を求めよ．

(2005年7月号5番)

平均点：17.7
正答率：34%
　(1) 89% (2) 62% (3) 37%
時間：SS 5%, S 28%, M 40%, L 27%

(1) グラフを考えましょう．
(2) $f(x)=X$ とおけば(1)の結果が使えます．
(3) $y=f(f(x))$ のグラフを考える，地道に計算して解を求める，といったやり方もありますが，$y=f(x)$ とおくと与式は $f(y)=x$ となるので，これらのグラフを考えると…．

解 (1) $y=f(x)$ のグラフは，$(p, 2)$ を頂点とする右図のような折れ線になる．
$(p, 2)$ と直線 $y=x$ の上下を考えて，$p>2$ のとき 0 個，
　　$p=2$ のとき **1 個**，
　　$p<2$ のとき **2 個**．

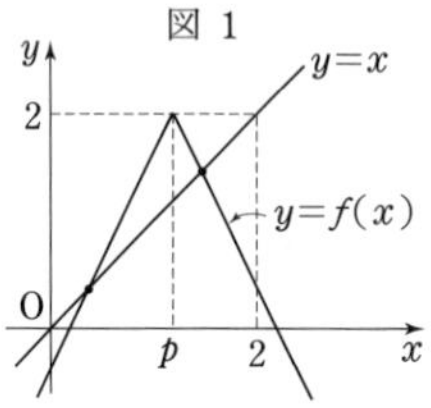

(2) $f(x)=X$ とおくと，条件式は $f(X)=X$
これを満たす X の個数は，(1)より，
$p>2$ のとき 0 個，$p=2$ のとき 1 個，$p<2$ のとき 2 個．

　x の個数は，$y=f(x)$ と $y=X$ の共有点の個数．
・$p>2$ のとき，X が存在しないので x も **0 個**．
・$p=2$ のとき，$X=2$ となるので $x=2$ のみで **1 個**． 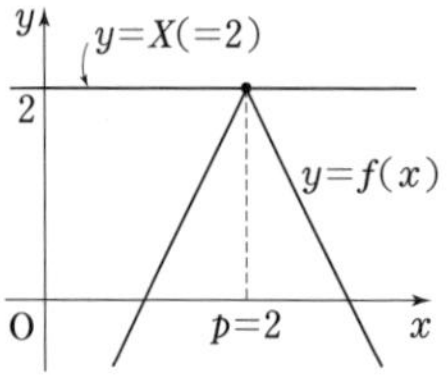
・$p<2$ のとき，図1から，2 つの X はともに 2 未満なので，これらを X_1, X_2 とすると右下図のように，それぞれに x が 2 個対応する．よって，x は
$$2\times 2 = \textbf{4 個}．$$

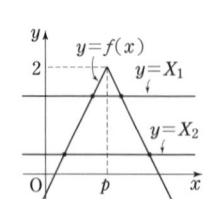

(3) $y=f(x)$ とすると，
$f(f(x))=x \iff f(y)=x$
よって，連立方程式 $\begin{cases} y=f(x) \\ x=f(y) \end{cases}$
の解の個数（x の個数）を考えればよい．

$x=f(y)$ のグラフは $y=f(x)$ のグラフを $y=x$ に関して対称移動したものなので，両者の位置関係は，p の値に応じて右図および右上図のようになる． 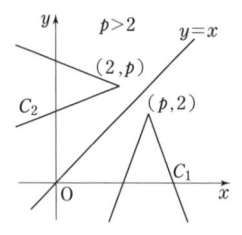
$\begin{pmatrix} C_1: y=f(x) \\ C_2: x=f(y) \end{pmatrix}$

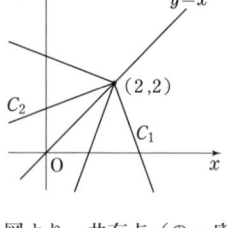

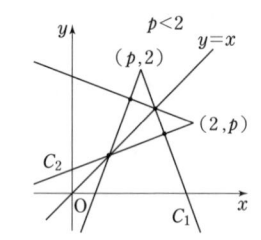

上図より，共有点（の x 座標）の個数は，
$p>2$ のとき **0 個**，$p=2$ のとき **1 個**，$p<2$ のとき **4 個**．

【解説】

A 大きく分けて，グラフ主体，計算主体の 2 つの解法があります．まずは，グラフ主体のものから説明します．
　グラフ主体のものは，**解** 以外の解法の多くでは，$y=f(f(x))$ のグラフを描くことになります．答案上は，地道に場合分けするのが良いでしょうが，次のようにするとイメージがつかみやすいでしょう．

[$y=f(f(x))$ のグラフの描き方]
　$p<2$ の場合で説明します．
　見やすくするために座標軸を書いておきますが，座標軸の位置は，答えには影響しません．
　( ) で，その直線部分の傾きを表すものとします．右図の α, β の値は，傾きから，
$$\alpha = p - \frac{2-p}{2} = \frac{3}{2}p - 1$$
$$\beta = p + \frac{2-p}{2} = \frac{p}{2} + 1$$ 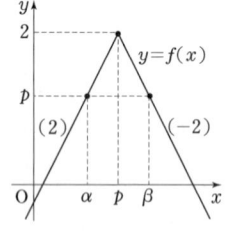
　さて，$y=f(f(x))$ のグラフも折れ線ですが，傾きが変わるのは，
● $y=f(x)$ のグラフで傾きが変わっている部分 ($x=p$)
● $f(x)=p$ となる x
　　($x=\alpha, \beta$)
の 3 ヶ所です．
$f(f(p))=f(2)=2p-2$
に注意すると，右図が得られます．

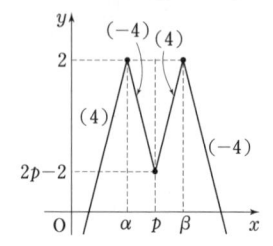

　　＊　　　　＊

なお，$p≧2$ のときは，傾きの変化は $x=p$ の1ヶ所でしか起こらず，グラフは右図のようになります．

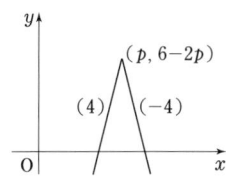

B　さて，Aで得たグラフを用いて，(2)，(3)を解いてみます．

別解（略解）
(2) $p<2$ のとき：右図のようになり，2つのグラフは A_1，A_2，A_3，A_4 の4点で交わる（A_1，A_4 で交わることは，2つの折れ線の傾きの大小（$2<4$）による）．
[$p=2$，$p>2$ のときは略]

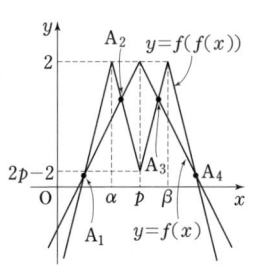

(3) $p<2$ のとき：$y=f(f(x))$ のグラフは下図のようになる．ここで，$B(p, 2p-2)$ は $y=x$ の下側，$C\left(\dfrac{p}{2}+1, 2\right)$ は $y=x$ の上側にある．また，折れ線と直線の傾きの大小（$4>1$）と合わせると，2つのグラフは4点で交わる． 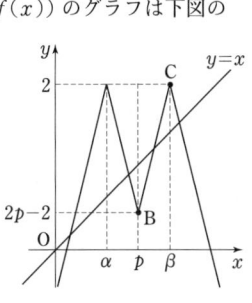
[$p=2$，$p>2$ のときは略]

＊　　　　　　＊

グラフ主体の解法では，「どこが図の本質なのか」をはっきりさせる必要があります．
(2)……傾きの大小
(3)……B の位置，C の位置，傾きの大小
これらが本質的で，抜けているものは減点となります．

C　次は，計算主体の解法です．各直線部分の方程式を求めてから解く，次の解法が目立ちました．
[解答例]（1）
$$f(x)=\begin{cases}-2(x-p)+2=-2x+2p+2 & (x≧p)\\ 2(x-p)+2=2x-2p+2 & (x<p)\end{cases}$$
$f(x)=x$ の解は，
$x≧p$ では，$-2x+2p+2=x$ ∴ $x=\dfrac{2p+2}{3}$
これは，$\dfrac{2p+2}{3}≧p$（$\iff p≦2$）で有効．
$x<p$ では，$2x-2p+2=x$ ∴ $x=2p-2$
これは，$2p-2<p$（$\iff p<2$）で有効．
$p>2$ のとき0個，$p=2$ のとき1個，$p<2$ のとき2個．

(2)(3) [方針，結果のみ]
(1)と同様に，$y=f(f(x))$ のグラフに対して，
● $f(f(x))=\begin{cases}-2|-2x+p+2|+2 & (x≧p)\\ -2|2x-3p+2|+2 & (x<p)\end{cases}$
の絶対値を外し，各直線部分の方程式を求める
● その直線と，(2)では $y=f(x)$，(3)では $y=x$ との交点を求める
● その交点が，与えられた範囲に入っているかをチェックする
ことにより（計算略），次の結果が得られる．
● $p>2$ のとき，(2)，(3)とも解なし．
● $p=2$ のとき，(2)，(3)とも $x=2$ の1個のみ．
● $p<2$ のとき，

x の範囲	$f(f(x))$	(2)の解	(3)の解
$x<\dfrac{3}{2}p-1$	$4x-6p+6$	$2p-2$	$2p-2$
$\dfrac{3}{2}p-1≦x<p$	$-4x+6p-2$	$\dfrac{4p-2}{3}$	$\dfrac{6p-2}{5}$
$p≦x<\dfrac{p}{2}+1$	$4x-2p-2$	$\dfrac{2p+2}{3}$	$\dfrac{2p+2}{3}$
$\dfrac{p}{2}+1≦x$	$-4x+2p+6$	2	$\dfrac{2p+6}{5}$

となり，(2)，(3)とも4個．

＊　　　　　　＊

この解法では，「本当に範囲に入っているか？」のチェックを怠る不備が目立ちました．

なお，上では参考のため $f(f(x))=f(x)$ の解を書きましたが，(2)をこの方針で解くのは，うまくありません．ここは，やはり**解**のように，(1)の結果を使ってほしいところです．(2)が**解**と同じ解法の人は32%，(3)は，グラフ主体…45%，計算主体…32%でした．

D　(3)は次のような見当違いの答案が8%ありました．
[誤答例]　$f(f(x))=x$ の解は，$f(f(x))=f(x)$ と $f(x)=x$ の共通解なので，(1)(2)より…（以下略）

＊　　　　　　＊

(1)と(2)の共通解は $f(f(x))=f(x)=x$ の解ですが，(3)で問われているのは $f(f(x))=x$ の解なので，$f(f(x))=x\neq f(x)$ でもよいのです．該当者は，以後注意してください．

なお，$f(x)=x$ の解 x は，もちろん，$f(f(x))=f(x)$，$f(f(x))=x$ の解にもなります．Cの解答例を見れば，$f(x)=x$ の $p<2$ のときの解 $\dfrac{2p+2}{3}$，$2p-2$ は，(2)(3)でも解として現れていますね．これは検算に役立ちます．

（條）

問題 13 k を実数とし，$f(x)=x^2+kx+k$, $g(x)=x^2+(2k+1)x$, $h(x)=(4k+3)x-3k$ とする．x が全実数を動くとき，$f(x)$, $g(x)$, $h(x)$ について以下の 6 通りの大小関係がすべて実現できるような k の範囲を求めよ．

大小関係　ア　$f(x)<g(x)<h(x)$　　イ　$g(x)<h(x)<f(x)$
　　　　　ウ　$h(x)<f(x)<g(x)$　　エ　$g(x)<f(x)<h(x)$
　　　　　オ　$f(x)<h(x)<g(x)$　　カ　$h(x)<g(x)<f(x)$

（2014 年 4 月号 6 番）

平均点：16.0
正答率：23%
時間：SS 12%, S 38%, M 29%, L 21%

まず，2 曲線 $y=f(x)$, $y=g(x)$ は交点を持つ必要があります．このとき，題意を満たすための条件は，直線 $y=h(x)$ が，その交点よりも上側にあることなのですが，それが必要であること（そうでないとダメなこと）をちゃんと説明してやらなければなりません（十分性は，ほぼ明らか）．$y=f(x)$, $y=g(x)$ と，それらの交点を通り y 軸に平行な直線で xy 平面を分けると…．

解　まず，$k=-1$ のとき，$f(x)=x^2-x-1$, $g(x)=x^2-x$ より，常に $f(x)<g(x)$ となり，不適．

以下，$k\ne -1$ とする．このとき，$f(x)=g(x)$ の解は $x=\dfrac{k}{k+1}$ であり，$g(x)=x(x+2k+1)$ より

$$g\left(\dfrac{k}{k+1}\right)=\dfrac{k}{k+1}\left(\dfrac{k}{k+1}+2k+1\right)=\dfrac{k(2k^2+4k+1)}{(k+1)^2}$$

よって，2 曲線 $y=f(x)$, $y=g(x)$ は，

点 $\left(\dfrac{k}{k+1}, \dfrac{k(2k^2+4k+1)}{(k+1)^2}\right)$

で交わり，この前後で大小関係が入れ替わる．……①

$y=f(x)$ の軸が $y=g(x)$ の軸より左にあるとき，図のように，xy 平面を，2 曲線と直線 $x=\dfrac{k}{k+1}$ で 6 つの領域に分割し，各領域を A〜F とおく（それぞれ境界を除く）．このとき，直線 $y=h(x)$（l とおく）上の点 $P(X, h(X))$ が，

　A 内にあるときは $f(X)<g(X)<h(X)$ ……②
　B 内にあるときは $g(X)<h(X)<f(X)$
　C 内にあるときは $h(X)<f(X)<g(X)$
　D 内にあるときは $g(X)<f(X)<h(X)$
　E 内にあるときは $f(X)<h(X)<g(X)$
　F 内にあるときは $h(X)<g(X)<f(X)$

だから，②のときアを満たす x が存在し，②を満たす P がないときはアは実現できない．よって，

アを満たす x が存在する $\iff l$ が A を通る
同様に，イ〜カについてもそれぞれ B〜F が対応して，同じことが言える．よって題意を満たすための条件は，

l が A〜F をすべて通る
$\iff l$ が $y=f(x)$, $y=g(x)$ のそれぞれと，$x<\dfrac{k}{k+1}$ の部分と $x>\dfrac{k}{k+1}$ の部分で 1 回ずつ交わる
$\iff l$ が右上図の太破線と交わる ……③
$\iff h\left(\dfrac{k}{k+1}\right)>\dfrac{k(2k^2+4k+1)}{(k+1)^2}$ ……④

$y=f(x)$ の軸が $y=g(x)$ の軸より右にあるときも同様だから，④を満たす k の範囲を求めればよい．

④は，$(4k+3)\cdot\dfrac{k}{k+1}-3k>\dfrac{k(2k^2+4k+1)}{(k+1)^2}$

両辺に $(k+1)^2$ (>0) を掛けて，

$(4k+3)k(k+1)-3k(k+1)^2>k(2k^2+4k+1)$

$\therefore\ k(-k^2-3k-1)>0$　$\therefore\ k(k^2+3k+1)<0$

$\dfrac{-3-\sqrt{5}}{2}<-1<\dfrac{-3+\sqrt{5}}{2}<0$ なので，求める k の値の範囲は，$\boldsymbol{k<\dfrac{-3-\sqrt{5}}{2},\ \dfrac{-3+\sqrt{5}}{2}<k<0}$

【解説】

A　本問の最大のポイントは，題意を満たすための条件が④であることをちゃんと説明できているかどうかということです．④を解けばよいということには，沢山の人がたどりついていましたが，それが必要十分であることをきちんと説明できている人は，あまり多くありませんでした．

説明の仕方は**解**の方法以外にも色々ありますが（☞**C**），十分性（④を満たせば，ア〜カすべてを実現できること）については，ほぼ明らかなので，大切なのは必要性（④が不成立だと，ア〜カのうちに実現できないものがある）を明確にすることです．

解では，③のように図の太破線を持ち出したことでまぎれがなくなっています．放物線 $y=f(x)$, $y=g(x)$ は下に凸なので，直線 $x=\dfrac{k}{k+1}$ の左側と右側で放物線と l が1回ずつ交わるためには，③でなければならないこと（必要性）は明白です．

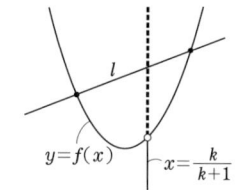

これに対して，単に「l が解の交点 $\left(\dfrac{k}{k+1},\dfrac{k(2k^2+4k+1)}{(k+1)^2}\right)$（$=T$ とおく）の上方にあることが条件」と言うだけでは，必要性が曖昧なので，「もし交点 T よりも下，あるいは T 上に l があると，領域 A, D の少なくとも一方は通過できない」などといった説明が必要です．これがないと減点されても文句は言えません．説明が不十分だった人は注意しましょう．

B 他にダメな解答例として，単に「$y=h(x)$ が，$y=f(x)$, $y=g(x)$ と異なる2点で交わればよい」とするのはもちろん誤りですが，例えば $y=f(x)$ の軸が $y=g(x)$ の軸より左にある場合について「異なる2点で交わるのは，下の（ⅰ）か（ⅱ）のどちらかで，（ⅱ）はアとエが不成立だから（ⅰ）の方で，そのための条件は④である」とするのも不十分です．

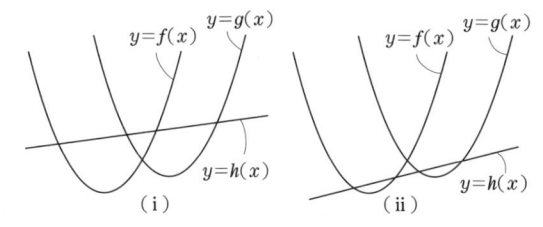

$y=h(x)$ が $y=f(x)$, $y=g(x)$ と異なる2点で交わるときの位置関係は，（ⅰ）と（ⅱ）以外にも，下の（ⅲ）と（ⅳ）もあるので，これらも考慮しておかなければダメです．

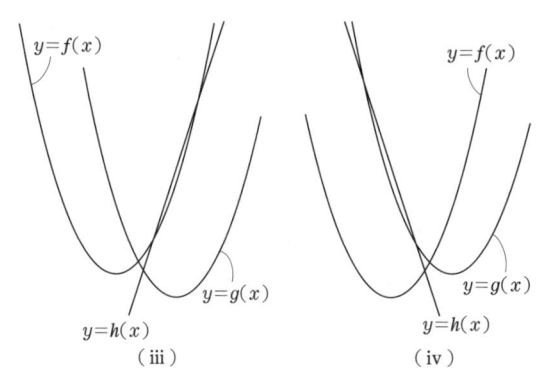

（ⅲ）はアとオが不成立，（ⅳ）はイとエが不成立です．
（ⅲ）と（ⅳ）は見落としがちなので注意しましょう．

C ④の必要性を，あまりグラフに頼らず，言葉で説明すると，次のようになります．

別解（①に続く）求める条件が
$$h\left(\dfrac{k}{k+1}\right) > \dfrac{k(2k^2+4k+1)}{(k+1)^2} \quad \cdots\cdots\cdots ④$$
であることを示す．$Q\left(\dfrac{k}{k+1},h\left(\dfrac{k}{k+1}\right)\right)$ とおく．

● 必要性について：

$h\left(\dfrac{k}{k+1}\right) \leqq \dfrac{k(2k^2+4k+1)}{(k+1)^2}$ とする．このとき，Q は下に凸な放物線 $y=f(x)$ の下側か放物線上にある．よって，$f(x)=h(x)$ は

○ 実数解を持たない

○ すべての解が $\dfrac{k}{k+1}$ 以下

○ すべての解が $\dfrac{k}{k+1}$ 以上

のいずれかとなるが，どの場合も，$f(x)>g(x)$ となる区間と $f(x)<g(x)$ となる区間（順不同で，$x<\dfrac{k}{k+1}$, $x>\dfrac{k}{k+1}$ に対応）の少なくとも一方において，$f(x)$ と $h(x)$ の大小が一定となる．よって不適．

● 十分性について：

$y=f(x)$ の軸が $y=g(x)$ の軸より左にある場合，④が成り立つとき，グラフは右図のようになり，$y=h(x)$ は $y=f(x)$, $y=g(x)$ と異なる2点で交わる．よって，図のように α_1 などをとると，6つの区間 $(-\infty,\alpha_1)$, (α_1,β_1), $\left(\beta_1,\dfrac{k}{k+1}\right)$, $\left(\dfrac{k}{k+1},\alpha_2\right)$, (α_2,β_2), (β_2,∞) でア～カが1つずつ実現できる．$y=f(x)$ の軸が $y=g(x)$ の軸より左にある場合も同様． (山崎)

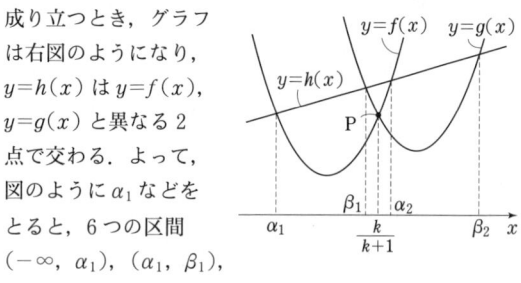

問題 14 $0.4<\tan 2005°<0.5$ であることを示せ.

（2005 年 4 月号 5 番）

平均点：18.7
正答率：46％
時間：SS 14％, S 28％, M 33％, L 24％

$\tan 2005°=\tan 25°$ の値そのものはわからないので，何らかの形で「知っているもの」に帰着させます．3 倍角の公式により $\tan 75°$ に帰着させる，$\tan$ よりも値を求めやすい関数で評価する，などの手があります．

解 $\tan 2005°=\tan(180°\times 11+25°)=\tan 25°$
なので，$0.4<\tan 25°<0.5$ を示せばよい．

$$\tan 3\theta=\tan(2\theta+\theta)=\frac{\tan 2\theta+\tan\theta}{1-\tan 2\theta\tan\theta}$$

$$=\frac{\frac{2\tan\theta}{1-\tan^2\theta}+\tan\theta}{1-\frac{2\tan\theta}{1-\tan^2\theta}\cdot\tan\theta}=\frac{3\tan\theta-\tan^3\theta}{1-3\tan^2\theta}$$

$\tan 75°=\tan(45°+30°)$

$$=\frac{1+\frac{1}{\sqrt{3}}}{1-1\cdot\frac{1}{\sqrt{3}}}=\frac{\sqrt{3}+1}{\sqrt{3}-1}=2+\sqrt{3}$$

より，$\tan 25°$ は，$\frac{3t-t^3}{1-3t^2}=2+\sqrt{3}$ ……………①

の解である．まず，

①が $0.4<t<0.5$ の範囲に解をもつこと ………②

を示す．

①の左辺を $f(t)$ として，

$$f(0.4)=\frac{1.136}{0.52}<3<2+\sqrt{3}$$

$$f(0.5)=\frac{1.375}{0.25}>4>2+\sqrt{3}$$

であることと，$0.4\leq t\leq 0.5$ での $f(t)$ の連続性 $\left(\because\ 0.5<\frac{1}{\sqrt{3}}\right)$ により，②は成立する．

一方，$\tan 3\theta=\tan 75°$ となる θ（$0°\leq\theta<30°$）は $\theta=25°$ のみなので，

$\tan 25°$ は，$0\leq t<\frac{1}{\sqrt{3}}$（$=\tan 30°$）での ①の唯一の解である． $\Bigg\}$ …③

②③より示された．

【解説】

A 何をすればよいかわからず，戸惑った人も多いでしょう．ポイントは，一言で言うと，「知っているもの」に帰着させることです．いろいろな考え方ができますが，**解** では，25° を 3 倍して，$\tan 75°$ の値（これはわかる）をもとに解いています．**解** では①の分数方程式のままで解いていますが，分母を払って

$$t^3-3(2+\sqrt{3})t^2-3t+(2+\sqrt{3})=0$$

として議論してもかまいません．

この解法で目立った不備は，「③への言及がない」というものでした．①は，一般に，3 つの解を持つので，③を述べておかないと，「①は $0.4<t<0.5$ に解を持つが，それは $\tan 25°$ 以外の解である」という状況が排除できないのです．（なお，①の 3 解は $\tan 25°$，$\tan 85°$，$\tan 145°$ です．）

この解法は全体の 36％でした．

B 次の解法は，「$\tan$ だから値が求まらない．もっと値を求めやすい関数（たとえば多項式）で評価してみよう」という発想によるものです．

別解 1 $\tan 25°=\tan\frac{5}{36}\pi$（以下，角度は弧度法）

（ⅰ）$0<x<\frac{\pi}{2}$ で $x<\tan x$ が成立するから，

$$\tan\frac{5}{36}\pi>\frac{5}{36}\pi>\frac{5}{36}\times 3>\frac{14.4}{36}=0.4$$

（ⅱ）$g(x)=\tan x$ $\left(0\leq x<\frac{\pi}{2}\right)$ とすると，$0<x<\frac{\pi}{2}$ で $g'(x)=\frac{1}{\cos^2 x}$，$g''(x)=\frac{2\sin x}{\cos^3 x}>0$ だから，$y=g(x)$ のグラフは下に凸．したがって，$0<x<\frac{\pi}{6}$ において $y=g(x)$ のグラフは，

$(0,\ 0)$，$\left(\frac{\pi}{6},\ \frac{1}{\sqrt{3}}\right)$ を結ぶ

直線 $y=\frac{2\sqrt{3}}{\pi}x$ の下側にある．

よって，$\tan\frac{5}{36}\pi<\frac{2\sqrt{3}}{\pi}\cdot\frac{5}{36}\pi=\frac{5\sqrt{3}}{18}<\frac{5\times 1.8}{18}=0.5$

* *

この解法は，**解** のように「$\tan 25°$ を解とする方程式」を相手にするのではなく，$\tan 25°$ そのものを相手にしています．したがって，**解** の③のような議論は不要になります．

（ⅰ）左側の不等式では，$x<\tan x$ $\left(0<x<\frac{\pi}{2}\right)$ を用いています（この不等式自体は証明不要）．図形的には，$y=\tan x$ のグラフと，その原点における接線の上下関

係を考えていることになります．
（ⅱ）右側の不等式では，次の「凸不等式」を用いています．

> $a<b$ とする．$f(x)$ が $a<x<b$ で $f''(x)>0$ であれば，$0<t<1$ を満たす任意の t について，次が成り立つ．
> $$f((1-t)a+tb)<(1-t)f(a)+tf(b)$$

図形的には，右図で，P の y 座標 $(1-t)f(a)+tf(b)$ が，Q の y 座標 $f((1-t)a+tb)$ よりも大きいことを表します．

なお，$f''(x)<0$ であれば，逆向きの不等号が成立します．

この解法では，$f''(x)>0$ つまり下に凸であることが本質的なので，その点への言及は必須です．

この解法は，全体の 20% でした．

C 最後に紹介するのは，
$0.4<\tan\alpha<\tan 25°<\tan\beta<0.5$ となる α, β を1つ見つけてしまおう，という方針のものです．

別解2 $0.4<\tan\alpha<\tan 25°<\tan\beta<0.5$ を満たす α, β として，$\alpha=22.5°, \beta=\dfrac{180°}{7}$ がとれることを示す．

1) $\tan^2 22.5°=\dfrac{\sin^2 22.5°}{\cos^2 22.5°}=\dfrac{\dfrac{1-\cos 45°}{2}}{\dfrac{1+\cos 45°}{2}}$
$=\dfrac{1-\cos 45°}{1+\cos 45°}=\dfrac{\sqrt{2}-1}{\sqrt{2}+1}=(\sqrt{2}-1)^2$

より，$\tan 22.5°=\sqrt{2}-1>1.4-1=0.4$ …………④
よって，$0.4<\tan 22.5°<\tan 25°$

2) $\tan\gamma=0.5$ となる γ $(0°<\gamma<90°)$ をとる．
④と $0.5<\dfrac{1}{\sqrt{3}}=\tan 30°$ より，$22.5°<\gamma<30°$ …………⑤

$\tan 2\gamma=\dfrac{4}{3}$，$\tan 3\gamma=\dfrac{11}{2}$，$\tan 4\gamma=-\dfrac{24}{7}$（計算過程は略した）より，$\tan 7\gamma=\dfrac{\dfrac{11}{2}+\left(-\dfrac{24}{7}\right)}{1-\dfrac{11}{2}\cdot\left(-\dfrac{24}{7}\right)}>0$ ……⑥

⑤より $157.5°<7\gamma<210°$ なので，⑥より $7\gamma>180°$
$\therefore\ 25°<\dfrac{180°}{7}<\gamma$ $\therefore\ \tan 25°<\tan\dfrac{180°}{7}<0.5$

* *

この解法では，α, β に相当するものを自分で見つける必要があり，特に β の方は難しいでしょう．γ の真の値が $\gamma=26.565\cdots°$ であることからしても，こちらは，とても厳しい不等式です．

他にも，「$\beta=26.25°$ として $\tan 26.25°<0.5$ を示す」方針もありましたが，これだと煩雑になってしまいます．

D 数学の答案（特に大小が問われている場合）では，"≒" という記号を用いてはいけません．全体の 15% の人が用いていましたが，それでは不十分です．理由は，一言で言うと「あいまいだから」なのですが，もう少し詳しく説明したいと思います．

次の問題と，2つの解答例を例にとって説明します．
[問] $4\sqrt{3}$ と 6.9 の大小を比較せよ．
[解答例1] $\sqrt{3}≒1.7$ より $4\sqrt{3}≒6.8$ $\therefore\ 4\sqrt{3}<6.9$
[解答例2] $\sqrt{3}≒1.73$ より $4\sqrt{3}≒6.92$
$\therefore\ 4\sqrt{3}>6.9$

「近似」の仕方によって異なる結果が出てしまいました．解答例2 の方は結果だけは正しいのですが，答案としては，いずれも 0 点です．なぜなら，「≒」という記号は，「どの程度の誤差があるのか」について何も言及していないので，たとえば，「6.92 と近いから 6.9 より大きい」とは言えないからです．実際，「6.8 と近いから 6.9 より小さい」として誤った結論を出してしまったのが，解答例1 なのです．

この手の議論を正しく行うには，「不等式を用いて誤差の程度を明確にする」必要があります．たとえば，$\sqrt{3}≒1.73$ だとあいまいですが，$1.73<\sqrt{3}<1.74$ とすると，どの範囲に入っているのかがはっきりします．数学では，このように不等式を用いるのが原則です．

E おまけ： $\tan$ の n 倍角の公式
解 では，$\tan 3\theta$ を $\tan\theta$ の分数式で表しました．この作り方を見ると，任意の自然数 n について，$\tan n\theta$ は $\tan\theta$ の分数式で表せることがわかります．
$(\tan(n+1)\theta=\dfrac{\tan n\theta+\tan\theta}{1-\tan n\theta\tan\theta}$ として，$\tan n\theta$ の表示式を代入して整理することを繰り返す．)
実際にやってみましょう．$t=\tan\theta$ と略記します．結果のみ記すと，$n=4, 5$ で
$$\tan 4\theta=\dfrac{4t-4t^3}{1-6t^2+t^4},\quad \tan 5\theta=\dfrac{5t-10t^3+t^5}{1-10t^2+5t^4}$$
となります．カンがいい人はすぐに気付くと思いますが，2 項係数が出てきていますね．

興味のある人は，上の式を一般化して，それを
Ⓐ 帰納法を用いて Ⓑ それ以外のやり方で
証明してみてください．いい練習問題になると思います．

（條）

問題15 $1<x$, $0<y<\dfrac{\pi}{2}$ のとき，$x\sin y>\sin xy$ は正しいか．正しいときは，その証明をし，誤りであるときは，反例をあげよ．

（2010年12月号5番）

平均点：20.3
正答率：65%
時間：SS 17%, S 24%, M 32%, L 27%

y を固定したときの2つのグラフの上下関係を調べる，x と y の一方を固定して（左辺）－（右辺）を微分する，両辺を xy で割った $\dfrac{\sin y}{y}>\dfrac{\sin xy}{xy}$ を考えるなど，色々なやり方があります．

解 y を $y=k$ $\left(0<k<\dfrac{\pi}{2}\right)$ で固定する．

$f(x)=x\sin k$, $g(x)=\sin kx$ として，$z=f(x)$, $z=g(x)$ の上下関係を調べる．

$0<k<\dfrac{\pi}{2}$ より $1<\dfrac{\pi}{2k}$ であり，$f(1)=g(1)=\sin k$

また，$g'(x)=k\cos kx$, $g''(x)=-k^2\sin kx$ より，$z=g(x)$ は $0<x<\dfrac{\pi}{2k}$ で上に凸なので，$z=f(x)$, $z=g(x)$ のグラフは下図のようになる．

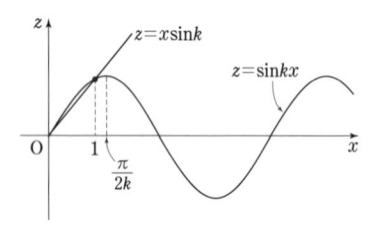

よって，$x>1$ では，$z=f(x)$ のグラフが $z=g(x)$ のグラフの上側にあるので，$x\sin k>\sin kx$

したがって，$x\sin y>\sin yx$ は **正しい**．

【解説】

A 冒頭で述べたように，本問は色々な解法が考えられる問題です．**解** のようにグラフの上下関係を見る方法だと，視覚的でわかりやすく，簡潔なので，とても良い考え方です．なお，$x\geqq\dfrac{\pi}{2k}$ では，$g(x)\leqq g\left(\dfrac{\pi}{2k}\right)$ も用いています．

解 の方法をとっていた人は，全体の15%でした．

B **解** ほどではありませんが，x と y の一方を固定して（左辺）－（右辺）>0 を微分して示すのも十分良い方法です．x と y のどちらを固定するか？ 動くものが複数個あるときは，簡単なものから動かす（複雑なものは固定しておく）のが原則で，それに従えば，左辺は x の1次関数，y の三角関数なので，y を固定して x を動かすことになりますが，本問では，逆に，x を固定して y を動かすと，一階微分だけで事足ります．

別解1 x を固定して，$h(y)=x\sin y-\sin xy$ とすると，
$h'(y)=x(\cos y-\cos xy)$ ……②
$=x\left\{\cos\left(\dfrac{x+1}{2}y-\dfrac{x-1}{2}y\right)\right.$
$\left.-\cos\left(\dfrac{x+1}{2}y+\dfrac{x-1}{2}y\right)\right\}$
$=2x\sin\dfrac{x+1}{2}y\sin\dfrac{x-1}{2}y$ ……③

$h'(y)=0$ とすると，
$\sin\dfrac{x+1}{2}y=0$ または $\sin\dfrac{x-1}{2}y=0$

∴ $\dfrac{x+1}{2}y=n\pi$ または $\dfrac{x-1}{2}y=n\pi$（n は整数）

∴ $y=\dfrac{2n\pi}{x\pm 1}$

（ただし，このうち $0<y<\dfrac{\pi}{2}$ を満たすもの ……④）

よって，$h(y)$ の下限の候補は，
$h(0)$, $h\left(\dfrac{\pi}{2}\right)$, $h\left(\dfrac{2n\pi}{x\pm 1}\right)$ であるが，

- $h(0)=0$
- $h\left(\dfrac{\pi}{2}\right)=x\sin\dfrac{\pi}{2}-\sin\dfrac{\pi}{2}x=x-\sin\dfrac{\pi}{2}x$
  $>1-\sin\dfrac{\pi}{2}x\geqq 0$（∵ $x>1$）
- $h\left(\dfrac{2n\pi}{x\pm 1}\right)=x\sin\dfrac{2n\pi}{x\pm 1}-\sin\dfrac{2nx\pi}{x\pm 1}$
  （複号同順．以下同様）
  $=x\sin\dfrac{2n\pi}{x\pm 1}-\sin\left(2n\pi\mp\dfrac{2n\pi}{x\pm 1}\right)$
  $=x\sin\dfrac{2n\pi}{x\pm 1}\pm\sin\dfrac{2n\pi}{x\pm 1}=(x\pm 1)\sin\dfrac{2n\pi}{x\pm 1}$ ……⑤

$x>1$ で，④より $0<\dfrac{2n\pi}{x\pm 1}<\dfrac{\pi}{2}$ だから，⑤>0

よって，$h(y)>0$ なので，$x\sin y>\sin xy$ は **正しい**．

*　　　　　　　　　*

この方法は，全体の25%の人がとっていました．

和積の公式を覚えている人は，②⇨③は一発ですが，記憶に自信のない人は，上記のように，公式を導くつもりでやると良いでしょう．$\cos\alpha-\cos\beta$ なら，α と β の和の半分と差の半分を用いて，

α を $\dfrac{\alpha+\beta}{2}+\dfrac{\alpha-\beta}{2}$, β を $\dfrac{\alpha+\beta}{2}-\dfrac{\alpha-\beta}{2}$ と書き直し,

$\cos\alpha-\cos\beta$ ……………………⑥

$=\cos\left(\dfrac{\alpha+\beta}{2}+\dfrac{\alpha-\beta}{2}\right)-\cos\left(\dfrac{\alpha+\beta}{2}-\dfrac{\alpha-\beta}{2}\right)$ …⑦

$=-2\sin\dfrac{\alpha+\beta}{2}\sin\dfrac{\alpha-\beta}{2}$

となります. ⑦から⑥に戻れることを確認してから先に進めば, 間違いありませんね. 和積の公式に限らず, 三角関数の公式は似たようなものが多いので, 結果よりも導き方を重視しましょう.

C $x\sin y>\sin xy$ を $\dfrac{\sin y}{y}>\dfrac{\sin xy}{xy}$ と変形して考えた人は, 例えば, 以下のように解いていました.

別解2 $F(t)=\dfrac{\sin t}{t}$ $\left(0<t<\dfrac{\pi}{2}\right)$ とおく.

まず, $F(t)$ が単調減少であることを示す.

$$F'(t)=\dfrac{t\cos t-\sin t}{t^2}=\dfrac{\cos t(t-\tan t)}{t^2}<0$$

$\left(\because\ 0<t<\dfrac{\pi}{2}\ \text{のとき},\ t<\tan t\right)$

よって, $0<t<\dfrac{\pi}{2}$ において $F(t)$ は単調減少 ……⑧

● $0<xy<\dfrac{\pi}{2}$ のとき: $x>1$ より $0<y<xy<\dfrac{\pi}{2}$ なので, ⑧より, $F(y)>F(xy)$

 $\therefore\ \dfrac{\sin y}{y}>\dfrac{\sin xy}{xy}$ $\therefore\ x\sin y>\sin xy$

● $\dfrac{\pi}{2}\leqq xy$ のとき: ⑧と $0<y<\dfrac{\pi}{2}$ より,

$$F(y)>F\left(\dfrac{\pi}{2}\right)=\dfrac{2}{\pi}$$

よって, $F(xy)=\dfrac{\sin xy}{xy}\leqq\dfrac{1}{xy}\leqq\dfrac{2}{\pi}<F(y)$

 $\therefore\ x\sin y>\sin xy$

以上より, $x\sin y>\sin xy$ は**正しい**.

*　　　　　　　*

この方法は, 全体の34%の人がとっていました.

D 最後に, $\dfrac{\sin y}{y}$ や $\dfrac{\sin xy}{xy}$ を傾きと見る方法を紹介します. これも, **解**と同様, 視覚的に考えられるので, わかりやすいです.

別解3 $x>1$, $y>0$ より, $y<xy$

$$x\sin y>\sin xy\iff \dfrac{\sin y}{y}>\dfrac{\sin xy}{xy}\ \cdots\cdots\cdots⑨$$

である. いま, 曲線 $Y=\sin X$ 上の2点 $P(y,\ \sin y)$, $Q(xy,\ \sin xy)$ を考えると,

⑨ $\iff$ (OP の傾き)>(OQ の傾き) …………⑩

● $0<xy<\pi$ のとき:
$Y=\sin X$ は $0<X<\pi$ で上に凸なので, 右図より⑩は成り立つ.

● $xy\geqq\pi$ のとき: OQ の傾きが最大になる点を Q_M とすると, Q_M は右図の位置になるから,
 (OP の傾き)
 >(OQ$_M$ の傾き)
 $\geqq$(OQ の傾き)
なので, ⑩は成り立つ.

以上から, $x\sin y>\sin xy$ は**正しい**.

*　　　　　　　*

他にもまだ解法はあるので, 興味のある人は色々試してみて下さい.

(山崎)

問題16 n を正の整数とする．$S_n = \sum_{k=0}^{n}\left(|n-2k|\sum_{l=0}^{k}|n+1-2l|\right)$ と定める．

（1） $k=0, 1, \cdots, n$ のとき，$\sum_{l=0}^{n-k}|n+1-2l| = \sum_{l=k+1}^{n+1}|n+1-2l|$ を示せ．

（2） $S_n = \sum_{k=0}^{n}\left(|n-2k|\sum_{l=k+1}^{n+1}|n+1-2l|\right)$ を示せ．

（3） n が偶数のとき，S_n を n を用いて表せ． （2005年5月号3番）

平均点：15.4
正答率：37%
　　（1）80%（2）58%（3）43%
時間：SS 6%, S 18%, M 33%, L 44%

（1）（2） 変数の置き換えで示せますが，慣れていなければ和を具体的に書き下すとよいでしょう．
（3） S_n の定義式と（2）の式をよく見比べると….

解　（1） $l' = n+1-l$ とおくと，
$0 \leq l \leq n-k \iff k+1 \leq l' \leq n+1$ なので，
$$（左辺）= \sum_{l'=k+1}^{n+1}|n+1-2(n+1-l')|$$
$$= \sum_{l'=k+1}^{n+1}|2l'-(n+1)| = \sum_{l'=k+1}^{n+1}|n+1-2l'| = （右辺）$$

（2） $S_n = \sum_{k=0}^{n}\left(|n-2k|\sum_{l=0}^{k}|n+1-2l|\right)$ ………①

において $k' = n-k$ とおくと，$0 \leq k \leq n \iff 0 \leq k' \leq n$
なので，$S_n = \sum_{k'=0}^{n}\left(|n-2(n-k')|\sum_{l=0}^{n-k'}|n+1-2l|\right)$
$$= \sum_{k'=0}^{n}\left(|n-2k'|\sum_{l=0}^{n-k'}|n+1-2l|\right)$$
$$= \sum_{k'=0}^{n}\left(|n-2k'|\sum_{l=k'+1}^{n+1}|n+1-2l|\right) \quad (\because (1))$$
$$\therefore \ S_n = \sum_{k=0}^{n}\left(|n-2k|\sum_{l=k+1}^{n+1}|n+1-2l|\right) \ \cdots\cdots ②$$

（3） ①+② より，
$$2S_n = \sum_{k=0}^{n}\left\{|n-2k|\left(\sum_{l=0}^{k}|n+1-2l| + \sum_{l=k+1}^{n+1}|n+1-2l|\right)\right\}$$
$$= \sum_{k=0}^{n}\left(|n-2k|\sum_{l=0}^{n+1}|n+1-2l|\right)$$
$$= \left(\sum_{k=0}^{n}|n-2k|\right)\left(\sum_{l=0}^{n+1}|n+1-2l|\right)$$

ここで，$n = 2m$ とすると，
$$\sum_{k=0}^{n}|n-2k| = \sum_{k=0}^{2m}|2m-2k|$$
$$= 2m + (2m-2) + \cdots + 2 + 0 + 2 + \cdots + (2m-2) + 2m$$
$$= 4(1+2+\cdots+m) = 2m(m+1)$$

$$\sum_{l=0}^{n+1}|n+1-2l| = \sum_{l=0}^{2m+1}|2m+1-2l|$$
$$= (2m+1) + (2m-1) + \cdots + 1$$
$$\qquad + 1 + \cdots + (2m-1) + (2m+1)$$
$$= 2 \times \frac{(2m+1)+1}{2} \cdot (m+1) = 2(m+1)^2$$

より，$2S_n = 2m(m+1) \cdot 2(m+1)^2 = 4m(m+1)^3$
となり，$S_n = 2m(m+1)^3 = n\left(\dfrac{n}{2}+1\right)^3$

【解説】

A 出来はあまり良くありませんでした．メインの（3）にたどりつく前に（1）（2）で苦戦しているものが目立ち，S_n の定義が理解できていないものも散見されました．

S_n は，$|n-2k|\sum_{l=0}^{k}|n+1-2l|$ という n と k の式（l は $\sum$ の中だけの文字！）を，$k=0, 1, \cdots, n$ で加えたもの（ここで，k は $\sum$ の中だけの文字であり，S_n は n だけの式になる）です．ここでつまずいてしまった人は，S_2 を具体的に求めるなどしてイメージをつかんでおきましょう．

B （1）（2）では，**解**のような置き換えを行うのが最もラクなのですが，慣れていなければ，無理をせず，和を具体的に書き下しましょう．

（1）では，$l = 0, 1, \cdots, n-k$ を代入して加えて，
（左辺）
$= |n+1| + |n-1| + \cdots + |-n+2k+3| + |-n+2k+1|$
同様に，（右辺）
$= |n-2k-1| + |n-2k-3| + \cdots + |-n+1| + |-n-1|$
$= |-n+2k+1| + |-n+2k+3| + \cdots + |n-1| + |n+1|$
となるので，両者は明らかに等しくなります．要するに，「同じものを逆順に加えただけ」です．（1）で帰納法を用いている遠回りなものも散見されましたが，このような「意味」を考えれば，ほとんど明らかですよね．

（2）では，「（1）より
$\sum_{l=k+1}^{n+1}|n+1-2l| = \sum_{l=0}^{n-k}|n+1-2l|$ だから，

$\sum_{l=0}^{k}|n+1-2l| = \sum_{l=0}^{n-k}|n+1-2l|$ を示せばよい」
としているものが散見されました．ここでも，「意味」を考えれば，———部が成立するはずがないとすぐわかる

でしょう．左辺は $\{|n+1-2l|\}$ という数列の k 項目までの和，右辺は $n-k$ 項目までの和なのですから，両者は一般には一致しません．

～～部が成立しないのに，なぜ(2)の等式が成立するのか，不思議に思う人もいると思うので，もう少し解説を加えておきます．

$X_k=|n-2k|$, $Y_k=\sum_{l=0}^{k}|n+1-2l|$ とします．(1)を用いると，示すべき等式は $\sum_{k=0}^{n}X_kY_k=\sum_{k=0}^{n}X_kY_{n-k}$ つまり，$X_0Y_0+X_1Y_1+\cdots+X_{n-1}Y_{n-1}+X_nY_n$
$=X_0Y_n+X_1Y_{n-1}+\cdots+X_{n-1}Y_1+X_nY_0$ ……③
なのですが，ここで，$X_0=X_n$, $X_1=X_{n-1}$, …が成立しているので，③$=X_nY_n+X_{n-1}Y_{n-1}+\cdots+X_1Y_1+X_0Y_0$ となります．これも，(1)と同様に，「同じものを逆順に並べただけ」なのです．

C (3)の最大のポイントは，「S_n の定義式と(2)の等式を辺々加える」ことで，これに気付いたのは全体の40%でした．(2)で S_n を，より汚い形に変形させているということは，何かしら仕掛けがあるに違いない，といったところから，この変形に気付いていけるとよいでしょう．

今回少し残念に思ったのは，(2)が解けなかったという理由だけで(3)にも手を付けていない人が目立ったということです．数学の答案では，以前の小問の結果は，証明できていなくても自由に用いてよい（そのもとで正しければ原則として正解扱い）ので，常に大問全体の流れを見るようにしましょう．

さて，その後の計算ですが，$\sum(ak+b)$ の計算は，分解して $\sum$ の公式を用いるよりも，$\{ak+b\}$ を等差数列とみて和を計算した方がラクになります．結果が最初から因数分解されている，というのが利点の1つでしょう．特に，$\sum_{k=1}^{n}(2k-1)=n^2$ は記憶しておきましょう．

D (3)で，解の「2式を加える」変形に気付かなければ，地道に計算するしかありません．まず $\sum_{l=0}^{k}|n+1-2l|$ を求めるのですが，ここで，k と $\frac{n+1}{2}$ の大小によって場合分けが生じることに注意しましょう．

[解答例] $n=2m$ と書く．
$0\leq k\leq m$ のとき，
$\sum_{l=0}^{k}|2m+1-2l|=\sum_{l=0}^{k}(2m+1-2l)$
$=\frac{\{(2m+1)+(2m+1-2k)\}}{2}\cdot(k+1)$

$=(2m+1-k)(k+1)$
$m+1\leq k\leq 2m$ のとき，
$\sum_{l=0}^{k}|2m+1-2l|=\sum_{l=0}^{m}(2m+1-2l)+\sum_{l=m+1}^{k}(2l-2m-1)$
$=(2m+1)+(2m-1)+\cdots+3+1$
$\quad+1+3+\cdots+\{2(k-m)-1\}$
$=(m+1)^2+(k-m)^2$

よって，$S_n=\sum_{k=0}^{m}(2m-2k)(2m+1-k)(k+1)$
$\quad-\sum_{k=m+1}^{2m}(2m-2k)\{(m+1)^2+(k-m)^2\}$

第1項を T_n，第2項を U_n とする．
第1項で $k'=m-k$ として
$T_n=\sum_{k'=0}^{m}2k'(m+1+k')(m+1-k')$
$=2\sum_{k'=0}^{m}\{(m+1)^2k'-k'^3\}$ …………④
$=2\{(m+1)^2\cdot\frac{1}{2}m(m+1)-\frac{1}{4}m^2(m+1)^2\}$

第2項で $k'=k-m$ として，
$U_n=\sum_{k'=1}^{m}(-2k')\{(m+1)^2+k'^2\}$ …………⑤
$=-2\{(m+1)^2\cdot\frac{1}{2}m(m+1)+\frac{1}{4}m^2(m+1)^2\}$

∴ $S_n=T_n-U_n=2m(m+1)^3=n\left(\frac{n}{2}+1\right)^3$

*   *

なお，④，⑤の形のままで T_n-U_n を考えると，もう少しラクになります．

E 次の問題にチャレンジしてみましょう．

> 参考問題 n 枚の100円玉と $n+1$ 枚の500円玉を同時に投げたとき，表の出た100円玉の枚数より表の出た500円玉の枚数の方が多い確率を求めよ．
> (05 京大・理系－後期)

キレイな解答は後で紹介するとして，ここでは，求める確率 p_n を，2項係数を用いて素直に立式してみます．
「表の出た100円玉の枚数が k であって，裏が出た500円玉の枚数が $k+1$ 以上」となる確率は
$\frac{{}_nC_k}{2^n}\sum_{l=k+1}^{n+1}\frac{{}_{n+1}C_l}{2^{n+1}}$ であるので，これを $k=0, 1, \cdots, n$ で足し合わせて，$p_n=\sum_{k=0}^{n}\left(\frac{{}_nC_k}{2^n}\sum_{l=k+1}^{n+1}\frac{{}_{n+1}C_l}{2^{n+1}}\right)$
$=\frac{1}{2^{2n+1}}\sum_{k=0}^{n}\left({}_nC_k\sum_{l=k+1}^{n+1}{}_{n+1}C_l\right)$ …………⑥

となります．試験場では，ここで止まってしまった人も多かったことでしょう．ここから先に進むには一工夫必

要です．2つの根本的に異なるやり方を紹介します．

[その1] 余事象に注目します．題意を満たさない確率 q_n は，同様にして，
$$q_n = \frac{1}{2^{2n+1}} \sum_{k=0}^{n} \left({}_n C_k \sum_{l=0}^{k} {}_{n+1}C_l \right) \quad \cdots\cdots⑦$$

です．⑥と⑦の式をよく見比べてみると，本問との対応に気付くでしょう．(1)，(2)と同様にして，⑥=⑦が示せるのです．(実際，(1)，(2)では，$|n+1-2l|$, $|n-2k|$ がそれぞれ $l=\frac{n+1}{2}$, $k=\frac{n}{2}$ に関して対称であることしか用いていないので，同様の性質を持つ ${}_{n+1}C_l$, ${}_nC_k$ に対しても成立する)

これから，$p_n = q_n = \frac{1}{2}$ がわかります．

——つまり，まず，京大の問題に対する，この解答があって，その2項係数の部分を，(上で述べた意味で) 同様の性質を持つ数列におきかえて作られたのが本問だ，というわけです．

＊　　　　　＊

[その2] こちらは本問とは関係ありません．[その1] では，2項係数の対称性のみを用いていましたが，ここでは，他の有名等式を用います．簡単のため，$n=4$ として説明します．
$$2^9 \cdot p_4 = \sum_{k=0}^{4} \left({}_4C_k \sum_{l=k+1}^{5} {}_5C_l \right)$$

は，次表の中に現れる数の和です．

$l \backslash k$	0	1	2	3	4
1	${}_4C_0 \cdot {}_5C_1$				
2	${}_4C_0 \cdot {}_5C_2$	${}_4C_1 \cdot {}_5C_2$			
3	${}_4C_0 \cdot {}_5C_3$	${}_4C_1 \cdot {}_5C_3$	${}_4C_2 \cdot {}_5C_3$		
4	${}_4C_0 \cdot {}_5C_4$	${}_4C_1 \cdot {}_5C_4$	${}_4C_2 \cdot {}_5C_4$	${}_4C_3 \cdot {}_5C_4$	
5	${}_4C_0 \cdot {}_5C_5$	${}_4C_1 \cdot {}_5C_5$	${}_4C_2 \cdot {}_5C_5$	${}_4C_3 \cdot {}_5C_5$	${}_4C_4 \cdot {}_5C_5$

$t=1, 2, 3, 4, 5$ に対し，$l-k=t$ となる l, k の組に対して ${}_4C_k \cdot {}_5C_l$ を加えたもの (つまり＼の向きに加えたもの) を A_t とします．たとえば，
$$A_2 = {}_4C_0 \cdot {}_5C_2 + {}_4C_1 \cdot {}_5C_3 + {}_4C_2 \cdot {}_5C_4 + {}_4C_3 \cdot {}_5C_5$$

なのですが，これは，「4個の赤玉，5個の白玉から合計3個を取り出すやり方の総数」を表している (赤玉が何個取り出されるかで場合分けしている) ので，${}_9C_3$ に等しく，同様にして，$A_t = {}_9C_{5-t}$ となります．よって，
$$2^9 \cdot p_4 = A_5 + A_4 + A_3 + A_2 + A_1$$
$$= {}_9C_0 + {}_9C_1 + {}_9C_2 + {}_9C_3 + {}_9C_4$$
$$= \frac{1}{2} \sum_{k=0}^{9} {}_9C_k = \frac{1}{2}(1+1)^9 = 2^8 \text{ (2項定理を使った)}$$

なので，$p_4 = \frac{1}{2}$ が得られます．

——先ほど述べた「他の有名等式」とは，
非負整数 m, n, r ($m, n \geq r$) に対し，
$${}_{m+n}C_r = \sum_{k=0}^{r} {}_mC_k \cdot {}_nC_{r-k}$$

のことであり，この等式が大活躍しています．この等式は，「m 個の赤玉，n 個の白玉から合計 r 個を取り出すやり方の総数」についての等式として，その導き方を頭に入れておきましょう．中でも，$m=n=r$ として
$${}_{2n}C_n = \sum_{k=0}^{n} ({}_nC_k)^2$$

は，結果自体，記憶に値します．

＊　　　　　＊

最後に，参考問題の上手い解法を紹介しましょう．なぜ対等ではなく差が1枚なのかに着目します．

解 500円玉のうち特定の一枚を⑤百とおく．

n 枚の 100 円玉と，⑤百以外の n 枚の 500 円玉を投げたとき，次のように事象を定める．

　A：表の枚数は 500 円玉の方が多い
　B：表の枚数は 500 円玉と 100 円玉で同じ
　C：表の枚数は 100 円玉の方が多い

このとき，題意が満たされるのは，

　　A が起きる (⑤百は表でも裏でもよい)

または，B が起きて，⑤百は表
の場合である．また，A と C は対等だから，A の確率を p とおくと，C の確率は p, B の確率は $1-2p$

よって答えは $p \times 1 + (1-2p) \times \frac{1}{2} = \frac{1}{2}$

別解 表の枚数が，500 円玉は a 枚，100 円玉は b 枚とすると，裏の枚数は，

　500 円玉は $n+1-a$ 枚，100 円玉は $n-b$ 枚
ここで，$a > b \iff n-a < n-b \iff n-a+1 \leq n-b$
なので，500 円玉の方が表が多い $\cdots\cdots$ ⑧
$\iff$ 500 円玉の方が裏が "少ない or 等しい" $\cdots$ ⑨

よって，⑧を満たす出方に対して，表と裏をすべて入れ換えると，⑨の表と裏を入れ換えた

　　500 円玉の方が表が "少ない or 等しい" $\cdots\cdots$ ⑩
が得られ，逆に⑩を満たす出方に対して，表と裏をすべて入れ換えると⑧になるから，⑧の出方と⑩の出方は1対1に対応する．よって答えは $\frac{1}{2}$ 　　(條)

学力コンテスト・添削例

2012年8月号の答案と、それを添削したものです.

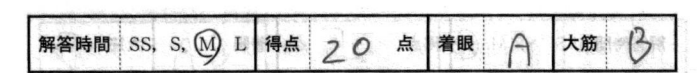

| 解答時間 | SS, S, Ⓜ, L | 得点 | 20 点 | 着眼 | A | 大筋 | B |

コとネを用いてできる10文字の列のうち、"コネコネ"という文字列を含むものは何個あるか.

〔Ⅰ〕コネコネをAとして残り6文字を並べる順列は
先に残り6文字を並べて 2^6 通りでAを入れる所が7通り
なので $2^6 \times 7$ 通りある.
この数え方だとダブっているので順次引いていく.

→ これは「コネがピッタリ3連続する場合」ではなく「コネが3以上連続する場合」です.

〔Ⅱ〕コネコネコネを含むものは〔Ⅰ〕と同様の考え方でカウントすると
$2^4 \times 5$ 通りあり 〔Ⅰ〕で2回重複してカウントされている

→ 一方、2回重複しているのは、「コネがピッタリ3連続している場合」であり、たとえば"コネコネコネコネ"などは、✓コネ✓コネ✓コネ✓で4回重複しているわけですね.

〔Ⅲ〕コネコネコネコネを含むものは同様に $2^2 \times 3$ 通りあり.
〔Ⅰ〕で3回重複してカウントされている

〔Ⅳ〕コネコネコネコネコネを含むものは明らかに1通りで
〔Ⅰ〕で4回重複してカウントされている

〔Ⅴ〕コネコネが2箇所あってはなれているものは最初のコネコネを A_1,
次のコネコネを A_2 として

コA_1コA_2　$A_1 A_2$コ　A_1ココA_2
コA_1ネA_2　$A_1 A_2$ネ　A_1ネネA_2
ネA_1コA_2　A_1ネA_2コ　A_1ネネA_2
ネA_1ネA_2　A_1ネA_2ネ　(A_1コネA_2 は〔Ⅳ〕の場合なので除外)

の11通りある これは〔Ⅰ〕で2回重複してカウントされている

ですから、この図を少し立体的に描くと、〔Ⅰ〕は □□□ ということになります.

重複しているものは1回ずつ引いていけばいいのでですから、正しくは（Ⅰ）−（Ⅱ）

$2^6 \times 7 - 2^4 \times 5 - 2^2 \times 3 - 1 - 11 = 448 - 80 - 12 - 1 - 11$ −（Ⅴ）

$= 344$ 通り

※ $n!$ に含まれる素因数 p の個数が

$$\sum_{k=1}^{\infty}\left[\frac{n}{p^k}\right] = \left[\frac{n}{p}\right] + \left[\frac{n}{p^2}\right] + \cdots + \left[\frac{n}{p^k}\right] + \cdots$$

の数え方を参考にしたら上の解答になった

ただし、自分もこれで正しいとは思っていない??? 正 誤 と勘違いしたということですね.

コネが素因数 p ならコネコネは p^2
コネコネコネは p^3 ...

(Ⅱ),(Ⅲ),(Ⅳ)をそれぞれ (Ⅱ) 凸 → ▭
(Ⅲ) 凸 → ▭
(Ⅳ) □ → ▭

問題17 数列 $\{a_n\}$ を，
$$a_1=1+\frac{1}{2^{20}},\ a_{n+1}=-\frac{7}{6}|a_n|-\frac{5}{6}a_n+3\ (n=1,\ 2,\ 3,\ \cdots)$$
で定める．
（1） $a_n<0$ となる最小の n を求めよ．
（2） 数列 $\{a_n\}$ の一般項 a_n を求めよ．

（2015年8月号3番）

平均点：18.4
正答率：49%（1）88%（2）52%
時間：SS 9%，S 18%，M 42%，L 31%

漸化式に $|a_n|$ を含んでいるので，a_n の正負によって a_{n+1} を求める式が変わってきます．（1）は，とりあえず $a_n\geqq 0$ とした漸化式を解いて一般項を求めてみましょう．初めて $a_n<0$ となるまではその一般項は正しいはずですね．（2）は，初めて $a_n<0$ となるところから，いくつかの項を実際に計算してみると，a_n の正負がどう変化していきそうかがなんとなく分かってきます．

解 （1） $a_n\geqq 0$ のとき，漸化式は，
$$a_{n+1}=-2a_n+3\quad\therefore\quad a_{n+1}-1=-2(a_n-1)$$
よって，$\{a_n-1\}$ は，初項 $\dfrac{1}{2^{20}}$，公比 -2 の等比数列．
$$a_n-1=\frac{(-2)^{n-1}}{2^{20}}\quad\therefore\quad a_n=1+(-1)^{n-1}\cdot 2^{n-21}\ \cdots\text{①}$$
①は，$n-1$ が奇数かつ $n-21>0$ のときに負となるので，①が初めて負となるのは，$n=22$ のとき．従って，①は $n=22$ まで正しく，答えは，$\bm{n=22}$

（2） $-3\leqq a_n\leqq -1$ のとき，漸化式は $a_{n+1}=\dfrac{1}{3}a_n+3$ で，
$$\frac{1}{3}\cdot(-3)+3\leqq a_{n+1}\leqq \frac{1}{3}\cdot(-1)+3$$
$$\therefore\quad 2\leqq a_{n+1}\leqq \frac{8}{3}\leqq 3$$

$2\leqq a_n\leqq 3$ のとき，漸化式は $a_{n+1}=-2a_n+3$ で，
$$-2\cdot 3+3\leqq a_{n+1}\leqq -2\cdot 2+3\quad\therefore\quad -3\leqq a_{n+1}\leqq -1$$
$a_{22}=-1$ なので，$-3\leqq a_{22}\leqq -1$

よって，以上のことから帰納的に，
$-3\leqq a_{2m}\leqq -1$，$2\leqq a_{2m+1}\leqq 3$（m は11以上の整数）が成り立つ．よって，
$$a_{2m+2}=-2a_{2m+1}+3\quad(\because\ a_{2m+1}>0)$$
$$=-2\left(\frac{1}{3}a_{2m}+3\right)+3\quad(\because\ a_{2m}<0)$$
$$\therefore\quad a_{2m+2}=-\frac{2}{3}a_{2m}-3$$
$$\therefore\quad a_{2m+2}+\frac{9}{5}=-\frac{2}{3}\left(a_{2m}+\frac{9}{5}\right)$$
よって，$\left\{a_{2m}+\dfrac{9}{5}\right\}$（$m\geqq 11$）は，$m=11$ で
$a_{2\cdot 11}+\dfrac{9}{5}=-1+\dfrac{9}{5}=\dfrac{4}{5}$，公比 $-\dfrac{2}{3}$ の等比数列．

$$a_{2m}+\frac{9}{5}=\frac{4}{5}\left(-\frac{2}{3}\right)^{m-11}\quad\therefore\quad a_{2m}=\frac{4}{5}\left(-\frac{2}{3}\right)^{m-11}-\frac{9}{5}$$
また，$a_{2m+1}=\dfrac{1}{3}a_{2m}+3$
$$=\frac{1}{3}\left\{\frac{4}{5}\left(-\frac{2}{3}\right)^{m-11}-\frac{9}{5}\right\}+3=-\frac{2}{5}\left(-\frac{2}{3}\right)^{m-10}+\frac{12}{5}$$
以上より，$n\leqq 21$ のとき，$a_n=1+(-1)^{n-1}\cdot 2^{n-21}$

n が 22 以上の偶数のとき，$a_n=\dfrac{4}{5}\left(-\dfrac{2}{3}\right)^{\frac{n}{2}-11}-\dfrac{9}{5}$

n が 23 以上の奇数のとき，$a_n=-\dfrac{2}{5}\left(-\dfrac{2}{3}\right)^{\frac{n-21}{2}}+\dfrac{12}{5}$

【解説】

A 漸化式に $|a_n|$ が含まれているので，そのまま普通に処理することはできませんね．a_n の正負での場合分けが必要になってきます．

とりあえず，（1）を解いてみましょう．$a_n<0$ となる最小の n を N とおいてみます．すると，$1\leqq n\leqq N-1$ においては $a_n\geqq 0$ となるわけです．$a_n\geqq 0$ のとき，漸化式は，$a_{n+1}=-\dfrac{7}{6}a_n-\dfrac{5}{6}a_n+3=-2a_n+3$ です．これなら，$a_1=1+\dfrac{1}{2^{20}}$ を使えば，よくやる漸化式の解き方で一般項を求めることができますね．先程言ったように，$1\leqq n\leqq N-1$ では常に $a_n\geqq 0$ ですから，この漸化式は，$1\leqq n\leqq N-1$ では正しいです．a_1 から順にこの漸化式によって次の項を計算していくことを考えれば，この漸化式に $n=N-1$ を代入し，a_{N-1} から a_N を求めるという操作までは正しいということです．つまり，この漸化式と初項 a_1 によって求めた一般項は，$n=N$，つまり，その一般項が初めて $a_n<0$ となるところまで使えます．

実際に，先程の漸化式と，初項 a_1 の値を用いて一般項を計算すると，$a_n=1+(-1)^{n-1}\cdot 2^{n-21}$ となります．これが初めて負になる n が求める N です．これが負になる条件は，$(-1)^{n-1}2^{n-21}$ が負かつ絶対値が1より大きいことですよね．$(-1)^{n-1}2^{n-21}$ の正負を決めるのは $(-1)^{n-1}$ で，絶対値を決めるのは 2^{n-21} ですから，$n-1$ が奇数かつ $n-21>0$ のとき条件を満たします．この条件を満たす最小の n は $n=22$ です．$n=22$

まで，先程の一般項を使って計算してよいので，一般項から a_{22} を計算すると，$a_{22}=-1$ となります．

次に（2）です．$1 \leqq n \leqq 22$ までの一般項は（1）で求めてしまったので，それ以降を考えていきます．さっき（1）で求めた一般項は，a_1 からずっと $a_n \geqq 0$ となることを前提にした上での漸化式から得られるものなので，$n=22$ で $a_{22}<0$ となった時点で，もうこの先は全く使えません．$a_{22}=-1$ からまた考え直しです．

漸化式は $|a_n|$ を含んでいるので，a_n の正負に見当がつかないと話が進みません．解決の糸口がなかなか掴めないときは，手を動かして具体的に計算してみて，イメージを掴むよう頑張ってみましょう．実際に計算してみると，$a_{22}=-1$, $a_{23}=\dfrac{8}{3}$, $a_{24}=-\dfrac{7}{3}$, $a_{25}=\dfrac{20}{9}$, $\cdots$
となっています．ここら辺まで計算してみて，
「$n=22$ 以降は a_n は正負が交互になるのか…？」
と予想ができそうです．不安な人はもっと計算してみてください．とにかく，そういう予想ができたら，それを証明することを考えます．

$a_{22}=-1<0$ なので，$a_n<0$ のところから考えてみましょうか．$a_n<0$ のとき，漸化式は，
$$a_{n+1}=\dfrac{7}{6}a_n-\dfrac{5}{6}a_n+3=\dfrac{1}{3}a_n+3$$
です．$a_n<0$ のとき，この漸化式から $a_{n+1}<\dfrac{1}{3}\cdot 0+3=3$ と分かります．でもこれでは，次の項 a_{n+1} が正ということは言えませんね．そもそも，$a_n \leqq A\ (<0)$ の形の不等式では，次の項についての不等式は，
$$a_{n+1} \leqq \dfrac{1}{3}A+3$$ の形になるので，どう頑張っても，
$a_{n+1} \geqq 0$ のような形には持っていけません．なので，a_n を下からも挟んで，$B \leqq a_n \leqq A$ の形の仮定が必要であることが分かります．

最初に，$p \leqq a_n \leqq q\ (<0)$ の形の仮定を考えておきます．この仮定の下で，$a_{n+1} \geqq 0$ となり，さらに $p \leqq a_{n+2} \leqq q$ となることが示せれば，数学的帰納法に持ち込めそうです．これを目指します．$p \leqq a_n \leqq q\ (<0)$ の仮定の下では，$\dfrac{1}{3}p+3 \leqq a_{n+1} \leqq \dfrac{1}{3}q+3$
です．$a_{n+1} \geqq 0$ が示せるためには，$0 \leqq \dfrac{1}{3}p+3$ ……②
でなければなりません．さらにその下で，
$a_{n+2}=-2a_{n+1}+3$ から，$-\dfrac{2}{3}q-3 \leqq a_{n+2} \leqq -\dfrac{2}{3}p-3$
となります．$p \leqq a_{n+2} \leqq q$ が示せるためには，
$$p \leqq -\dfrac{2}{3}q-3,\quad -\dfrac{2}{3}p-3 \leqq q \quad \cdots\cdots ③$$
でなければなりません．以上から，②③と，$p<q<0$，$p \leqq a_{22} \leqq q$ を満たせるような p, q を見つけてあげれば，数学的帰納法に持ち込む準備が整います．解では，$p=-3$, $q=-1$ を採用しています．別に，こんなに細かく考えていかなくてもいいですが，とにかくなんとかして適切な数で，a_n を挟んだ不等式を仮定してやればうまく，$n=22$ 以降 a_n が正負を交互に繰り返していることが示せます．

B 解では，a_n が $n=22$ 以降，正負を交互に繰り返していくことを先に示してから一般項を計算しましたが，
「a_n が $n=22$ 以降，正負を交互に繰り返す」……⑤
ということを予想した後，⑤を仮定して仮の一般項を求めてしまうこともできます．その仮定の下では，解と同様に一般項の計算ができるので，とりあえず仮の一般項 $a_{2m}=\dfrac{4}{5}\left(-\dfrac{2}{3}\right)^{m-11}-\dfrac{9}{5}$
$a_{2m+1}=-\dfrac{2}{5}\left(-\dfrac{2}{3}\right)^{m-10}+\dfrac{12}{5}$ （m は 11 以上の整数）

を求めてしまいます．その上で，$-1<-\dfrac{2}{3}<1$ から，
$-1<\left(-\dfrac{2}{3}\right)^{m-11}<1$, $-1<\left(-\dfrac{2}{3}\right)^{m-10}<1$ であることを考えると，$a_{2m}<0$, $a_{2m+1}>0$ は簡単に示せます．なので，⑤の仮定は正しかったということになって，さっき求めた仮の一般項が，本物であることが分かりました．

でも，この解法はちょっと気持ち悪さを感じる人もいるのではないでしょうか．勝手に仮定をして，解き進めていってみたらその仮定に合った答えが出たから OK！とするのは本来議論としては成り立っていません．例えば，方程式 $x^2=x$ の解を求めようとして，勝手に $x \neq 0$ と仮定して両辺を x で割り，$x=1$ という解を得て，$x \neq 0$ だったからこれでよい，とするのは間違っていることは分かりますよね．つまり，勝手に仮定を作って，出てきた答えが仮定通りだったとしても，その仮定に従わない答えが本当に存在しないかは分からないわけです．

しかし，今回はこの議論は成り立ちます．問題文の漸化式は，a_n が 1 つに定まっているなら，次の項 a_{n+1} も 1 つに定まるものです．そして，a_1 は 1 つに定まっているわけですから，この条件を満たす数列 $\{a_n\}$ は 1 通りしかありません．ですから，勝手な仮定のもとで矛盾しないものを 1 つ見つけてしまったならば，それのみが答えになります．従って，このように最初に⑤を仮定してしまって，最後にそのことが確かに成り立つことを確認するという解法でもいけます．実体がつかめないうちに正負を考えるより，求まった何かについて正負を考える方がイメージしやすいかもしれませんね．　　　　（石城）

問題 18 次のように数列 $\{a_n\}$ を定める.
$$a_1=a\ (a\text{ は実数}),\ a_{n+1}=a_n^2-2\ (n=1,\ 2,\ 3,\ \cdots)$$
任意の自然数 n に対して $a_{n+p}=a_n$ を満たす, n によらない自然数 p が存在するとき, そのような p のうちの最小のものを $\{a_n\}$ の基本周期と呼ぶ.
(1) $\{a_n\}$ の基本周期が 1 のとき, a を求めよ.
(2) $\{a_n\}$ の基本周期が 2 のとき, a を求めよ.
(3) $\{a_n\}$ の基本周期が 2 以上のとき, a は無理数であることを示せ.

(2011年10月号5番)

平均点：17.8
正答率：55%
　　　　(1) 98%　(2) 95%　(3) 55%
時間：SS 11%, S 11%, M 32%, L 47%

(1)は $a_2=a_1$ が, (2)は $a_3=a_1$ かつ $a_2\neq a_1$ が条件です. (3)は解法が大別して2通りあります.
$a=\dfrac{p}{q}$ ($p,\ q$ は互いに素な整数で $q>0$) とおくと $q\geq 2$ のときは漸化式から分母がどんどん増えてしまって, 周期を持たないことに着目するか, a_n を a の多項式で表したときの a の方程式 $a_n=a$ を考えます.

解　　$a_{n+1}=a_n^2-2\ \cdots\cdots$①
(1) 基本周期が1となるための条件は, $a_2=a_1$
すなわち $a^2-2=a$ なので, $a^2-a-2=0$
$\therefore\ (a+1)(a-2)=0$ $\therefore\ \boldsymbol{a=-1,\ 2}$
(2) 基本周期が2となるための条件は,
　　$a_3=a_1\ \cdots\cdots$② かつ $a_2\neq a_1\ \cdots\cdots$③
②より, $(a^2-2)^2-2=a$ $\therefore\ a^4-4a^2-a+2=0$
　　$\therefore\ (a+1)(a-2)(a^2+a-1)=0$
(1)と③より $a\neq -1,\ 2$ なので, $\boldsymbol{a=\dfrac{-1\pm\sqrt{5}}{2}}$

(3) a が有理数だと仮定すると, ①より帰納的に任意の自然数 n に対して a_n は有理数なので, $a_n=\dfrac{p_n}{q_n}$ ($p_n,\ q_n$ は互いに素な整数で $q_n>0$) とおける. このとき①から $\dfrac{p_{n+1}}{q_{n+1}}=\dfrac{p_n^2}{q_n^2}-2$ となるが, p_n と q_n, p_{n+1} と q_{n+1} はそれぞれ互いに素なので, $q_{n+1}=q_n^2$
よって, $q_1\geq 2$ とすると, 数列 $\{q_n\}$ は狭義単調増加となり, $\{a_n\}$ に周期が存在しなくなるから, $q_1=1$
つまり, $a_1=a$ は整数でなくてはならない.
以下, a が整数のとき "基本周期が2以上" に反することを示す.
(ⅰ) $a=-1,\ 2$ のとき：(1)より基本周期が1なので不適.
(ⅱ) $a=0$ のとき：$\{a_n\}$ は $0,\ -2,\ 2,\ 2,\ 2,\ \cdots$ となり, 不適.
(ⅲ) $a=1$ のとき：$\{a_n\}$ は $1,\ -1,\ -1,\ -1,\ \cdots$ となり, 不適.

(ⅳ) $a=-2$ のとき：$\{a_n\}$ は $-2,\ 2,\ 2,\ 2,\ \cdots$ となり, 不適.
(ⅴ) $a>2$ のとき：$a_k>2$ のとき, ①より
　　$a_{k+1}-a_k=(a_k^2-2)-a_k=(a_k-2)(a_k+1)>0$
よって, 「$a_k>2$ のとき, $a_{k+1}>a_k>2$」$\cdots\cdots$④
これと $a_1=a>2$ より, 帰納的に
　　(2<) $a_1<a_2<a_3<\cdots$ となり不適.
(ⅵ) $a<-2$ のとき：$a_2=a^2-2>2$ と④より, 帰納的に (2<) $a_2<a_3<a_4<\cdots$ となり不適.
以上より, a は無理数であることが示された.

【解説】

A　(1)(2)については, ほとんど説明は不要で, 重要なのは,「基本周期が1なら2も周期になるので, (2)で得た a の方程式に(1)の解 $a=-1,\ 2$ も含まれる」ということぐらいでしょう.

本問のメインは, もちろん(3)ですが, **解**では, a が有理数だと仮定すると, 漸化式から, まず a は整数でなければならないことを示し, その上で, 2以上の周期を持つことに矛盾する, という流れで示しました.

最大のポイントは, 冒頭でも述べた通り, a が整数でない有理数だと仮定すると, 漸化式から分母がどんどん大きくなってしまい, 周期を持たなくなってしまう, というところです.

解と同様の方法で考えた人は全体の29%でした.

B　実際の答案では, **解**のような方法で解く人よりも, 以下のように, 方程式の議論に帰着させて解く人の方が多かったです (全体の33%).

別解　(3) $n\geq 3$ のとき, a_n は a の 2^{n-1} 次の整数係数多項式で, 2^{n-1} 次の係数は1, 定数項は2 $\cdots\cdots$⑤
であることを, 帰納法で示す.
[Ⅰ] $n=3$ のとき,
　　$a_3=a_2^2-2=(a^2-2)^2-2=a^4-4a^2+2$
よって, 成り立つ.

[II] $n=k$ での成立を仮定して，$n=k+1$ での成立を示す．
$$a_k=a^{2^{k-1}}+t_1 a^{2^{k-1}-1}+\cdots+t_{2^{k-1}-1}a+2$$
（$t_1\sim t_{2^{k-1}-1}$ は整数）とおくと，
$a_{k+1}=a_k^2-2=(a^{2^{k-1}}+t_1 a^{2^{k-1}-1}+\cdots+t_{2^{k-1}-1}a+2)^2-2$
$\quad =a^{2^k}+$（整数係数の $a^{2^k-1}\sim a$ の項）$+2$
よって，$n=k+1$ のときも成り立つ．
[I]，[II] から示された．

したがって，$\{a_n\}$ の基本周期が $p(\geqq 2)$ であるとすると，$a_{p+1}=a_1=a$ より，
$a^{2^p}+\alpha_1 a^{2^p-1}+\cdots+\alpha_{2^p-1}a+2=a$ （$\alpha_1\sim\alpha_{2^p-1}$ は整数）
$\therefore\ a^{2^p}+\alpha_1 a^{2^p-1}+\cdots+(\alpha_{2^p-1}-1)a+2=0$ ……⑥
と書け，a は⑥を満たさなければならない．

ここで，整数係数の x についての n 次方程式
$$x^n+\beta_1 x^{n-1}+\cdots+\beta_{n-1}x+2=0$$
が有理数解を持つならば，その解は $x=\pm 1, \pm 2$ のいずれかに限ることを示す．

$x=\dfrac{s}{t}$（s, t は互いに素な整数で $t>0$）とおくと，
$$\left(\frac{s}{t}\right)^n+\beta_1\left(\frac{s}{t}\right)^{n-1}+\cdots+\beta_{n-1}\cdot\frac{s}{t}+2=0$$
$$\therefore\ \frac{s^n}{t}=-\beta_1 s^{n-1}-\cdots-\beta_{n-1}st^{n-2}-2t^{n-1}$$
$s, t, \beta_1, \cdots, \beta_{n-1}$ は整数であることから，右辺は整数なので，左辺も整数でなければならないが，s と t は互いに素なので，$t=1$
よって，$s^n+\beta_1 s^{n-1}+\cdots+\beta_{n-1}s+2=0$
$$\therefore\ 2=-s(s^{n-1}+\beta_1 s^{n-2}+\cdots+\beta_{n-1})$$
$s, \beta_1, \cdots, \beta_{n-1}$ は整数なので，s は 2 の約数，すなわち $\pm 1, \pm 2$ でなければならない．よって示された．

以上より，有理数 a が⑥を満たすならば，a は ± 1，± 2 のいずれかでなければならない．………⑦
（以下略．解の(i)(iii)(iv)を参照）

　　＊　　　　＊　　　　＊

上の解答を見ると大変そうかもしれませんが，⑤は漸化式を見れば，ほとんど明らかですし，⑦は有名事項（より一般的には下記のことが成り立つ．証明は別解と同様）なので，知っていて損はないでしょう：
整数係数の n 次方程式
$$\beta_0 x^n+\beta_1 x^{n-1}+\cdots+\beta_{n-1}x+\beta_n=0\ (\beta_0\neq 0,\ \beta_n\neq 0)$$
が有理数解を持つならば，その解は $\dfrac{\beta_n\text{ の約数}}{\beta_0\text{ の約数}}$

[C] 漸化式についての入試問題を紹介します．

参考問題 次の条件によって定まる数列 $\{a_n\}$，$\{b_n\}$ がある．
$$\begin{cases}a_1=1,\ b_1=0\\ a_{n+1}=-2a_n+b_n\ (n=1, 2, 3, \cdots)\\ b_{n+1}=-4a_n\ \quad(n=1, 2, 3, \cdots)\end{cases}$$
(1) a_2, a_3, a_4, a_5, a_6 を求めよ．
(2) $a_{3k}=0\ (k=1, 2, 3, \cdots)$ を示せ．
(3) $b_{3k}, a_{3k+1}, b_{3k+1}, a_{3k+2}, b_{3k+2}$
　　$(k=1, 2, 3, \cdots)$ を k を用いて表せ．
(11　同志社大・社)

(2)は帰納法で示してもよいのですが，(3)の問題文を見ると，3項ごとに規則性がありそうなので，a_{n+3} を a_n で表してみると…．

解 (1) $a_1=1$，$b_1=0$
$a_{n+1}=-2a_n+b_n$ ……⑧，$b_{n+1}=-4a_n$ ……⑨
より，$\boldsymbol{a_2}=-2\cdot 1+0=\boldsymbol{-2}$，$b_2=-4\cdot 1=-4$
$\boldsymbol{a_3}=-2\cdot(-2)-4=\boldsymbol{0}$，$b_3=-4\cdot(-2)=8$
$\boldsymbol{a_4}=-2\cdot 0+8=\boldsymbol{8}$，$b_4=-4\cdot 0=0$
$\boldsymbol{a_5}=-2\cdot 8+0=\boldsymbol{-16}$，$b_5=-4\cdot 8=-32$
$\boldsymbol{a_6}=-2\cdot(-16)-32=\boldsymbol{0}$

(2) ⑧より，$a_{n+2}=-2a_{n+1}+b_{n+1}$
⑨を代入して，$a_{n+2}=-2a_{n+1}-4a_n$ ……⑩
$\therefore\ a_{n+3}=-2a_{n+2}-4a_{n+1}$
$\qquad\qquad =-2(-2a_{n+1}-4a_n)-4a_{n+1}$
よって，$\qquad a_{n+3}=8a_n$ ……⑪
これと $a_3=0$ より，帰納的に $a_{3k}=0$

(3) ⑪より，$\{a_{3n+1}\}$，$\{a_{3n+2}\}$ はそれぞれ公比 8 の等比数列だから，$\boldsymbol{a_{3k+1}}=8^k a_1=\boldsymbol{8^k}$
$\qquad\qquad\boldsymbol{a_{3k+2}}=8^k a_2=\boldsymbol{-2\cdot 8^k}$
これは $k=0$ のときも正しいから，⑨より，
$\boldsymbol{b_{3k}}=-4a_{3k-1}=-4\cdot(-2\cdot 8^{k-1})=\boldsymbol{8^k}$
$\boldsymbol{b_{3k+1}}=-4a_{3k}=-4\cdot 0=\boldsymbol{0}$，$\boldsymbol{b_{3k+2}}=-4a_{3k+1}=\boldsymbol{-4\cdot 8^k}$

　　＊　　　　＊　　　　＊

⑩の特性方程式 $x^2=-2x-4$ の解は $x=-1\pm\sqrt{3}i$ ですが，入試問題で解が虚数だけど一般項が必要になる場合は，周期が現れることが多いです．この問題では周期数列ではありませんが，⑪のように，周期3に準ずるものになっています．

なお，$\alpha=-1+\sqrt{3}i$，$\beta=-1-\sqrt{3}i$ とおくと，$a_n=\dfrac{\alpha^n-\beta^n}{\alpha-\beta}$ です．これを経由するなら，複素数平面で $-1\pm\sqrt{3}i=2\left(\cos\dfrac{2}{3}\pi\pm i\sin\dfrac{2}{3}\pi\right)$ と極表示して，ド・モアブルの定理を使うなどの手があります． (山崎)

> **問題 19** $abc+bcd+cda+dab=4(a+b+c+d)$
> を満たす正の整数の組 (a, b, c, d) は何通りあるか.
>
> （2013 年 4 月号 6 番）

平均点：19.9
正答率：58%
時間：SS 17%, S 28%, M 30%, L 26%

不等式を作って，有限個に絞りこみ，シラミツブシに調べていきましょう．その際，与式は $a\sim d$ に関して対称なので，とりあえず，$a\leq b\leq c\leq d$ というように大小関係を設定しておくのが有効です．絞り方は色々あります．例えば，（左辺）−（右辺）において，$abc-4a$ を $a(bc-4)$ とまとめ，他の部分も同様にすると….

なお，1 の個数に着目する手もあります．

解 $abc+bcd+cda+dab=4(a+b+c+d)$ ……①

与式は a, b, c, d に関して対称だから，まず，
$$a\leq b\leq c\leq d \quad\cdots\cdots ②$$
の場合を考える．①より，
$$a(bc-4)+b(cd-4)+c(da-4)+d(ab-4)=0 \quad\cdots ③$$
いま，②より，$ab\leq bc\leq cd$, $ab\leq da$ ……④
なので，$ab>4$ とすると，（③の左辺）>0 となり不適．
よって，$ab\leq 4$

（ⅰ）$ab=1$ のとき，$(a, b)=(1, 1)$ であり，①より，
$$c+cd+cd+d=4(1+1+c+d)$$
$$\therefore\ 2cd-3(c+d)=8 \quad\cdots\cdots ⑤$$
$$\therefore\ 4cd-6(c+d)=16$$
$$\therefore\ (2c-3)(2d-3)=25 \quad\cdots\cdots ⑥$$
$-1\leq 2c-3\leq 2d-3$ であり，$2c-3$ と $2d-3$ は奇数なので，$(2c-3, 2d-3)=(1, 25), (5, 5)$
$$\therefore\ (c, d)=(2, 14), (4, 4)$$

（ⅱ）$ab=2$ のとき，$(a, b)=(1, 2)$ であり，①より，
$$2c+2cd+cd+2d=4(1+2+c+d)$$
$$\therefore\ 3cd-2(c+d)=12\ \ \therefore\ 9cd-6(c+d)=36$$
$$\therefore\ (3c-2)(3d-2)=40$$
$2\leq c\leq d$ より $4\leq 3c-2\leq 3d-2$ であり，$3c-2$ と $3d-2$ は 3 で割ると 1 余るので，
$$(3c-2, 3d-2)=(4, 10)\ \ \therefore\ (c, d)=(2, 4)$$

（ⅲ）$ab=3$ のとき，$(a, b)=(1, 3)$ であり，①より，
$$3c+3cd+cd+3d=4(1+3+c+d)$$
$$\therefore\ 4cd-(c+d)=16\ \ \therefore\ 16cd-4(c+d)=64$$
$$\therefore\ (4c-1)(4d-1)=65$$
$3\leq c\leq d$ より $11\leq 4c-1\leq 4d-1$ なので，上式は
（左辺）$\geq 11^2=121$ となり不成立．

（ⅳ）$ab=4$ のとき，④より，$bc\geq 4$, $cd\geq 4$, $da\geq 4$
$$\therefore\ bc-4\geq 0,\ cd-4\geq 0,\ da-4\geq 0$$
これと③より，$bc-4=0$, $cd-4=0$, $da-4=0$
よって，$ab=bc=cd=da=4$　$\therefore\ a=b=c=d=2$

以上より，②のとき，
$$(a, b, c, d)=(1, 1, 2, 14), (1, 1, 4, 4),$$
$$(1, 2, 2, 4), (2, 2, 2, 2)$$

②の制限を外すと，上記の a, b, c, d の並びかえも①を満たすので，答えは，$\dfrac{4!}{2!}+\dfrac{4!}{2!2!}+\dfrac{4!}{2!}+1=\textbf{31 通り}$.

【解説】

A まず，はじめに，本問のような対称性のある不定方程式の問題では，②のように各文字に大小関係を設定してやることが有効なケースが少なくありません．この大小関係が，有限個に絞りこむための不等式に使えることもありますし，元の方程式に対称性があることから，出てきた 1 つの解の並びかえも，また方程式を満たすため，一般性も失われません．記憶しておいて損はないでしょう．

B **解** では，与式を③の形にすることで，$ab\leq 4$ を導き，ab の値を 4 通りに絞りました．(a, b) の組だと，$ab=4$ からは $(a, b)=(1, 4), (2, 2)$ の 2 通り出てきます．それぞれについて，（ⅰ）〜（ⅲ）と同様に調べても，もちろん結構ですが，もともと $ab\leq 4$ が導かれた元になる③④に戻ると，$ab=4$ のときは bc, cd, da も 4 でなければならないのは明らかですね．

なお，⑤のような，c, d についての不定方程式
$$kcd+lc+md=n\ \ (k, l, m, n \text{ は整数の定数})$$
は，両辺に k を掛け，$k^2cd+lkc+mkd=kn$
$$\therefore\ (kc+m)(kd+l)=kn+ml$$
とすると，⑥のような形になります（k を掛けなくてもすむ場合もあります）．

C 絞り方は，他にも色々あります．右辺の $a+b+c+d$ を $a+b+c+d\leq 4d$ と評価すると….

別解 1 $a\leq b\leq c\leq d$ ……⑦
とすると，与式より，
$$abc+bcd+cda+dab=4(a+b+c+d)$$
$$\leq 4(d+d+d+d)=16d$$
すなわち，$abc+bcd+cda+dab\leq 16d$
$$\therefore\ abc\leq d(16-ab-bc-ca)$$
$0<abc$ なので，$16-ab-bc-ca>0$
$$\therefore\ ab+bc+ca<16 \quad\cdots\cdots ⑧$$
⑦より，$ab+bc+ca\geq a^2+a^2+a^2=3a^2$

なので，$3a^2<16$
よって，a は 1，2 のいずれかである．
- $a=1$ のとき，⑧より，$b+bc+c<16$
(左辺)$\geqq b+b^2+b=b^2+2b$ より，$b^2+2b<16$
$\quad\quad\therefore\ (b+1)^2<17\quad\therefore\ b=1,\ 2,\ 3$
$b=1$ のときは，解の(i)と同じ．
$b=2$ のときは，解の(ii)と同じ．
$b=3$ のときは，解の(iii)と同じ．
- $a=2$ のとき，⑧より，$2b+bc+2c<16$
(左辺)$\geqq 2b+b^2+2b=b^2+4b$ より，$b^2+4b<16$
$\quad\quad\therefore\ (b+2)^2<20\quad\therefore\ b=2$
このとき，与式より，
$$4c+2cd+2cd+4d=4(2+2+c+d)$$
$\quad\quad\therefore\ 4cd=16\quad\therefore\ cd=4$
$2\leqq c\leqq d$ より，$(c,\ d)=(2,\ 2)$
(あとは解と同じ)

　　　　　　　＊　　　　　　　　＊

いずれにせよ，本問のような不定方程式の問題では，不等式を作って有限個のパターンに絞りこんだり，(因数分解された式)＝(整数) の形に変形したりするのが定石です．

D 解や別解1とは毛色の違った方法で，1の個数に着目する方法があります．

別解2 $a,\ b,\ c,\ d$ のうちに 1 が何個あるかで場合分けする．
(イ) 1 が 2 個以上のとき：$a=b=1$ とすると，解の(i)と同じ議論により，$(c,\ d)=(2,\ 14),\ (4,\ 4)$
(ロ) 1 が 0 個のとき：
$\quad a=p+2,\ b=q+2,\ c=r+2,\ d=s+2$
($p,\ q,\ r,\ s$ は 0 以上の整数) とおくと，
$\quad abc=(p+2)(q+2)(r+2)$
$\quad\quad=pqr+2(pq+qr+rp)+4(p+q+r)+8$
などから，与式を変形すると，
$pqr+qrs+rsp+spq+4(pq+pr+ps+qr+qs+rs)$
$\quad\quad+12(p+q+r+s)+32$
$=4(p+q+r+s)+32$
よって，
$pqr+qrs+rsp+spq+4(pq+pr+ps+qr+qs+rs)$
$\quad\quad+8(p+q+r+s)=0$
$p,\ q,\ r,\ s\geqq 0$ より，$p=q=r=s=0$
$\quad\quad\therefore\ a=b=c=d=2$
(ハ) 1 が 1 個のとき：$a=1$ とすると，
$\quad bcd+bc+cd+db=4(b+c+d)+4$
$b=q+2,\ c=r+2,\ d=s+2$ ($q,\ r,\ s$ は 0 以上の整数)

とおくと，
$$qrs+2(qr+rs+sq)+4(q+r+s)+8$$
$$\quad+(qr+rs+sq)+4(q+r+s)+12$$
$$=4(q+r+s)+28$$
$\quad\quad\therefore\ qrs+3(qr+rs+sq)+4(q+r+s)=8$
$q,\ r,\ s$ すべて 1 以上とすると，(左辺)>8 となり不適．
よって，$q,\ r,\ s$ の少なくとも 1 つは 0 である．
$q=0$ とすると，$3rs+4(r+s)=8$
$\therefore\ 9rs+3\cdot 4(r+s)=24\quad\therefore\ (3r+4)(3s+4)=40$
$3r+4\geqq 4,\ 3s+4\geqq 4$ および，$3r+4,\ 3s+4$ を 3 で割った余りが 1 であることから，$r\leqq s$ のとき，
$$(3r+4,\ 3s+4)=(4,\ 10)$$
$\quad\quad\therefore\ (r,\ s)=(0,\ 2)\quad\therefore\ (c,\ d)=(2,\ 4)$
よって，$(a,\ b,\ c,\ d)$ は，$(1,\ 2,\ 2,\ 4)$ および，その並びかえ．

以上より，$(a,\ b,\ c,\ d)$ は，$(1,\ 1,\ 2,\ 14)$，$(1,\ 1,\ 4,\ 4)$，$(2,\ 2,\ 2,\ 2)$，$(1,\ 2,\ 2,\ 4)$ および，その並びかえなので，$12+6+1+12=\mathbf{31}$ **通り**．

　　　　　　　＊　　　　　　　　＊

$a=p+2$ などのように置きかえて考えるのが巧みですね．
　　　　　　　　　　　　　　　　　(山崎)

問題20 3つの素数 a, b, c があり，$ab-1$, $bc-1$ は平方数で，$ca-1$ は素数の6乗である．a, b, c を求めよ．

（2012年5月号6番）

平均点：18.9
正答率：50%
時間：SS 14%, S 34%, M 22%, L 30%

素数がたくさん登場するので，因数分解の形に持っていき，一つでも多くの値を確定させましょう．$ca-1$ が素数の6乗…と特別な設定になっているので，これに着目してみましょう．

解 対称性より $a \leq c$ として考える．

p を素数として，$ca-1=p^6$ とおけ，このとき，
$$ac=p^6+1 \quad \therefore \quad ac=(p^2+1)(p^4-p^2+1)$$
$(p^4-p^2+1)-(p^2+1)=p^2(p^2-2)>0$ より
$(5\leq)\ p^2+1<p^4-p^2+1$ であることと a, c が素数であることより，$a=p^2+1$, $c=p^4-p^2+1$ ……①
p が奇数のとき，p^2+1 は10以上の偶数だから，a は素数とならないので不適．よって $p=2$ で，①より，
$$a=5,\ c=13$$
このとき，$5b-1=l^2$ ……②, $13b-1=k^2$ ……③
$(l, k$ は自然数)とおける．③－②より，
$$8b=k^2-l^2 \quad \therefore \quad 8b=(k+l)(k-l)\ \text{……④}$$

（ⅰ）$b=2$ のとき：
②③より $l=3, k=5$ となり OK

（ⅱ）$b \geq 3$ のとき：
$(k+l)-(k-l)=2l$ より，$k+l$ と $k-l$ の偶奇は一致し，④の左辺は偶数なので，$k+l$ と $k-l$ はともに偶数．さらに，$k-l<k+l$，b が奇素数であること，および④から $(k+l, k-l)=(2b, 4), (4b, 2)$

- $(k+l, k-l)=(2b, 4)$ のとき：
  $k=b+2$ となり，これは奇数となる．このとき③の右辺は奇数となるが，左辺は偶数となり不適．
- $(k+l, k-l)=(4b, 2)$ のとき：
  $k=2b+1$ となり，これは奇数となる．このときも③の右辺は奇数となるが，左辺は偶数となり不適．

以上より，$a>c$ の場合も同様にして
$$(a, b, c)=(5, 2, 13), (13, 2, 5)$$

【解説】

A 与えられた関係式の数に対して，未知数の方が多いので，早い段階で一つでも多く値を決定していきたいところです．

冒頭でも述べた通り素数がたくさん登場するので，因数分解の形にもっていきたいところです．というのも，素数とは「1とその数自身以外に正の約数を持たない，1より大きな自然数」のことなので，素数を活かすには積の形にするのが良いのです．

そして，$ab-1$, $bc-1$ が平方数なのに対し，$ca-1$ が素数の6乗…と特別な設定になっています．そこで**解**では $ca-1$ に着目し，因数分解に持っていきました．

その後 p の偶奇性に着目しましたが，これは，整数問題では候補を絞るために「剰余に着目する」という定石があり，特に今回の問題においては2の剰余に着目すると，偶数の素数は $p=2$ と決定できるので，好都合だからです．

問題によっては，素数という条件を「2または3以上の奇数」として捉えることがポイントとなる場合もあります．

解の後半部分では $b=2$ と $b\geq 3$ に分けましたが，このように分けずに進めると，④での約数の振り分けの際に，$(k+l, k-l)=(8, b)$ などの場合も入ってきます．約数の振り分け忘れを防ぐために，**解**ではあらかじめ b で場合分けをしました．

また，約数の振り分けの際，**解**のように $k+l$, $k-l$ の偶奇性や大小関係を考えないと場合分けが多くなり大変です．約数の振り分けをする際には，多少でも吟味を加えるといいでしょう．とくに，整数 x, y に対して，**$x+y$ と $x-y$ の偶奇が一致する**ことは，使用頻度が高いので，知っていてソンはないでしょう．

B $b \geq 3$ の場合については，次のような答案も多かったです．

別解 ［(ⅱ)の部分］ $b \geq 3$ のとき：
b が奇数であることと②③より k, l が偶数なので，
$k=2m, l=2n$（m, n は自然数）とおいて④に代入し，
$$8b=(2m+2n)(2m-2n)$$
$$\therefore \quad 2b=(m+n)(m-n) \quad \text{……⑤}$$
$m+n$, $m-n$ の偶奇は一致するが，⑤の左辺は偶数なので，$m+n$, $m-n$ はともに偶数．よって，⑤の右辺は4の倍数．しかし，b は奇素数だから⑤の左辺は4の倍数にならないので，不適．

*   *

偶奇に着目するだけで，$b \geq 3$ は不適であることが言えてしまいましたね．

C 素数がらみの京大の入試問題を紹介します．難問もありますが，意欲的な人はチャレンジしてみましょう．

❶ 素数 p, q を用いて p^q+q^p と表される素数をすべて求めよ． (16 京大・理系)

❷ p を3以上の素数とする．4個の整数 a, b, c, d が次の3条件
$a+b+c+d=0$, $ad-bc+p=0$, $a\geqq b\geqq c\geqq d$
を満たすとき，a, b, c, d を p を用いて表せ．
(07 京大)

❸ p を素数，a, b を互いに素な正の整数とするとき，$(a+bi)^p$ は実数ではないことを示せ．ただし i は虚数単位を表す． (00 京大・理系)

❶ 目標を定めにくいですが，偶奇性に着目できれば一歩前進．実験すれば，さらに一歩前進．

解 $p^q+q^p=n$（p, q は素数）とおく．
$p^q+q^p\geqq 2+2=4$ であるから，n を素数とすると，n は奇数である．よって，p^q と q^p の偶奇は異なるから，p と q の偶奇も異なる．p と q の対称性より，

  $p=2$，q は3以上の素数

としてよい．
● $q=3$ のとき： $n=2^3+3^2=17$ となり，素数．
● $q>3$ のとき： q は奇数だから，合同式の法を3とすると，
$n=2^q+q^2\equiv(-1)^q+q^2=-1+q^2=(q-1)(q+1)$
ところで，$q-1$, q, $q+1$ は連続する3整数なので，この中に1つ，3の倍数がある．q は3の倍数でないので，$q-1$ か $q+1$ が3の倍数．よって，n は3の倍数．ところが，$n>q^2>3$ なので，n は素数にはならない．

以上より，求める素数は **17**

❷ これだけの条件で本当に決まるのか，疑心暗鬼になりそうです．3条件の比重は同じではなく，素数 p が入った2番目の等式が決定的です．素数であることを活かすには，因数分解しかありません．

解 $a+b+c+d=0$ ……①
$ad-bc+p=0$ ……②
$a\geqq b\geqq c\geqq d$ ……③

①より $d=-(a+b+c)$ で，②に代入すると，
$-a(a+b+c)-bc+p=0$ ∴ $(a+b)(a+c)=p$
p は素数であり，③より $a+b\geqq a+c$
また，①より $c+d=-(a+b)$, ③より $a+b\geqq c+d$
であるので，$a+b\geqq 0$
従って，$(a+b, a+c)=(p, 1)$ であるから，これと①より，$b=p-a$, $c=1-a$, $d=a-p-1$

これらを③に代入すると，

$a\geqq p-a\geqq 1-a\geqq a-p-1$ ∴ $\dfrac{p}{2}\leqq a\leqq \dfrac{p+2}{2}$

a は整数，p は奇数であることから，

$a=\dfrac{p+1}{2}$ ∴ $b=\dfrac{p-1}{2}$, $c=\dfrac{1-p}{2}$, $d=\dfrac{-p-1}{2}$

❸ 難問です．p が素数であることにこだわりすぎると暗礁に乗り上げます．2項定理で展開して虚数部分の各項を眺めると…．なお，$a\neq 1$ のときは，p が素数でなくても"2または奇数"なら以下の証明がそのまま通用します．

解 $(a+bi)^p=x+yi$（x, y は実数）とおく．
(i) $p=2$ のとき：
$y=2ab>0$ だから，$(a+bi)^p$ は虚数．
(ii) $p\neq 2$ のとき：
素数 p は3以上の奇数となるから，
$yi={}_pC_1 a^{p-1}bi+{}_pC_3 a^{p-3}(bi)^3+$
  $\cdots+{}_pC_{p-2}a^2(bi)^{p-2}+(bi)^p$
∴ $y={}_pC_1 a^{p-1}b-{}_pC_3 a^{p-3}b^3+$
  $\cdots+{}_pC_{p-2}a^2 b^{p-2}i^{p-3}+b^p i^{p-1}$

● $a\geqq 2$ のとき，$\underline{}$ は a の倍数だが $b^p i^{p-1}$ は a の倍数でないから $y\neq 0$ となり，$(a+bi)^p$ は虚数．
● $a=1$, $b\geqq 2$ のとき，
$y={}_pC_1 b-{}_pC_3 b^3+\cdots+{}_pC_{p-2}b^{p-2}i^{p-3}+b^p i^{p-1}$
$\underline{}$ は b^3 の倍数だが ${}_pC_1 b$ は b^3 の倍数でない（なぜなら，p は素数だから ${}_pC_1=p$ は b^2 の倍数でない）．よって $y\neq 0$ となり，$(a+bi)^p$ は虚数．
● $a=b=1$ のとき，
$a+bi=1+i=\sqrt{2}\left(\cos\dfrac{\pi}{4}+i\sin\dfrac{\pi}{4}\right)$ だから，$(a+bi)^p$ の偏角は $\dfrac{\pi}{4}p$ だが，p は素数だから，これは $180°$ の整数倍にはならず，$(a+bi)^p$ は虚数． (伊藤)

問題 21 nを正の整数とする．
(1) 399^{4n-1}の正の約数のうち，下1桁が1のもの，3のもの，7のもの，9のもの，の個数はいずれも等しいことを示せ．
(2) 399^{4n}の正の約数のうち，下1桁が1のものの個数を求めよ．

(2013年12月号5番)

平均点：21.1
正答率：65% (1) 83% (2) 68%
時間：SS 13%, S 31%, M 26%, L 30%

(1) 399を素因数分解した後は，構成要素の素因数のべき乗の下1桁について調べてみましょう．
(2) (1)の過程や結果を使えないか考えてみましょう．使うには，どこかの指数を$4n$ではなく$4n-1$にすればよさそうです．そこで，ある指数について，$4n-1$以下の場合と$4n$の場合に分けて考えましょう．

解 $399=3\cdot7\cdot19$ であり，$k=0, 1, 2, \cdots$ として
3^kの下1桁は，1, 3, 9, 7 の繰り返し ……①
7^kの下1桁は，1, 7, 9, 3 の繰り返し ……②
19^kの下1桁は，1, 9 の繰り返し ……③

(1) 399^{4n-1}の正の約数は
$3^a\cdot7^b\cdot19^c$ $(0\leq a, b, c\leq 4n-1)$ と表せる．
②③から$7^b\cdot19^c$の下1桁は 1, 3, 7, 9 のどれかである．ここで(b, c)の組を1つ固定して$7^b\cdot19^c$に $3^0, 3^1, 3^2, \cdots, 3^{4n-1}$を掛けていくと，①より，下1桁は$(b, c)$の組み合わせによって
$1\to 3\to 9\to 7$
$3\to 9\to 7\to 1$
$9\to 7\to 1\to 3$
$7\to 1\to 3\to 9$
のいずれかの順番で繰り返す．
$0\leq a\leq 4n-1$ から，aは$4n$個の連続する整数をとり，上記の繰り返しの周期が4であることから，下1桁が1, 3, 7, 9 であるものは同数ずつ現れる．

(2) 399^{4n}の正の約数は
$3^a\cdot7^b\cdot19^c$ $(0\leq a, b, c\leq 4n)$ と表せる．

(i) $0\leq a\leq 4n-1$ のとき：
a, b, c はそれぞれ $4n$個，$4n+1$個，$4n+1$個あるから，正の約数は全部で$4n(4n+1)^2$個．ここで，(1)と同様に(b, c)の組を1つ固定して$7^b\cdot19^c$に $3^0, 3^1, 3^2, \cdots, 3^{4n-1}$を掛けていくことを考えれば，下1桁が1, 3, 7, 9 であるものは同数ずつあるので，下1桁が1のものは $\dfrac{4n(4n+1)^2}{4}=16n^3+8n^2+n$ 個．

(ii) $a=4n$, $0\leq b\leq 4n-1$ のとき：
b, c はそれぞれ $4n$個，$4n+1$個あるから，正の約数は全部で$4n(4n+1)$個．ここで，cを1つ固定して，$3^{4n}\cdot19^c$に $7^0, 7^1, 7^2, \cdots, 7^{4n-1}$を掛けていくことを考えれば，②より，下1桁は

$1\to 7\to 9\to 3$
$7\to 9\to 3\to 1$
$9\to 3\to 1\to 7$
$3\to 1\to 7\to 9$

のいずれかの順で繰り返し，$0\leq b\leq 4n-1$ から，bは$4n$個の連続する整数をとり，繰り返しの周期が4だから，下1桁が1, 3, 7, 9 であるものは同数ずつある．よって，下1桁が1のものは $\dfrac{4n(4n+1)}{4}=4n^2+n$ 個．

(iii) $a=b=4n$ のとき：
①②より 3^{4n} と 7^{4n} の1の位は1だから，$3^{4n}\cdot7^{4n}\cdot19^c$ の下1桁が1となるのは19^cの下1桁が1のとき．③よりそれはcが偶数のときで，$0\leq c\leq 4n$ に$2n+1$個．
よって，下1桁が1のものは $2n+1$個．

答えは，$(16n^3+8n^2+n)+(4n^2+n)+(2n+1)$
$= \mathbf{16n^3+12n^2+4n+1}$ 個．

【解説】
A (1)のポイントは周期性です．399の素因数のべき乗の下1桁が周期4と周期2で循環するので，399^kの約数を $3^a\cdot7^b\cdot19^c$ と表したときのa, b, cが，連続した4の倍数個の整数値を取り得るならば，$3^a\cdot7^b\cdot19^c$の下1桁は同じものが同数個ずつ現れるわけです．
(2)は(1)の過程を利用しました．冒頭にも書いたとおり，過程を用いるために指数を$4n$と$4n-1$以下で場合分けしています．
なお，(ii)で，$3^{4n}\cdot19^c$の下1桁は1か9なので，実際には，$1\to 7\to 9\to 3$ か $9\to 3\to 1\to 7$ の繰り返ししか起こりませんが，そこまで精密に考えるまでもありません．
また，個数について違いが現れるのは(iii)の場合だけで，(iii)の過程より，$3^{4n}\cdot7^{4n}\cdot19^c$の下1桁が
　1となるものは $2n+1$個
　9となるものは $2n$個
　3, 7 となるものはナシ
したがって，399^{4n}の正の約数のうち，下1桁が
　1となるものは $16n^3+12n^2+4n+1$個
　3となるものは $16n^3+12n^2+2n$個
　7となるものは $16n^3+12n^2+2n$個
　9となるものは $16n^3+12n^2+4n$個

あります（合計すると，確かに $(4n+1)^3$ となる）．

B ㊙はとても上手な方法であり，以下のようにして地道に求めるのもわかりやすく実戦的でしょう．

[解答例1]（③に続く）
（1） まず，$3^a \cdot 7^b$ の下1桁について考える．
3^a について，下1桁が1，3，7，9となるものはそれぞれ n 個
7^b についても，下1桁が1，3，7，9となるものはそれぞれ n 個
ある．また，3^a と 7^b を掛けると下1桁は右表のようになる．

7^b＼3^a	1	3	9	7
1	1	3	9	7
7	7	1	3	9
9	9	7	1	3
3	3	9	7	1

表から，$3^a \cdot 7^b$ の下1桁が 1，3，7，9となるものはそれぞれ $4n^2$ 個ある．
次に，19^c を掛けた後を考える．

・19^c の下1桁が1となる c は $2n$ 個ある．このとき $3^a \cdot 7^b \cdot 19^c$ の下1桁は保存され，1，3，7，9となるものはそれぞれ $2n \cdot 4n^2 = 8n^3$ 個．

・19^c の下1桁が9となる c も $2n$ 個ある．このとき合同式は mod 10 として，
$$1 \times 9 \equiv 9, \quad 3 \times 9 \equiv 7, \quad 7 \times 9 \equiv 3, \quad 9 \times 9 \equiv 1$$
であるから，$3^a \cdot 7^b \cdot 19^c$ の下1桁が 1，3，7，9となるものはそれぞれ $2n \cdot 4n^2 = 8n^3$ 個．

以上から，399^{4n-1} の正の約数で下1桁が 1，3，7，9となるものはそれぞれ $16n^3$ 個．

（2） （1）と同様に，$3^a \cdot 7^b$ を考えてから 19^c を掛ける．
399^{4n} の正の約数のうち下1桁が1のものについて，19^c の下1桁は1か9なので，$3^a \cdot 7^b$ の下1桁は1か9でなければならない．

（あ） $3^a \cdot 7^b$ の下1桁が1のとき：
$$(3^a \text{ の下1桁}, 7^b \text{ の下1桁})$$
$$= (1, 1), (3, 7), (7, 3), (9, 9)$$
であるが，（1）と違い，①②より，3^a の下1桁が1，7^b の下1桁が1となるものはそれぞれ $n+1$ 個あることに注意して，$3^a \cdot 7^b$ の下1桁が1となる a, b は
$(n+1)^2 + n^2 \times 3 = 4n^2 + 2n + 1$ 個．
さらに，③より，19^c の下1桁が1となる c は $2n+1$ 個あるから，$3^a \cdot 7^b \cdot 19^c$ の下1桁が1となるものは
$$(4n^2 + 2n + 1)(2n+1) \text{ 個．}$$

（い） $3^a \cdot 7^b$ の下1桁が9のとき：
$$(3^a \text{ の下1桁}, 7^b \text{ の下1桁})$$
$$= (1, 9), (3, 3), (7, 7), (9, 1)$$
であるので，$3^a \cdot 7^b$ の下1桁が9となる a, b は
$(n+1)n + n^2 + n^2 + n(n+1) = 4n^2 + 2n$ 個．

さらに，19^c の下1桁が9となる c は $2n$ 個あるから，$3^a \cdot 7^b \cdot 19^c$ の下1桁が1となるものは $(4n^2 + 2n) \cdot 2n$ 個．

答えは，$(4n^2 + 2n + 1)(2n+1) + (4n^2 + 2n) \cdot 2n$
$= \boldsymbol{(2n+1)(8n^2 + 2n + 1)}$ 個．

C （2）で，$399^{4n} = 399 \cdot 399^{4n-1}$ ですから，「399^{4n} の約数の一部は 399^{4n-1} の約数である」ということに着目した答案もありました（全体の 26%）．

[解答例2]（2） 399^{4n} の約数は，399^{4n-1} の約数と一致するものと一致しないものに分けられる．

399^{4n-1} の約数と一致するもののうち，下1桁が1となるものは，解答例1の（1）より，$16n^3$ 個．

次に，399^{4n-1} の約数と一致しないものについて考える．これは，$3^a \cdot 7^b \cdot 19^c$ において，a, b, c の少なくとも1つが $4n$ の場合である．㊙の①②③より，$3^{4n}, 7^{4n}, 19^{4n}$ の下1桁は1であり，19^c の下1桁は1か9であることに注意して，
$$(3^a \text{ の下1桁}, 7^b \text{ の下1桁}, 19^c \text{ の下1桁})$$
$$= (1, 1, 1), (1, 9, 9), (9, 1, 9),$$
$$(3, 7, 1), (7, 3, 1), (9, 9, 1) \quad \cdots ※$$
のパターンがある．

（i） $(3^a \text{ の下1桁}, 7^b \text{ の下1桁}, 19^c \text{ の下1桁})$
$= (1, 1, 1)$ のとき：
$0 \leq a, b, c \leq 4n$ とすると $(n+1)^2(2n+1)$ 個あるが，このうち $n^2 \cdot 2n$ 個は 399^{4n-1} の約数なので，399^{4n-1} の約数でないものは
$$(n+1)^2(2n+1) - n^2 \cdot 2n = 5n^2 + 4n + 1 \text{ 個．}$$

（ii） $(3^a \text{ の下1桁}, 7^b \text{ の下1桁}, 19^c \text{ の下1桁})$
$= (1, 9, 9), (9, 1, 9)$ のとき：
$(1, 9, 9)$ は $a = 4n$，$(9, 1, 9)$ は $b = 4n$ の場合であり，合わせて，$n \cdot 2n \times 2 = 4n^2$ 個．

（iii） $(3^a \text{ の下1桁}, 7^b \text{ の下1桁}, 19^c \text{ の下1桁})$
$= (3, 7, 1), (7, 3, 1), (9, 9, 1)$ のとき：
$c = 4n$ の場合であり，合わせて，$n^2 \times 3 = 3n^2$ 個．

以上を合計して，答えは，
$16n^3 + (5n^2 + 4n + 1) + 4n^2 + 3n^2$
$= \boldsymbol{16n^3 + 12n^2 + 4n + 1}$ 個．

*　　　　　*

※のパターンを調べ上げるまでが少し面倒ですね．

このように他の解法と比べてみることで，㊙の威力が分かっていただけるかと思います．

（伊藤）

問題22 2014! を 5^{503} で割った余りを求めよ．

（2014年7月号6番）

平均点：16.5
正答率：36%
時間：SS 12%, S 21%, M 27%, L 40%

まずは 2014! が 5 で何回割り切れるかを調べましょう．すると 501 回割り切れることがわかるので，5^{503} で割った余りは $\dfrac{2014!}{5^{501}}$ を 25 で割った余りを調べれば求まります．$\dfrac{2014!}{5^{501}}$ は 2014! を 5 で割れるだけ割ったものであることに注意し，2014 以下の自然数を 5 で割り切れる回数で分類して，合同式を用いながら余りを考えていきましょう．

解 2014 を 5 で割っていくと，
$$2014 = 402 \cdot 5 + 4, \quad 402 = 80 \cdot 5 + 2$$
$$80 = 16 \cdot 5, \quad 16 = 3 \cdot 5 + 1$$
$\quad\quad\quad\quad\quad\quad\quad\quad\quad\quad\quad\quad\quad\quad$ ……①

となるので，2014 以下の自然数の中に $5, 5^2, 5^3, 5^4$ の倍数はそれぞれ 402 個，80 個，16 個，3 個ある．
よって 2014! は 5 で $402+80+16+3 = 501$ 回だけ割り切れ，$2014! = 5^{501} \cdot A$（A は 5 で割り切れない自然数）と表せる．
$$A = 25q + r \quad (q, r \text{ は整数}, 0 \leq r \leq 24)$$
とおけば $2014! = q \cdot 5^{503} + r \cdot 5^{501}$ で，これを 5^{503} で割った余りは $r \cdot 5^{501}$ である．よって r の値を考える．

A は 2014! を 5 で割り切れるだけ割ったものであるので，①の結果を考慮し，積の順番を並びかえる．下の（ア）〜（オ）はそれぞれ 2014, 402, 80, 16, 3 以下の自然数のうち 5 の倍数でないもの全体の積であるとして，
$$A = \underbrace{(1 \cdot 2 \cdot 3 \cdot 4 \cdot 6 \cdot 7 \cdot 8 \cdot 9 \cdot 11 \cdots 2011 \cdot 2012 \cdot 2013 \cdot 2014)}_{(\text{ア})}$$
$$\times \underbrace{(1 \cdot 2 \cdot 3 \cdot 4 \cdot 6 \cdot 7 \cdots 401 \cdot 402)}_{(\text{イ})}$$
$$\times \underbrace{(1 \cdot 2 \cdots 78 \cdot 79)}_{(\text{ウ})}$$
$$\times \underbrace{(1 \cdot 2 \cdots 14 \cdot 16)}_{(\text{エ})}$$
$$\times \underbrace{(1 \cdot 2 \cdot 3)}_{(\text{オ})}$$
$\quad\quad\quad\quad\quad\quad\quad\quad\quad\quad\quad\quad\quad\quad$ ……②

以下，合同式の法はすべて 25 とし，（ア）〜（オ）を 25 で割った余りをそれぞれ考えていく．
ここで，自然数 k に対し
$$(5k-4)(5k-3)(5k-2)(5k-1)$$
$$= (5k-4)(5k-1) \cdot (5k-3)(5k-2)$$
$$= (25k^2 - 25k + 4)(25k^2 - 25k + 6)$$
$$\equiv 4 \cdot 6 = 24 \equiv -1 \quad\quad\quad\quad\quad$$……③

であることに注意する．
（ア）は 5 の倍数でない連続する 4 つの自然数の積が 402 回並んだ後に $2011 \cdots 2014$ を掛けたものなので，これを mod 25 でみると，③を考慮して
$$(\text{ア}) \equiv (-1)^{402} \cdot (2011 \cdot 2012 \cdot 2013 \cdot 2014) \equiv 1 \cdot (-1) = -1$$
（イ）〜（オ）についても同様に考えて，mod 25 でみると
$$(\text{イ}) \equiv (-1)^{80} \cdot (401 \cdot 402) \equiv 1 \cdot (1 \cdot 2) = 2$$
$$(\text{ウ}) \equiv (-1)^{16} = 1$$
$$(\text{エ}) \equiv (-1)^3 \cdot 16 = -16 \equiv 9$$
$$(\text{オ}) = 1 \cdot 2 \cdot 3 = 6$$
A は（ア）〜（オ）の積であるから，それを mod 25 でみると，$\quad (-1) \cdot 2 \cdot 1 \cdot 9 \cdot 6 = -108 \equiv 17$
よって $r = 17$ で，求める余りは $\mathbf{17 \cdot 5^{501}}$

【解説】

A 方針について：

この問題の解法は**解**以外にはあまりなく，ほとんどの応募者がこの考え方で答えを求めていました．後半の議論では，合同式を用いている人といない人で答案の書き方に差が出ましたが，本質的な内容は同じでした．

念のため合同式について書いておくと，整数 a, b と 2 以上の自然数 m に対し，$a \equiv b \pmod{m}$ で a と b を m で割った余りが等しい（$\Longleftrightarrow a-b$ が m の倍数）ことを表します．この表記を用いると答案がすっきりとまとめられるので，ぜひ使ってみてください．

なお，合同式の性質を確認しておくと，
$a \equiv b, \ c \equiv d \pmod{m}$ ならば，
$$a + c \equiv b + d, \quad ac \equiv bd \pmod{m}$$
k を整数として，
$$a \equiv b \pmod{m} \text{ ならば } ka \equiv kb \pmod{m}$$
k と m が互いに素である整数のとき，
$$ka \equiv kb \pmod{m} \text{ ならば } a \equiv b \pmod{m}$$
両辺を k で割るときに──かどうかに気をつければ，合同式は等式と同様に扱えます．

B A を 25 で割った余りを求める問題への帰着：

5^{503} という 5 のべき乗で割った余りを考えるので，まずは 2014! が 5 で何回割り切れるかを調べ，$A = \dfrac{2014!}{5^{501}}$ を 25 で割った余りを求める問題に帰着しましょう．ただ，このように言い換えるために，最後の答えをそのま

ま17として5^{501}を掛け忘れてしまっている人がいました（全体の24％）．答案を書いていると目の前の計算などに夢中になってしまいがちですが，自分が今解答のどのステップにいるのか，ということを見失わないように広い視点を持つことも大切です．

C 何回割り切れるか：

2014!は5で何回割り切れるかを，1～2014の中で，5でちょうど1回割り切れるものは何個か，ちょうど2回割り切れるものは何個か，…とする手もありますが，これは少々メンドウです．そこで，㊙では，

（5の倍数の個数）＋（5^2の倍数の個数）
　　＋（5^3の倍数の個数）＋（5^4の倍数の個数）

として求めました．これは，5の倍数それぞれについて5で何回割り切れるかを●の個数で表した

5　10　15　20　25　30　35　40　45　50　…　100　105　…　125　…
●　●　●　●　●　●　●　●　●　●　…　●　　●　　…　●　…
　　　　　　　●　　　　　　　　●　…　●　　　　　…　●　…
　　　　　　　　　　　　　　　　　　　　　　　　　…　●　…
　　　　　　　　　　　　　　　　　　　　　　　　　　　●　…

において，●の個数を横に合計していったことになります．一般に，$n!$がpで何回割り切れるかは，

$$\left[\frac{n!}{p}\right]+\left[\frac{n!}{p^2}\right]+\left[\frac{n!}{p^3}\right]+\cdots \quad ([\ ]は整数部分を表す)$$

となります．

D ②の表し方について：

㊙ではAを②のように表しましたが，これは次のように考えています．

まず，2014!を，5の倍数でない自然数，5で1回だけ割り切れる自然数，2回だけ割り切れる自然数，3回だけ割り切れる自然数，4回だけ割り切れる自然数の順に並び替えて掛けて，

$2014!=(1\cdot2\cdot3\cdot4\cdot6\cdot7\cdot8\cdot9\cdot11\cdot12\cdots$
$\qquad\qquad\cdot2011\cdot2012\cdot2013\cdot2014)$
$\qquad\times(5\cdot10\cdot15\cdot20\cdot30\cdots2005\cdot2010)$
$\qquad\times(25\cdot50\cdot75\cdot100\cdot150\cdots1975)$
$\qquad\times(125\cdot250\cdot375\cdot500\cdot750\cdots2000)$
$\qquad\times(625\cdot1250\cdot1875)$
$=(1\cdot2\cdots2013\cdot2014)$
$\quad\times\{(1\cdot5)\cdot(2\cdot5)\cdots(402\cdot5)\}$
$\quad\times\{(1\cdot5^2)\cdot(2\cdot5^2)\cdots(79\cdot5^2)\}\quad\}\cdots\cdots$ ④
$\quad\times\{(1\cdot5^3)\cdot(2\cdot5^3)\cdots(16\cdot5^3)\}$
$\quad\times\{(1\cdot5^4)\cdot(2\cdot5^4)\cdot(3\cdot5^4)\}$

と表します．

これを5で割り切れるだけ割ったものがAなので，④の5のべき乗の部分をすべて1におきかえることで㊙の②の表記が得られます．

ここで多く見られたミスは，Aが2014以下の5で割り切れない自然数のみの積だとしてしまうもの，すなわち$A=$（ア）だとしてしまうもので，全体の19％でした．5の倍数でも，例えば10を5で割ると2が残るように，Aを25で割った余りに影響してくるものがあることに注意しましょう．

他の誤答としては，自然数kに対して

$1\equiv25k-24,\ 2\equiv25k-23,\ \cdots,\ 25\equiv25k$

であることから，$1\cdot2\cdots25$と$(25k-24)\cdot(25k-23)\cdots(25k)$を5で割り切れるだけ割ったものはmod 25でみると等しく，

$A\equiv(25!を5で割れるだけ割ったもの)^{80}$
$\qquad\times2001\cdots2014$

と考えている人もいましたが，これは正しくありません．例えば，$1\cdot2\cdots25$と$(25k-24)\cdot(25k-23)\cdots(25k)$の最後の因数は，$k$が5の倍数でないとき，5で割り切れるだけ割るとそれぞれ$25\to1$，$25k\to k$となり，mod 25でみても等しくない場合があるので，全体の積もmod 25で等しくなるとは言えません．

E 後半の議論について：

㊙の③を示してうまく使えていた人は比較的すっきりと余りを求められていましたが，中には$1\cdot2\cdot3\cdot4$，$6\cdot7\cdot8\cdot9$，…，$21\cdot22\cdot23\cdot24$を25で割った余りをそれぞれ個別に求めるなどの遠回りをしている人がいました．何度も使う式や性質は，まとめてはじめに示しておくことで議論の無駄な反復を防ぎましょう．

また，③を示すところでも，式を直接展開して

$(5k-4)(5k-3)(5k-2)(5k-1)$
$=25(5k^4-50k^3+35k^2-10k)+24\equiv24$

と示している人などがいましたが，㊙のように合同式を用いると途中で出てきた25の倍数を0とみなせるので計算しやすくなります．

こういった，答案をつくる上でのコツなども積極的に取り入れて，より簡潔でわかりやすい答案を目指してみて下さい．

（一山）

問題23 自然数 a, b に対し, a を b で割った商を q, 余りを r とするとき, $q+r=100$ ……………………………(*)
という条件を考える. 100以下の自然数 i に対して, (*)および $q=i$ を満たす b が存在するような a 全体の集合を A_i とする.
(1) A_{10} の要素を小さい方から3つ求めよ.
(2) $A_{10} \cap A_{27} \subset A_j$ を満たす j をすべて求めよ.

（2009年9月号6番）

平均点：19.3
正答率：48%（1）82%
時間：SS 11%, S 30%, M 40%, L 19%

　割る数 b が余り r より大きいということを忘れてはいけません.
(2) $A_{10} \cap A_{27}$ の要素も A_j の要素も等差数列をなします. $A_{10} \cap A_{27}$ の要素すべてが A_j の要素であることは, どのように言い換えられるでしょうか？ 数直線に図示すると, わかりやすくなります.

解 $a \in A_i$
$\iff a$ を b で割った商が i, 余りが $100-i$ となる自然数 b が存在する
$\iff a=ib+(100-i)$ かつ $b>100-i$ となる自然数 b が存在する
$\iff b \geq 101-i$ を満たす自然数 b を用いて
$\quad a=i(b-1)+100$ と書ける ………………………①

(1) ①より, A_{10} は, $a=10(b-1)+100$（$b \geq 91$）の形で表される自然数からなる.
$b=91, 92, 93$ として, 答えは **1000, 1010, 1020**.

(2) 同様に, A_{27} は, $a=27(b-1)+100$（$b \geq 74$）の形で表される自然数からなる.
　よって, $a \in A_{10} \cap A_{27}$ のとき,
$$a=10(b-1)+100=27(b'-1)+100$$
と表せ, $a-100=10(b-1)=27(b'-1)$ から, a を $10 \cdot 27=270$ で割ると100余る. また, a は 1000 以上かつ $27 \cdot 73+100=2071$ 以上なので, a の最小値は
$$270 \cdot 8+100=2260$$
よって, $A_{10} \cap A_{27}$ の要素は, 初項 2260, 公差 270 の等差数列をなす.
　また, ①より, A_j の要素は, 初項 $j(100-j)+100$, 公差 j の等差数列をなす.
　よって, $A_{10} \cap A_{27}$ のすべての要素が A_j の要素であるための条件は,
(i) 2260 が A_j の要素である
(ii) 公差について, j が 270 の約数である
がともに成立することである（下図）.

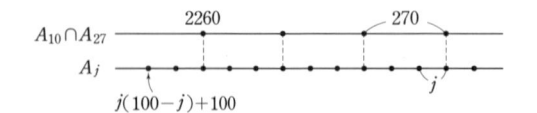

```
              2260            270
A_10∩A_27  ┊┈┈┊┈┈┊┈┈┊┈┈┊┈┈┊
A_j        ·············································
         j(100-j)+100         j
```

(i) が成立するには, 初項について
$$2260 \geq j(100-j)+100 \quad \cdots\cdots\cdots ②$$
が必要であり, ②より, $j^2-100j+2160 \geq 0$
$$\therefore \ j \leq 50-\sqrt{340}, \ j \geq 50+\sqrt{340}$$
$18 < \sqrt{340} < 19$ と $1 \leq j \leq 100$ より,
$$1 \leq j \leq 31, \ 69 \leq j \leq 100$$
(ii)とから
$$j=1, 2, 3, 5, 6, 9, 10, 15, 18, 27, 30, 90$$
を得る. このとき,
$$2260=j \cdot \frac{2160}{j}+100 \ \left(\frac{2160}{j}=8 \cdot \frac{270}{j} \text{は自然数}\right)$$
と表されるので, ②とから (i) が成立し, 十分である.

【解説】

A (1)は定義を確認するための問題で, 出来はよかったです. ただ, 「割る数 b が余り r より大きい」という条件（割り算のルール！）を忘れる誤りが散見されたのは残念でした. なお, この間違いをすると, (2)の後半の議論が著しく簡単になってしまいます.

B (2)では, $A_{10} \cap A_{27}$ がどのような集合なのかについてまず考えます. **解** では「+100」を残した形で変形したため見やすくなりましたが,
$a=10b+90=27b'+73$ と整理してしまうと少々見にくくなります. ただ, このようにしても,「$10b+90$ は 10 の倍数なので, $27b'$ の1の位は7, つまり b' の1の位は1であり, $b'=10k+1$ とおける」などと考えれば無理なく解決します.
　その後の包含関係については, **解** の図がすべてを語っているといっても過言ではないでしょう. 最も本質的なのは「j が 270 の約数」という部分で, 全体の 83% がこのポイントに到達していました.
　解 の (i) については,
$$2260=j(b-1)+100 \ (b \geq 101-j)$$
を満たす b が存在するか, 個別に調べている人も目立ちました（考察の対象は, 270 の正の約数のうち 100 以下である 14 個で, この考察により 45, 54 が除外される）.

それでも十分ですが，(解)のように
- 2260 が A_j の最小の要素以上であるか
- $2260 = j \cdot (自然数) + 100$ の形に書けるか

と，話を2つに分けて考えると見通しがよくなります．なお，(解)の最後の議論からわかるように，後者は(ii)が成立している時点で自動的に成立します．

C 余りに関する入試問題を紹介します．

> **参考問題** r を0以上の整数とし，数列 $\{a_n\}$ を次のように定める．
> $$a_1 = r, \quad a_2 = r+1,$$
> $$a_{n+2} = a_{n+1}(a_n + 1) \quad (n = 1, 2, 3, \cdots)$$
> また，素数 p を1つとり，a_n を p で割った余りを b_n とする．ただし，0 を p で割った余りは0とする．
> (1) 自然数 n に対し，b_{n+2} は $b_{n+1}(b_n+1)$ を p で割った余りと一致することを示せ．
> (2) $r=2$，$p=17$ の場合に，10以下のすべての自然数 n に対して，b_n を求めよ．
> (3) ある2つの相異なる自然数 n，m に対して，
> $$b_{n+1} = b_{m+1} > 0, \quad b_{n+2} = b_{m+2}$$
> が成り立ったとする．このとき，$b_n = b_m$ が成り立つことを示せ．
> (4) $a_2, a_3, a_4, \cdots$ に p で割り切れる数が現れないとする．このとき，a_1 も p で割り切れないことを示せ． （14 東大・理科）

(1) "合同式で一発"ではミもフタもありません．
(4) $a_{n+2} = ca_{n+1} + da_n$ タイプで余りを考える問題は頻出ですが，本問でも $\{b_n\}$ に繰り返しが現れることに着目します．ただし，b_1 からの繰り返しになるとは限らないので簡単にはすみません．(3)がヒントです．

(解) (1) a_n を p で割った商を c_n とおくと，
$a_n = pc_n + b_n$ （c_n，b_n は整数）だから，
$a_{n+2} = a_{n+1}(a_n + 1) = (pc_{n+1} + b_{n+1})(pc_n + b_n + 1)$
$= p(\underline{pc_{n+1}c_n + c_{n+1}b_n + c_{n+1} + b_{n+1}c_n}) + b_{n+1}(b_n + 1)$

〜〜〜は整数だから，
b_{n+2} は $b_{n+1}(b_n+1)$ を p で割った余りに等しい．…③

(2) $b_1 = 2$，$b_2 = 3$
b_3 は，$3 \cdot (2+1)$ を17で割った余りで，$b_3 = 9$
b_4 は，$9 \cdot (3+1) = 36$ を17で割った余りで，$b_4 = 2$
b_5 は，$2 \cdot (9+1) = 20$ を17で割った余りで，$b_5 = 3$
$b_4 = b_1$，$b_5 = b_2$ だから，③より，帰納的に $b_{k+3} = b_k$ となり，$\{b_n\}$ は 2, 3, 9 の繰り返し．よって，
$b_6 = 9$，$b_7 = 2$，$b_8 = 3$，$b_9 = 9$，$b_{10} = 2$

(3) $b_{n+2} = b_{m+2}$ と(1)より，$b_{n+1}(b_n+1)$ を p で割った余りと，$b_{m+1}(b_m+1)$ を p で割った余りは等しい．
よって，$b_{n+1}(b_n+1) - b_{m+1}(b_m+1)$ ……④
は p の倍数だが，$b_{n+1} = b_{m+1}$ より
　④ $= b_{n+1}(b_n+1) - b_{n+1}(b_m+1) = b_{n+1}(b_n - b_m)$
は p の倍数．ここで，$b_{n+1} > 0$ より $0 < b_{n+1} < p$ で，p は素数だから，$b_n - b_m$ が p の倍数となり，$b_n = b_m$

(4) b_k は 0, 1, $\cdots$, $p-1$ の p 通りの値を取るから，(b_k, b_{k+1}) の組は，たかだか p^2 通りで有限個．よって，
$$(b_{n+1}, b_{n+2}) = (b_{m+1}, b_{m+2}), \quad 1 \leq n < m \cdots ⑤$$
を満たす整数 n，m が存在する．いま，$a_2, a_3, \cdots$ は p で割り切れないから，$b_{n+1} = b_{m+1} > 0$ ……⑥
⑤⑥と(3)より，$b_n = b_m$
これを繰り返すと，$b_{n-1} = b_{m-1}$，$\cdots$，$b_1 = b_{m-n+1}$ となり，$b_{m-n+1} > 0$ より $b_1 > 0$ で，a_1 は p で割り切れない．

（條）

問題24 n を自然数の定数とし，座標平面上で x 座標，y 座標がともに 0 以上 n 以下の整数である点を 3 頂点とする三角形の面積を S とする．
（1） S の最大値を求めよ．
（2） S は何種類の値をとるか．
（2006年4月号5番）

平均点：14.0
正答率：26%（1）36%（2）37%
時間：SS 7%, S 32%, M 33%, L 28%

（1） 答えの予想はつくでしょうが，きちんとした論証が必要です．三角形を y 軸に平行な線分で分けましょう．あるいは，1点を正方形の頂点に移動させて議論することもできますが，そうしてよい正当化が必要．

（2） S は $\frac{1}{2}$ の整数倍ですが，（1）の最大値以下の値をすべて取りうるのでしょうか？

解（1） 三角形の頂点を，x 座標が小さい順に A，B，C とする．B を通り y 軸に平行な直線と AC との交点を X とすると，
$$S=\frac{1}{2}\cdot BX\cdot (AとCのx座標の差)$$

ここで，$BX\leq n$，$(AとCのx座標の差)\leq n$ なので，$S\leq \frac{1}{2}n^2$

一方，$A(0,0)$，$B(0,n)$，$C(n,0)$ のときなどに $S=\frac{1}{2}n^2$ となる．よって，S の最大値は $\frac{1}{2}n^2$

（2） $\overrightarrow{AB}=\begin{pmatrix}b_1\\b_2\end{pmatrix}$，$\overrightarrow{AC}=\begin{pmatrix}c_1\\c_2\end{pmatrix}$ とすると，
$S=\frac{1}{2}|b_1c_2-b_2c_1|$ なので，S は $\frac{1}{2}$ の整数倍．

（1）から $S\leq \frac{1}{2}n^2$ であることとあわせて，S は，
$$\frac{1}{2},\ \frac{2}{2},\ \cdots,\ \frac{n^2}{2}\ 以外の値はとらない．$$

以下，これらの値をすべてとりうることを示す．
$A(0,0)$，$B(q,1)$，$C(r,n)$ （$1\leq q\leq n$，$0\leq r\leq n$）とすると，$S=\frac{1}{2}|qn-r|=\frac{1}{2}(qn-r)$

q を固定して r を $0\leq r\leq n$ で動かすと，$qn-r$ は，$(q-1)n$ 以上 qn 以下のすべての整数値をとる．さらに，q も $1\leq q\leq n$ で動かすことで，$qn-r$ は，0 以上 n^2 以下のすべての整数値をとる（0 のときは三角形にならないので除外される）．よって示された．

以上により，S は n^2 **種類**の値をとる．

【解説】
A 本問のような論証色が強い問題は苦手としている人が多いようで，平均点，正答率とも低くなってしまいました．まずは，「何を示せばよいのか」を説明します．

（1） ほとんどの人が正しい答えを得ていました．「最大値が $\frac{n^2}{2}$」の定義は

① $S=\frac{n^2}{2}$ となる三角形が存在する

② どんな三角形に対しても $S\leq \frac{n^2}{2}$ である

の2つを満たすことです．したがって，この2つを示すことになりますが，①は $S=\frac{n^2}{2}$ となる三角形を1つ見つければ（例を挙げれば）よく，易しいです．したがって，（1）で示すべきポイントは②です．

（2） $S=\frac{1}{2}|ad-bc|$ の公式の利用にすぐに気付けば（そうでなくても具体例をいくつか調べれば）

③ S は $\frac{1}{2}$ の整数倍であること

がすぐにわかるでしょう．明らかなためか，言及がなかった人もいましたが，これがないと，$S=\frac{1}{3}$，$\sqrt{3}$ などの場合が排除できず，論理的に不備が生じます．この段階で，S は $\frac{1}{2}$，$\frac{2}{2}$，$\cdots$，$\frac{n^2}{2}$ 以外の値はとらない（とる可能性があるのは上の n^2 種類）ことがわかりましたが，これで終わりではありません．

④ これらの値をすべてとりうること

を示して，初めて証明が完了します．これがなければ，「実は $S=1$ とはならないことが別の議論によって示せる」といった場合が排除できないからです．なお，種類数のみが問われているので，③，④ を

③′ S の種類数は $|b_1c_2-b_2c_1|$ の種類数と一致する

④′ $|b_1c_2-b_2c_1|$ は 1 以上 n^2 以下のすべての整数値をとりうる

で代用してもかまいません（ほぼ同じこと）．

沢山書いてあっても，上の各ポイント（特に②④）がきちんと証明されていないと，得点にはなりません．

B ②の部分について：

(解)のようにうまく解いた人は全体の10%で，多くの人（全体の45%）が次のようにしていました．

[解答例] 三角形を内部，周上に含み，辺が座標軸に平行である最小の長方形を R とする．

3頂点のうち，少なくとも2つは x 座標が最大 or 最小であり，y 座標も同様である．したがって，x 座標，y 座標ともに最大 or 最小である頂点が存在する．そのような頂点は，R の頂点に位置するが，そのうちの1つを A，他の頂点を B, C とする．

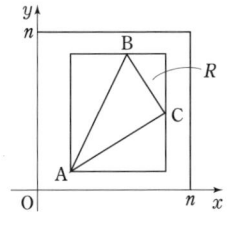

必要があれば90°の整数倍だけ回転し，A を R の左下の頂点とする．平行移動により A を原点に移すと，△ABC は R の内部，周上にあり，R は正方形に含まれるので，△ABC は正方形の内部，周上にある．よって，1頂点を原点としてよい．……………(※)

$B(b_1, b_2)$, $C(c_1, c_2)$ とすると，$S = \frac{1}{2}|b_1 c_2 - b_2 c_1|$
$0 \le b_1, b_2, c_1, c_2 \le n$ より，$0 \le b_1 c_2 \le n^2$, $0 \le b_2 c_1 \le n^2$
よって，$-n^2 \le b_1 c_2 - b_2 c_1 \le n^2$ から $S \le \frac{n^2}{2}$ （以下略）

＊　　　　　　　　＊

(※)までは，「1点を原点（正方形の頂点）としてよい」ことの正当化です．R を持ち出すのは巧妙に見えるかもしれませんが，この手の問題では，しばしば用いられる手法です．この部分の正当化がない人（「1点を原点として一般性を失わない」など）が散見されましたが，それでは不十分です．どのような意味で「一般性を失わない」のか明記すべきです．なお，答案としては「回転および平行移動を考えることで，1頂点を原点としてよい」程度で正解としましたが，やや説明不十分です．

なお，②については，次のような誤答がありました．
[誤答例] 底辺，高さとも n 以下なので成立する．

＊　　　　　　　　＊

1つの三角形についても，見方によって，どれが底辺かが異なります．たとえば，右図では（底辺）$> n$ となっています．「底辺，高さとも n 以下であることが示されればよい」という発想は良いのですが，そのままではうまくいきません．(解)のように，底辺・高さ（に相当するもの）を座標軸に平行にとって，初めてこのアイディアは意味を持ちます．

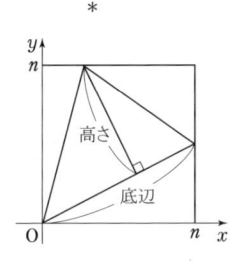

C ④の部分について：

③に相当する部分は，$S = \frac{1}{2}|ad - bc|$ の公式を使わずとも，「長方形から余分な部分を除く」という素朴なやり方で示せますが，それでは④は苦しいでしょう．

解けていた人の多くは(解)とほぼ同じ構成をしていました．大まかには，qn の部分で「n の倍数部」，$-r$ の部分で「余り」を表す，という方針です．

この部分で帰納法を用いる遠回りの人が全体の20%ありました．結局，(解)とほぼ同じ構成を部分ごとに分けてやるだけで，あまり見通しがよくありません．

D 本問では，「n^2 種類の値をとりうる」ことを示したわけですが，その中には，とりやすい値・とりにくい値というものがあることでしょう．一般的な考察は困難なので，それに関連した事実の中で，比較的容易に示せるものをいくつか挙げます．

● $S = \frac{n^2}{2}$ となるものは，右のように，1辺が正方形の辺と一致し，もう1つの頂点が，その対辺上にあるときです．

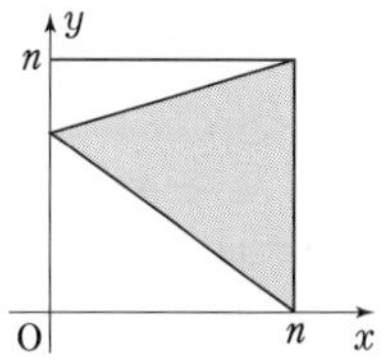

● $S = \frac{n^2}{2}$ の次に大きいのは $S = \frac{n^2-1}{2}$ ですが（$n \ge 2$ のとき），このような三角形は，どれくらいあるでしょうか？ $A(0, 0)$, $B(b_1, b_2)$, $C(c_1, c_2)$ とすると，$b_1 c_2 - b_2 c_1 = \pm(n^2 - 1)$ ですが，$b_1 c_2 - b_2 c_1 = n^2 - 1$ となるものは，$b_1 c_2 \ge n^2 - 1$ より $b_1 = c_2 = n$ しかなく，このとき $b_2 = c_1 = 1$，つまり，$B(n, 1)$, $C(1, n)$ と一意に定まってしまいます（$b_1 c_2 - b_2 c_1 = -(n^2 - 1)$ のときは，B と C が入れかわるだけ）．「面積が狭くなる分，自由度が大きくなる」と考えた人もいるかもしれませんが，この場合には，本質的には1種類しかないのです．

● $S = \frac{1}{2}$ となるものは，どれくらいあるでしょうか？
一般に解決するのは困難なので，「1辺 n の正方形におさまっている」という条件を取り去り，そのような三角形で，対応する R が縦・横いくらでも大きくなることを例を挙げて示してみます．『a, b が互いに素な自然数であれば $ax + by = 1$ を満たす整数 x, y が存在する』という定理と関係しますが，ここでは，それと違う例を挙げます．

[例] $f_1 = f_2 = 1$, $f_{n+2} = f_{n+1} + f_n$ で定まる数列 $\{f_n\}$（フィボナッチ数列）に対して，$A_n(f_n, f_{n+1})$ とすると，n によらず $\triangle OA_n A_{n+1} = \frac{1}{2}$

興味のある人は示してみてください．　　　　　（條）

問題25 k を自然数とする．曲線 $C:y=f(x)$ 上に2点 A$(-2(2k-1), f(-2(2k-1)))$, B$(2(2k-1), f(2(2k-1)))$ をとり，C と線分 AB で囲まれた部分（境界を含む）にあり，x 座標，y 座標がともに整数である点の個数を T とおく．

（1） $f(x)=\dfrac{1}{4}x^2$ のときの T を T_1 として，T_1 を k で表せ．

（2） $f(x)=\dfrac{1}{4}\{x+(2k-1)\}^2$ のときの T を T_2 として，T_2 を k で表せ．

（2007年10月号2番）

平均点：18.4
正答率：37%（1）66%（2）43%
時間：SS 4%，S 14%，M 29%，L 53%

（1） $x=j$ 上の格子点の個数を求めて加えますが，j の偶奇で場合分けが必要です．

（2）（1）と同様にやると，似た式が現れます．

なお，C と AB で囲まれた部分の面積を S とおくと，$S\fallingdotseq T$ です．また，（1）の S と（2）の S は等しいですが，それを $\dfrac{a}{6}(\beta-\alpha)^3$ の公式に頼らずに説明できる人は，（1）と（2）の関係に目が向きやすい？

解 C と AB で囲まれる部分に含まれ，直線 $x=j$ 上にある格子点（x 座標，y 座標とも整数の点）の個数を a_j とおく．

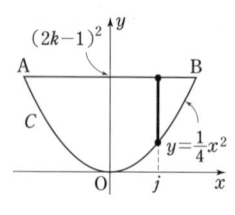

（1） 1° $x=2n$ のとき：
$$\dfrac{1}{4}(2n)^2 \leq y \leq (2k-1)^2$$
$$\therefore\ n^2 \leq y \leq (2k-1)^2$$
よって，$a_{2n}=(2k-1)^2-n^2+1$ ……①

2° $x=2n-1$ のとき：$\dfrac{1}{4}(2n-1)^2 \leq y \leq (2k-1)^2$
$$\therefore\ n^2-n+\dfrac{1}{4} \leq y \leq (2k-1)^2$$
これを満たす整数 y は $n^2-n+1 \leq y \leq (2k-1)^2$
だから，$a_{2n-1}=(2k-1)^2-(n^2-n+1)+1$
$=(2k-1)^2-n^2+n$ ……②

①②と対称性から，
$T_1=a_0+2(a_1+a_2+\cdots+a_{4k-3}+a_{2(2k-1)})$
$=a_0+2\displaystyle\sum_{n=1}^{2k-1}(a_{2n-1}+a_{2n})$
$=(2k-1)^2+1+2\displaystyle\sum_{n=1}^{2k-1}\{2(2k-1)^2-2n^2+n+1\}$
$=(2k-1)^2+1+2\Big\{2(2k-1)^3$
$-\dfrac{1}{3}(2k-1)(2k)(4k-1)+\dfrac{1}{2}(2k-1)(2k)+(2k-1)\Big\}$
$=\dfrac{1}{3}(2k-1)\{3(2k-1)+12(2k-1)^2$
$\qquad -2(2k)(4k-1)+3(2k)+6\}+1$

$=\dfrac{1}{3}(2k-1)(32k^2-32k+15)+1$
$=\dfrac{64}{3}k^3-32k^2+\dfrac{62}{3}k-4$

（2） A$\Big(-2(2k-1),\ \dfrac{1}{4}(2k-1)^2\Big)$,
B$\Big(2(2k-1),\ \dfrac{9}{4}(2k-1)^2\Big)$ より，直線 AB は
$$y=\dfrac{1}{2}(2k-1)\{x+2(2k-1)\}+\dfrac{1}{4}(2k-1)^2$$
$\therefore\ y=\dfrac{1}{2}(2k-1)x+\dfrac{5}{4}(2k-1)^2$ ……③

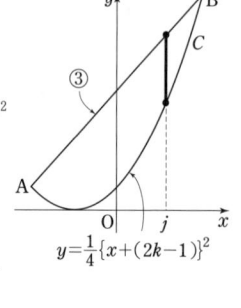

1° $x=2n$ のとき：
$\dfrac{1}{4}\{2n+(2k-1)\}^2 \leq y$
$\leq \dfrac{1}{2}(2k-1)\cdot 2n+\dfrac{5}{4}(2k-1)^2$
よって，
$n^2+(2k-1)n+k^2-k+\dfrac{1}{4}$
$\leq y \leq (2k-1)n+5k^2-5k+\dfrac{5}{4}$
これを満たす整数 y は
$n^2+(2k-1)n+k^2-k+1 \leq y \leq (2k-1)n+5k^2-5k+1$
$\therefore\ a_{2n}=(2k-1)n+5k^2-5k+1$
$\qquad -\{n^2+(2k-1)n+k^2-k+1\}+1$
$=4k^2-4k+1-n^2$ ……④

2° $x=2n-1$ のとき：
$\dfrac{1}{4}\{(2n-1)+(2k-1)\}^2 \leq y$
$\leq \dfrac{1}{2}(2k-1)(2n-1)+\dfrac{5}{4}(2k-1)^2$
$\therefore\ (n+k-1)^2 \leq y \leq (2k-1)n+5k^2-6k+\dfrac{7}{4}$
整数 y は $(n+k-1)^2 \leq y \leq (2k-1)n+5k^2-6k+1$
$\therefore\ a_{2n-1}=(2k-1)n+5k^2-6k+1-(n+k-1)^2+1$
$=4k^2-4k+1-n^2+n$ ……⑤

④＝①-1，⑤＝②だから，T_2 は T_1 よりも，

$-2(2k-1) \leq x \leq 2(2k-1)$ を満たす偶数 x の個数だけ少ない. ……………………………⑥

よって，$T_2 = T_1 - \{2(2k-1)+1\}$
$= \dfrac{64}{3}k^3 - 32k^2 + \dfrac{50}{3}k - 3 = \dfrac{1}{3}(2k-1)(32k^2 - 32k + 9)$

【解説】

A C と AB で囲まれる部分の面積は(1)も(2)も
$$\dfrac{1}{6} \cdot \dfrac{1}{4} \cdot [2(2k-1) - \{-2(2k-1)\}]^3$$
$$= \dfrac{8}{3}(2k-1)^3 \quad \cdots\cdots⑦$$

であり，1個の格子点と面積1の正方形が対応すると考えれば，T_1 と T_2 が⑦に近い，具体的には最高次の係数が一致しているのも，納得のいく結果です．

ここで，なぜ(1)と(2)で面積が等しいかを，積分の立式に戻って確認してみましょう．

それは，直線 AB を $y = g(x)$ とし，A, B の x 座標を α, β とおくと，(1)も(2)も，$g(x) - f(x)$ が
$$-\dfrac{1}{4}(x - \alpha)(x - \beta)$$
となるからですね．

ということは，右図の P_1Q_1 と P_2Q_2 の長さはともに $-\dfrac{1}{4}(j-\alpha)(j-\beta)$

したがって，その上にのっている格子点の個数も大体同じなわけです．

きちんとしたことは，P_1, Q_1, P_2, Q_2 の座標を調べてみないとわかりませんが，以上のような観点があれば，(1)と(2)で似たような式が出てくるハズだということに目を向けやすくなります．

ところが，(2)で $y = f(x)$ を頂点が原点に来るように，あるいは A の x 座標が 0 になるように平行移動してしまうと，(2)と(1)の関係が見えにくくなってしまいますね．このような"工夫"をして，かえって回り道になったのは，33% の人たちでした．

一方，(2)も与えられた $y = f(x)$ のままでやったのは（ただし，適切な方針が立った人）37%，そのうち 17%（応募者全体の 6%）が，(1)と(2)の関係を見抜いて，⑥のように上手く処理していました．

B 上で述べたように，本問では k が十分大きいと

（面積）≒（格子点の個数）ですが，次の問題ではどうでしょうか？

> **参考問題** a, m は自然数で a は定数とする．xy 平面上の点 (a, m) を頂点とし，原点と点 $(2a, 0)$ を通る放物線を考える．この放物線と x 軸で囲まれる領域の面積を S_m，この領域の内部および境界線上にある格子点の数を L_m とする．このとき極限値 $\lim_{m\to\infty} \dfrac{L_m}{S_m}$ を求めよ．ただし xy 平面上の格子点とはその点の x 座標と y 座標がともに整数となる点のことである．
> （98 京大・理系）

a も十分大きければ答えは1になりそうですが，a が有限だと，1個の格子点と面積1の正方形の対応による誤差を無視することはできません．とりあえず $x = k$ 上の個数を考えて加えますが，放物線の y 座標が整数とは限らないので，挟み撃ちをします．

解 頂点が y 軸上に来るように平行移動した $y = m\left(1 - \dfrac{x^2}{a^2}\right)$ で考える．

$S_m = \dfrac{1}{6} \cdot \dfrac{m}{a^2}(2a)^3 = \dfrac{4}{3}am$

図の線分 PQ 上の格子点の個数を l_k とおくと，
$$l_k = \left[m\left(1 - \dfrac{k^2}{a^2}\right)\right] + 1 \quad ([\ ]\text{は整数部分を表す})$$

より，$m\left(1 - \dfrac{k^2}{a^2}\right) \leq l_k \leq m\left(1 - \dfrac{k^2}{a^2}\right) + 1$

これと，$L_m = l_0 + 2(l_1 + l_2 + \cdots + l_a)$ とから，

$$m + 1 + 2\sum_{k=1}^{a} m\left(1 - \dfrac{k^2}{a^2}\right) \leq L_m$$
$$\leq m + 1 + 2\sum_{k=1}^{a}\left\{m\left(1 - \dfrac{k^2}{a^2}\right) + 1\right\}$$

$$\therefore\ m\left\{1 + 2\sum_{k=1}^{a}\left(1 - \dfrac{k^2}{a^2}\right)\right\} + 1 \leq L_m$$
$$\leq m\left\{1 + 2\sum_{k=1}^{a}\left(1 - \dfrac{k^2}{a^2}\right)\right\} + 1 + 2a$$

$m \to \infty$ のとき，上式の最左辺と最右辺を $S_m = \dfrac{4}{3}am$ で割ったものは，ともに $\dfrac{3}{4a}\left\{1 + 2\sum_{k=1}^{a}\left(1 - \dfrac{k^2}{a^2}\right)\right\}$ ……⑧

に収束するから，挟み撃ちの原理により，答えは，

⑧ $= \dfrac{3}{4a}\left\{1 + 2a - \dfrac{1}{a^2} \cdot \dfrac{1}{3}a(a+1)(2a+1)\right\}$
$= \dfrac{1}{4a}(2a+1)\left(3 - \dfrac{a+1}{a}\right) = \dfrac{(2a+1)(2a-1)}{4a^2}$ ……⑨

⇨ **注** $a \to \infty$ のとき，⑨ $\to 1$

（浦辺）

問題 26 (1) $n \geq 2$ のとき，$n^2-4 \leq \sqrt{n^4-4n^2} < n^2-2$ であることを示せ．
(2) n を2以上の整数の定数とする．0以上の実数 x が $[x]=[n\sqrt{x}]$ を満たすとき，以下の問に答えよ．ただし，実数 a に対して，$[a]$ は a の整数部分を表す．
(i) $[x]=[n\sqrt{x}]=k$ とおくとき，k の取りうる値を n で表せ．
(ii) x の取りうる値の範囲を n で表せ．

（2009年12月号2番）

平均点：15.9
正答率：32％ (1) 37％ (2) 33％
時間：SS 6％, S 22％, M 30％, L 41％

とても解きにくい上に，勘違いしやすい問題です．どのような式を計算すれば答えにたどり着けるのかを，慎重に吟味する必要があります．
(2)(i) $[a] \leq a < [a]+1$ を用いると，$[x]=k$ と $[n\sqrt{x}]=k$ から2個の不等式が得られます．それらを満たす x が存在するための条件を考えましょう．

解 (1) 与式を平方した
$$n^4-8n^2+16 \leq n^4-4n^2 < n^4-4n^2+4$$
を示せばよい．(中辺)<(最右辺)は成り立ち，
$n \geq 2$ より，(中辺)－(最左辺)$=4n^2-16 \geq 0$
よって示された．

(2)(i) $[x]=k \iff k \leq x < k+1$ …………①
$[n\sqrt{x}]=k \iff k \leq n\sqrt{x} < k+1$
$\iff \dfrac{k^2}{n^2} \leq x < \dfrac{(k+1)^2}{n^2}$ …………②

①②をともに満たす x が存在するための条件は，
$$k < \dfrac{(k+1)^2}{n^2} \quad \text{…………③}$$
かつ，$\dfrac{k^2}{n^2} < k+1$ …………④

1° ③について：
③より，$k^2-(n^2-2)k+1>0$
よって，$k < \dfrac{n^2-2-\sqrt{n^4-4n^2}}{2}$ …………⑤
または，$k > \dfrac{n^2-2+\sqrt{n^4-4n^2}}{2}$ …………⑥
(1)より $0 < n^2-2-\sqrt{n^4-4n^2} \leq 2$ だから，
$$0 < \dfrac{n^2-2-\sqrt{n^4-4n^2}}{2} \leq 1$$
よって，⑤を満たす k は $k=0$
(1)より $n^2-3 \leq \dfrac{n^2-2+\sqrt{n^4-4n^2}}{2} < n^2-2$
だから，⑥を満たす k は $k \geq n^2-2$ なる整数．
以上から，③すなわち「⑤または⑥」を満たす整数 k は，「$k=0$ または $k \geq n^2-2$」…………⑦

2° ④について：
④より，$k^2-n^2k-n^2<0$

$\therefore \dfrac{n^2-\sqrt{n^4+4n^2}}{2} < k < \dfrac{n^2+\sqrt{n^4+4n^2}}{2}$ …………⑧
$n^2 < \sqrt{n^4+4n^2} < n^2+2$（平方すれば分かる）より，
$\dfrac{n^2-\sqrt{n^4+4n^2}}{2}<0, \quad n^2 < \dfrac{n^2+\sqrt{n^4+4n^2}}{2} < n^2+1$
よって，④すなわち⑧を満たす0以上の整数 k は
$$0 \leq k \leq n^2 \quad \text{…………⑨}$$
⑦かつ⑨より，答えは，$\boldsymbol{k=0, \ n^2-2, \ n^2-1, \ n^2}$

(ii) ①②に(i)の k の値を代入すると，
● $k=0$ のとき：
$$0 \leq x < 1, \quad 0 \leq x < \dfrac{1}{n^2} \quad \therefore \ 0 \leq x < \dfrac{1}{n^2}$$

● $k=n^2-2$ のとき：
$$n^2-2 \leq x < n^2-1, \quad \dfrac{(n^2-2)^2}{n^2} \leq x < \dfrac{(n^2-1)^2}{n^2}$$
ここで，$n^2-2 > (n^2-2) \cdot \dfrac{n^2-2}{n^2} = \dfrac{(n^2-2)^2}{n^2}$
$n^2-1 > (n^2-1) \cdot \dfrac{n^2-1}{n^2} = \dfrac{(n^2-1)^2}{n^2}$
なので，$n^2-2 \leq x < \dfrac{(n^2-1)^2}{n^2}$

● $k=n^2-1$ のとき：
$$n^2-1 \leq x < n^2, \quad \dfrac{(n^2-1)^2}{n^2} \leq x < n^2$$
$\therefore \ n^2-1 \leq x < n^2$

● $k=n^2$ のとき：
$$n^2 \leq x < n^2+1, \quad n^2 \leq x < \dfrac{(n^2+1)^2}{n^2}$$
ここで，$n^2+1 < (n^2+1) \cdot \dfrac{n^2+1}{n^2} = \dfrac{(n^2+1)^2}{n^2}$
なので，$n^2 \leq x < n^2+1$

以上から答えは，$\boldsymbol{0 \leq x < \dfrac{1}{n^2}, \ n^2-2 \leq x < \dfrac{(n^2-1)^2}{n^2}},$
$\boldsymbol{n^2-1 \leq x < n^2+1}$

【解説】
A (2)(i)で，③④を計算すれば解けることにたどり着けるかどうかが本問の鍵でした．

$[x]=[n\sqrt{x}]=k$ ……⑩ から，$[x]=[n\sqrt{x}]$ …⑪
を考えようとすると，暗礁に乗り上げます．⑪は最終目標であり，（ⅰ）はそのための準備なのですから，最初から⑪を相手にするのではなく，⑩を$[x]=k$と$[n\sqrt{x}]=k$に分けて扱うのが第一歩です．

さらに，整数問題では，不等式を用いて範囲を絞るというのは重要手法の一つです．問題文には不等式は出てきませんが，aの整数部分$[a]$について，
$$[a]\leq a<[a]+1 \quad \cdots\cdots⑫$$
が成り立つので，これから，①と，$k\leq n\sqrt{x}<k+1$ すなわち②が得られます．（問題によっては，⑫の代わりに，
$$a-1<[a]\leq a \quad \cdots\cdots⑬$$
を用いることもあります．⑫と⑬は一方から他方を容易に導けるので，自分にとって明らかと思える方がすぐに思い浮かべば十分です．）

また，（2）（ⅰ）で要求されているのは，nを定数と見たときのkの範囲です．方程式ならxを消去すればよいのですが，不等式では無造作なことはできません（辺ごと引いたりしてはダメ）．①の各辺を-1倍すると，不等号の向きが入れかわり，$-(k+1)<-x\leq -k$
これと②を加えて $-(k+1)+\dfrac{k^2}{n^2}<0<-k+\dfrac{(k+1)^2}{n^2}$
としても良いのですが，❰解❱のように①②を満たすxの存在条件に持ち込めば，直接，③④が得られますし，逆に③かつ④ならばOKである（xが確かに存在する）ことも，紛れがありません．

一般に，$A<B$かつ$C<D$のもとで，
$A\leq x<B$と$C\leq x<D$を満たすxが存在する ……⑭
ための条件は，「$A<D$かつ$C<B$」……⑮

⑭ $\Longrightarrow$ ⑮は，⑭ならば$A\leq x<D$，$C\leq x<B$であることからわかります．数直線を思い浮かべて，⑮が成り立たないと，区間$A\leq x<B$と区間$C\leq x<D$が分離してしまうと考えても良いでしょう．

逆に，⑮が成り立つとき，AとCの大きい方をP，BとDの小さい方をQとすると，$P<Q$なので，$P\leq x<Q$となるxをとると⑭は満たされます．

③④に気付いた人は44%でした．ここで間違えると，その後頑張って計算しても0点になる可能性が高いので，十分慎重に考えましょう．

B まずは大ざっぱに考えて答えの見当をつけると，自分の計算結果の確認に役立ちます．

本問では，$[x]=[n\sqrt{x}]$……⑯を満たすxは，$x=n\sqrt{x}$を満たすxの近くであろうと見当がつきます．実際，$x=n\sqrt{x}$を解くと$x=0,n^2$となるので，⑯もこの辺りで成立するのだろうと思われます．さらに，

$x=0$，n^2は⑯も満たしているので，最初にそうやって予想を立てておくと，計算ミスなどのために$k=0$や$k=n^2$が含まれなくなったときに「この答えはおかしい」とすぐ気がついて，再検討するきっかけになります．逆に答えがその近くにあったら安心する材料にもなるので，最初に簡単に答えの見当をつける癖をつけるといいでしょう．

C ③④をkについての不等式として解くと，「⑤または⑥」および⑧のように汚くなるので，もし（1）がなければ，不等式の解を持ち出すのを躊躇して，何か工夫をしたくなるかもしれません．しかし，$\sqrt{n^4-4n^2}$や$\sqrt{n^4+4n^2}$は評価しやすいのです．

実際，（1）の不等式も，上記のBと同様，「見当をつける」によって見つかるのです．

$\sqrt{n^4-4n^2}$を評価するには，n^4-4n^2に近い完全平方式を探します．まず，大ざっぱに，
$$\sqrt{n^4-4n^2}\fallingdotseq\sqrt{n^4}=n^2$$
もう少し精密に，$\sqrt{n^4-4n^2}\fallingdotseq\sqrt{n^4-4n^2+4}=n^2-2$
上の計算過程から，$\sqrt{n^4-4n^2}<n^2-2$がわかったので，今度は下から評価します．$n^2-3\leq\sqrt{n^4-4n^2}$だと，惜しくも$n=2$のとき成り立たない．$n^2-4\leq\sqrt{n^4-4n^2}$ならOK．

——という具合にして，（1）が出てきました．

$\sqrt{n^4+4n^2}$についても，$\sqrt{n^4+4n^2}\fallingdotseq n^2+2$と見当をつけると，❰解❱のように$n^2<\sqrt{n^4+4n^2}<n^2+2$と評価できることに気付きやすくなります．左側は，
$n^2+1<\sqrt{n^4+4n^2}$のように，より厳しく評価できますが，⑧を満たす整数kの範囲を調べるには
$n^2<\sqrt{n^4+4n^2}$で十分でした．

D 入試問題を紹介します．チャレンジしてみましょう．

> **参考問題** mを正の整数とする．m^3+3m^2+2m+6はある整数の3乗である．mを求めよ．
> （01 一橋大）

$(m+3)(m^2+2)$と因数分解できますが，それは泥沼への第一歩．与式はm^3より大きいので，上からも押えると候補が絞れます．

❰解❱ $m>0$より，$m^3<m^3+3m^2+2m+6$
$(m+2)^3=m^3+6m^2+12m+8>m^3+3m^2+2m+6$
だから，$m^3<m^3+3m^2+2m+6<(m+2)^3$
よって，m^3+3m^2+2m+6が立方数になるとしたら$(m+1)^3$となるしかないから
$m^3+3m^2+2m+6=(m+1)^3$より，**$m=5$** （藤田）

問題27 （1） 三角形ABCの内部（周上は除く）に点Dがあるとき，4点A，B，C，Dを頂点とする凹四角形は何個あるか（答えのみでよい）．

（2） nを2以上の整数とし，Oを中心とする円に内接する正$2n$角形$P_1P_2\cdots P_{2n}$を考える．$2n+1$個の点O，P_1，P_2，…，P_{2n}のうち4点を頂点とする四角形の個数（凸四角形と凹四角形の個数の和）を求めよ．

（2014年8月号6番）

平均点：20.3
正答率：59％ （1）95％ （2）59％
時間：SS 12％, S 24％, M 32％, L 32％

（2） （1）から，Oと円周上の点をえらぶときは，Oが，円周上の3点を結んだ三角形の内部か外部かで，できる四角形の数が違うということが分かると思います．Oが内部か外部かで場合分けして数えることになりますが，数え方は色々あります．Oが外部にある鈍角三角形の個数は，鈍角の頂点ではなく鋭角の頂点の一方を固定すると，一発で出ます．

解 （1） 下図の3個．

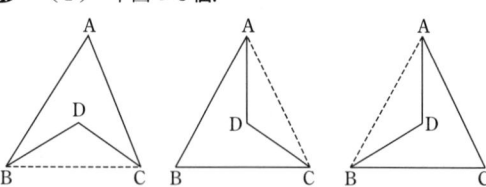

（2） （ⅰ） 四角形の頂点にOを含まないとき：
円周上の$2n$個の点から4点選べばよいから，四角形の個数は，
$$_{2n}C_4 = \frac{2n(2n-1)(2n-2)(2n-3)}{4\cdot 3\cdot 2}$$
$$= \frac{1}{6}n(n-1)(2n-1)(2n-3) \quad \cdots\cdots ①$$

（ⅱ） 四角形の頂点にOを含むとき：
円周上の$2n$個の点から3点選ぶので，この3点をA，B，Cとする．

（ア） △ABCの外部（周上は除く）にOがあるとき（△ABCが鈍角三角形のとき）：
このとき，三角形1つに対して，四角形は1つできる．∠ABCを鈍角として，右回りにA，B，Cをとるとする．まず，Aの選び方で$2n$通り．Oに関してAと対称な点をA'とすると，B，Cは，右図の$n-1$個の点の中から2点選べばよいから，$_{n-1}C_2$通り．従って，鈍角三角形の個数は，
$$2n \times {}_{n-1}C_2 = n(n-1)(n-2) \quad \cdots\cdots ②$$

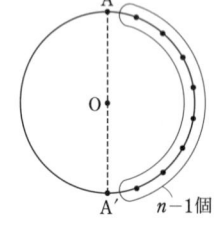

（イ） △ABCの周上にOがあるとき（△ABCが直角三角形のとき）：

このときは四角形はできない．
直角三角形の個数を求めると，1辺は直径で直径の選び方はn通り，もう1点は残りの$2n-2$点の中から選べばよいから，直角三角形は$n(2n-2) = 2n(n-1)$個．

（ウ） △ABCの内部（周上は除く）にOがあるとき（△ABCが鋭角三角形のとき）：
このとき，（1）から，三角形1つに対して，四角形は3つできる．
△ABC（鈍角，直角，鋭角をすべて含む）は，全部で
$$_{2n}C_3 = \frac{2n(2n-1)(2n-2)}{3\cdot 2} = \frac{2}{3}n(n-1)(2n-1) \text{個あり，}$$
これから，（ア）（イ）の場合を除くと，鋭角三角形の個数は $\frac{2}{3}n(n-1)(2n-1) - n(n-1)(n-2) - 2n(n-1)$
$$= \frac{1}{3}n(n-1)(n-2) \quad \cdots\cdots ③$$

以上から，求める四角形の個数は，
①＋②＋③×3
$$= \frac{1}{6}n(n-1)(2n-1)(2n-3) + n(n-1)(n-2)$$
$$\qquad + \frac{1}{3}n(n-1)(n-2) \times 3$$
$$= \frac{1}{6}n(n-1)(4n^2+4n-21)$$

【解説】
A 冒頭にも書きましたが，数え方は色々とあります．解以外で多かったものや上手なものをいくつか紹介しましょう．

まず，（ⅱ）（ア）で，鈍角三角形の最長辺の長さを固定して数えるというものです．

別解1 （ⅱ）（ア） △ABCの外部（周上は除く）にOがあるとき：
ACを最長辺とし，右回りにA，B，Cをとる．まず，Aの選び方で$2n$通り．最長辺ACのとり方は，AとCの間に点がいくつ入るかを考

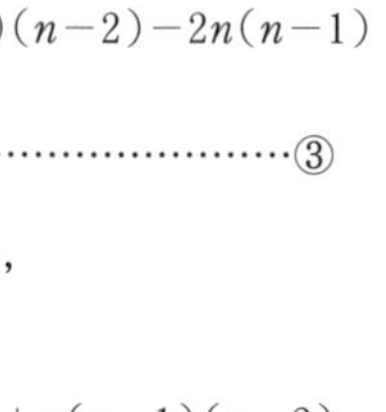

78

えると，1個から$n-2$個までの$n-2$通り考えられる．間の点がk個のとき，Bは，そのk個の点のうちから1つ選べばよいのでk通り．従って，鈍角三角形は
$$2n \times \sum_{k=1}^{n-2} k = 2n \times \frac{1}{2}(n-2)(n-1)$$
$$= n(n-1)(n-2) \text{ 個.}$$
(以下，**解**と同じ)

＊　　　＊　　　＊

また，(ii)で1点を固定して，鋭角三角形と直角三角形を考えると，次のようになります．

別解2 (ii) 四角形の頂点に O を含むとき，円周上から3点選ぶことになる．

P_1を選ぶとする．残り2点をP_j，P_k ($2 \leq j < k \leq 2n$)として，P_j，P_kの選び方を考える．

Ⓐ $\triangle P_1 P_j P_k$ の内部（周上は除く）に O があるとき：
このとき，$2 \leq j \leq n$
O に関して，P_1，P_j と対称になる2点の間の$j-2$個の点の中からP_kを選べばよい． 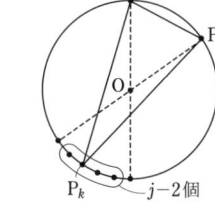
P_j，P_kの選び方は
$$\sum_{j=2}^{n}(j-2)$$
$$= 0+1+2+\cdots+(n-2) = \frac{1}{2}(n-2)(n-1) \text{ 通り.}$$

Ⓑ $\triangle P_1 P_j P_k$ の周上に O があるとき：
$2 \leq j \leq n$ のとき，O に関して，P_1，P_j と対称になる2点の中からP_kを選べばよい．
$j = n+1$ のとき，P_kの選び方（$n-1$通りある）によらず O は $\triangle P_1 P_j P_k$ の周上にある． 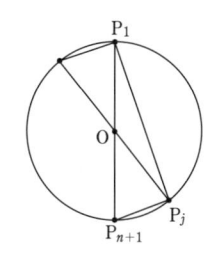
$j \geq n+2$ のとき，O は $\triangle P_1 P_j P_k$ の周上になり得ない．
以上から，P_j，P_kの選び方は，
$$2 \times (n-1)+(n-1) = 3(n-1) \text{ 通り.}$$

Ⓒ $\triangle P_1 P_j P_k$ の外部（周上は除く）に O があるとき：
P_j，P_kの選び方は（Oが内部，周上，外部の場合を全て含む）全部で $_{2n-1}C_2 = (2n-1)(n-1)$ 通り．
ここから，ⒶⒷの場合を除くと，
$$(2n-1)(n-1) - \frac{1}{2}(n-2)(n-1) - 3(n-1)$$
$$= \frac{3}{2}(n-1)(n-2) \text{ 通り.}$$

以上で求めたものそれぞれについて，最初に選ぶ点をP_1からP_{2n}まで考えて$2n$倍すると，一つの三角形を，どの頂点が最初に選ぶ点かで3回数えることになる．

よって，$\triangle P_1 P_j P_k$ の内部に O があるものは
$$\frac{1}{2}(n-2)(n-1) \times 2n \times \frac{1}{3} = \frac{1}{3}n(n-1)(n-2) \text{ 通り.}$$
$\triangle P_1 P_j P_k$ の外部に O があるものは
$$\frac{3}{2}(n-1)(n-2) \times 2n \times \frac{1}{3} = n(n-1)(n-2) \text{ 通り.}$$
(以下，**解**と同じ)

＊　　　＊　　　＊

また，右図のように，三角形の頂点について，Oと対称な点（$P_1 \sim P_{2n}$の中にある）をとると，鋭角三角形1つに対し，鈍角三角形3つを対応させることができます．鋭角三角形を1つ決めれば，対応する鈍角三角形は3つ決まりますし，逆に，鈍角三角形を1つ決めれば，対応する鋭角三角形と残りの2つの鈍角三角形が決まる，ということがわかるでしょう．つまり，(鋭角三角形の数)：(鈍角三角形の数)＝1：3 となるわけです．

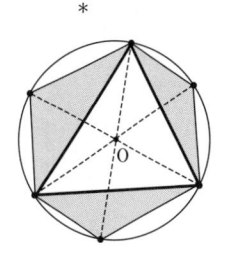

この比を使うことで，鈍角，直角，鋭角のどれかを求めた後，上手に残り2つを求めることができます．

ただし，この議論は，周上の点が偶数個のときしか使えないので気を付けて下さい（奇数個のときは，Oに関する対称点がP_1，P_2，…の中にはない）．

このように考えた人は，全体の2%でした．

以上のように，様々な考え方があります．自分が使った手法以外のものも眺めてみると面白いですし，似たような問を解くときに，解法の引き出しは多い方がよいので，他のやり方も見てみたり，考えてみたりするとよいと思いますよ．

B このような数え上げでは，もれなく，ダブりなく数えることが大事です．数え上げているときには，常に，このやり方で，もれ，ダブりはないだろうかと気を配りながらやっていきましょう．本問で，もれ，ダブりがあった人は，どう工夫して数えればそれをなくせたのかも考えてみるとよいと思います．

上手に数えるのは，慣れもある程度は大切になります．上手く数えられない人は，様々な問題をやってみて，解法を学んでみるのもよいでしょう．

(石城)

問題28 (1) n を自然数とする．$(x+y+z)^n$ を展開したとき，x, y, z すべてが現れる項の係数の和を求めよ．
(2) m, n を自然数とする．$(x+y+z)^m(x+y+z+w)^n$ を展開したとき，x, y, z, w すべてが現れる項の係数の和を求めよ．

（2010年5月号5番）

平均点：19.6
正答率：56%　(1) 83%　(2) 57%
時間：SS 17%, S 33%, M 28%, L 22%

色々な方法が考えられますが，解法により手間が大きく異なってくるので，できるだけ簡潔で間違えにくい解法を考えましょう．例えば，(1) は全ての項の係数の和から不適当な項の係数の和を引く，(2) は (1) を利用する，といった手があります．

解 (1) まず，全ての項の係数の和は，$(x+y+z)^n$ を展開した式で $x=y=z=1$ とおいたものなので，$(1+1+1)^n=3^n$ である．

次に，2種類の文字が含まれている項（2つとも使われている）の係数の和を考える．例えば x と y が使われている項は，$\underbrace{(x+y+z)(x+y+z)\cdots(x+y+z)}_{n \text{個の積}}$

の n 個の $(x+y+z)$ それぞれについて，x と y のどちらを選ぶかを考えて，係数の和は 2^n-2（"-2" は x^n と y^n になる場合を除くため）である．y と z のみ，z と x のみの場合も同数なので，合計 $3(2^n-2)$

x のみ，y のみ，z のみの項はそれぞれ x^n, y^n, z^n なので，係数の和は 3

よって答えは，$3^n-3(2^n-2)-3=3^n-3\cdot 2^n+3$

(2) $(x+y+z)^m(x+y+z+w)^n$
$=(x+y+z)^m \sum_{k=0}^{n} {}_nC_k(x+y+z)^k w^{n-k}$
$=\sum_{k=0}^{n} {}_nC_k(x+y+z)^{m+k} w^{n-k}$

の一般項 ${}_nC_k(x+y+z)^{m+k} w^{n-k}$ ……①

について考えると，まず w が含まれるためには $k=0, 1, \cdots, n-1$ である．そのような k に対して，①を展開したとき，x, y, z, w がすべて現れる項の係数の和は，(1) より ${}_nC_k(3^{m+k}-3\cdot 2^{m+k}+3)$ ………②

なので，求める和は，$\sum_{k=0}^{n-1}$ ②

$=3^m \sum_{k=0}^{n-1} {}_nC_k \cdot 3^k - 3\cdot 2^m \sum_{k=0}^{n-1} {}_nC_k \cdot 2^k + 3\sum_{k=0}^{n-1} {}_nC_k$ ………③

ここで，$\sum_{k=0}^{n-1} {}_nC_k \cdot 3^k = \sum_{k=0}^{n} {}_nC_k \cdot 3^k - {}_nC_n \cdot 3^n$
$=(1+3)^n-3^n=4^n-3^n$

同様に，$\sum_{k=0}^{n-1} {}_nC_k \cdot 2^k=(1+2)^n-2^n=3^n-2^n$
$\sum_{k=0}^{n-1} {}_nC_k=(1+1)^n-1^n=2^n-1$

よって，③$=3^m(4^n-3^n)-3\cdot 2^m(3^n-2^n)+3(2^n-1)$

【解説】

A 冒頭でも書いた通り，本問は解法によっては，かなりメンドウなことになります．例えば，(1) なら，$(x+y+z)^n=\sum_{p=0}^{n}\sum_{q=0}^{n-p} {}_nC_p \cdot {}_{n-p}C_q x^p y^q z^{n-p-q}$ なので，係数 ${}_nC_p \cdot {}_{n-p}C_q$ を，$q=1, 2, \cdots, n-p-1$, $p=1, 2, \cdots, n-2$ で足し合わせればよい，といった計算がメンドウなものや，(2) なら，**解**のように (1) を上手に利用せずに，独立に考えて，$(x+y+z+w)^n$ を展開したときの項に w 以外の文字が何種類含まれるかで場合分けして考えるものなど，モレがでやすく，大変です．実際，上記のようなメンドウな解法を選んだ人は，計算ミスや場合分けのモレがあったりして，間違っている人が多かったです．

解のように (2) で上手く (1) を利用して求めた人は全体の 38% でした．

B (2) で，(1) を用いず直接求める解法で，明快なものを紹介しておきます．

それは，**解**の (1) と同様に，全ての項の係数の和から不適当な項の係数の和を除くものですが，まともにやると，Aで述べたように厄介なことになります．

一方，x が現れない項の係数の和や，x と y が現れない項の係数の和などは，容易に求まります．

x が現れない（他の文字は現れても現れなくてもよい）という事象を X とし，m 個の $(x+y+z)$ と n 個の $(x+y+z+w)$ から文字を一つずつ選ぶときに，x が現れないような選び方の総数を $n(X)$ と表すと（Y, Z, W についても同様に定める），求めるものは $3^m \cdot 4^n - n(X \cup Y \cup Z \cup W)$ です．

$n(X)$ や $n(X \cap Y)$ なら簡単なので，集合の和集合の公式を用いましょう．2個の集合や3個の集合の
$n(X \cup Y)=n(X)+n(Y)-n(X \cap Y)$ …………④
$n(X \cup Y \cup Z)$
$=n(X)+n(Y)+n(Z)$
$\quad -\{n(X \cap Y)+n(Y \cap Z)+n(Z \cap X)\}$
$\quad +n(X \cap Y \cap Z)$
………⑤

はおなじみですが，$n(X\cup Y\cup Z\cup W)$ はどうなるでしょうか？ ④の Y を $Y\cup Z\cup W$ として，
$$n(X\cup(Y\cup Z\cup W))$$
$$=n(X)+n(Y\cup Z\cup W)-n(X\cap(Y\cup Z\cup W))$$
さらに，$n(X\cap(Y\cup Z\cup W))$
$$=n((X\cap Y)\cup(X\cap Z)\cup(X\cap W))$$
および④⑤を用いると，
$$\left.\begin{array}{l}n(X\cup Y\cup Z\cup W)\\=n(X)+n(Y)+n(Z)+n(W)\\\quad-\{n(X\cap Y)+n(X\cap Z)+n(X\cap W)\\\qquad+n(Y\cap Z)+n(Y\cap W)+n(Z\cap W)\}\\\quad+\{n(X\cap Y\cap Z)+n(X\cap Y\cap W)\\\qquad+n(X\cap Z\cap W)+n(Y\cap Z\cap W)\}\\\quad-n(X\cap Y\cap Z\cap W)\end{array}\right\}\cdots⑥$$

これで準備が整いました．

$n(X)$ は，m 個の $(x+y+z)$ のそれぞれから y か z を選び，n 個の $(x+y+z+w)$ のそれぞれから y か z か w を選ぶ場合の数なので，$n(X)=2^m\cdot 3^n$

これと対称性から，$n(X)=n(Y)=n(Z)=2^m\cdot 3^n$

同様に，$n(W)=3^m\cdot 3^n$

$n(X\cap Y)=n(X\cap Z)=n(Y\cap Z)=1\cdot 2^n$

$n(X\cap W)=n(Y\cap W)=n(Z\cap W)=2^m\cdot 2^n$

$n(X\cap Y\cap Z)=0$

$n(X\cap Y\cap W)=n(X\cap Z\cap W)=n(Y\cap Z\cap W)=1\cdot 1$

$n(X\cap Y\cap Z\cap W)=0$

よって，⑥は
$$2^m\cdot 3^n\times 3+3^m\cdot 3^n-(2^n\times 3+2^m\cdot 2^n\times 3)+1\times 3\cdots⑦$$
であり，$3^m\cdot 4^n-$⑦ が答えになります．

* *

④⑤⑥は**包除の原理**と呼ばれていて，$n(X)$ や $n(X\cap Y)$ などが求めやすいときに有効です．記号が多くて見にくいと思うかもしれませんが，重複している部分を考えて足したり引いたりしていくのは重要な考え方ですし，変に場合分けをするよりも間違えにくいので，理解しておくとよいでしょう．

なお，一般には，
$$n(X_1\cup X_2\cup\cdots\cup X_k)$$
$$=n(X_1)+n(X_2)+\cdots+n(X_k)$$
$$-\{n(X_1\cap X_2)+n(X_1\cap X_3)+\cdots+n(X_{k-1}\cap X_k)\}$$
$$+\{n(X_1\cap X_2\cap X_3)+n(X_1\cap X_2\cap X_4)+$$
$$\qquad\cdots+n(X_{k-2}\cap X_{k-1}\cap X_k)\}$$
$$-\cdots$$
$$+(-1)^{k-1}\cdot n(X_1\cap X_2\cap\cdots\cap X_k)$$

となり，k に関する帰納法で証明できます．意欲的な人はチャレンジしてみましょう．

入試問題から1問紹介します．

> **参考問題** 床に固定された内側が一辺 n cm の正方形の木枠の内部に一辺 1 cm の正方形のタイル n^2 個を縦に n 行，横に n 列並べてしきつめる．タイルは青色または赤色を用いるものとすると，並べ方によっていろいろな模様ができる．$n\geqq 3$ のとき，タイルをしきつめた結果，縦 $n-1$ cm，横 $n-1$ cm の青い正方形が含まれるような模様は何通りあるか．
> （99 中京大・情報科学）

右下の図で，網目部は青，白い部分は青でも赤でも良いとすると，題意を満たす青い正方形の出来方は図のA〜Dの4タイプあります．しかし，例えば，下の図1はA，B，Cのどれにも該当します．このように，ダブリを避けて通ることは困難ですが，まともにやると，うまくタイプ分けしても，ダブリを引く段階で新たなダブリが生じたりして，相当厄介な問題です．当時，月刊『大学への数学』の読者モニター（問題を解く実験台）7人のうち正解は1人だけでした．

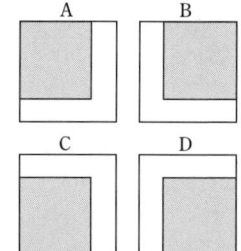

求めるものは"AまたはBまたはCまたはD"となる模様の個数で，4つの和集合と来れば⑥の出番です．

解　上図のようにA，B，C，Dをおき，Aが含まれる模様が $n(A)$ 通りあるとすると，求めるものは，$n(A\cup B\cup C\cup D)$

Aの白マスは $2n-1$ 個あり，それぞれが青か赤かで
$$n(A)=2^{2n-1}$$

同様に，$n(B)=n(C)=n(D)=2^{2n-1}$

A∩Bは右図で，白マスは n 個あるから，
$$n(A\cap B)=2^n$$

$n(A\cap C)$，$n(B\cap D)$，$n(C\cap D)$ も同様．

A∩Dは右図だから，$n(A\cap D)=2^2$

同様に $n(B\cap C)=2^2$

A∩B∩Cは，上の図1だから，
$n(A\cap B\cap C)=2$，同様に，
$n(A\cap B\cap D)=n(A\cap C\cap D)=n(B\cap C\cap D)=2$
また，$n(A\cap B\cap C\cap D)=1$（全部のマスが青）

以上から，答えは，
$$2^{2n-1}\times 4-(2^n\times 4+2^2\times 2)+2\times 4-1=\mathbf{2^{2n+1}-2^{n+2}-1}$$

（山崎）

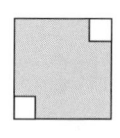

問題29 $f(n)=\sum_{k=0}^{n}\dfrac{1}{{}_nC_k}$ とおく．ただし，n は自然数である．

(1) $\dfrac{1}{(n+1)\times{}_nC_r}=\dfrac{1}{(n+2)\times{}_{n+1}C_{r+1}}+\dfrac{1}{(n+2)\times{}_{n+1}C_r}$ を示せ．

ただし，$r=0,\ 1,\ 2,\ \cdots,\ n-1,\ n$ である．

(2) $f(n+1)$ を $f(n)$，n を用いて表せ．

(3) $f(n)$ の最大値を求めよ．

(2013年2月号5番)

平均点：22.6
正答率：81%
　　(1) 98% (2) 93% (3) 82%
時間：SS 22%, S 22%, M 32%, L 23%

(1) 与式を階乗を用いて表してみましょう．

(2) (1)の式を足し合わせ，$\sum\dfrac{1}{{}_nC_r}$ と $\sum\dfrac{1}{{}_{n+1}C_r}$ の形にして，$f(n)$ と $f(n+1)$ が現れるようにしましょう．

(3) (2)で得られた漸化式を用いて，$f(n)$ の増減を調べましょう．

解 (1) 与式 $\iff$

$$\dfrac{r!(n-r)!}{(n+1)\cdot n!}=\dfrac{(r+1)!(n-r)!}{(n+2)\cdot(n+1)!}+\dfrac{r!(n+1-r)!}{(n+2)\cdot(n+1)!}$$

［両辺に $\dfrac{(n+2)!}{r!(n-r)!}$ を掛けて］

$$\iff n+2=(r+1)+(n+1-r)$$

これは成り立つから，与式も成り立つ．

(2) (1)の式で $r=0,\ 1,\ 2,\ \cdots,\ n$ としたものを加えて，

$$\dfrac{1}{n+1}\sum_{r=0}^{n}\dfrac{1}{{}_nC_r}=\dfrac{1}{n+2}\sum_{r=0}^{n}\dfrac{1}{{}_{n+1}C_{r+1}}+\dfrac{1}{n+2}\sum_{r=0}^{n}\dfrac{1}{{}_{n+1}C_r}$$

ここで，$\sum_{r=0}^{n}\dfrac{1}{{}_nC_r}=f(n)$

$\sum_{r=0}^{n}\dfrac{1}{{}_{n+1}C_{r+1}}=\sum_{k=0}^{n+1}\dfrac{1}{{}_{n+1}C_k}-\dfrac{1}{{}_{n+1}C_0}=f(n+1)-1$

$\sum_{r=0}^{n}\dfrac{1}{{}_{n+1}C_r}=\sum_{r=0}^{n+1}\dfrac{1}{{}_{n+1}C_r}-\dfrac{1}{{}_{n+1}C_{n+1}}=f(n+1)-1$

であるので，$\dfrac{1}{n+1}f(n)=\dfrac{1}{n+2}\{f(n+1)-1\}\times 2$

$\therefore\ f(n+1)=\dfrac{n+2}{2(n+1)}f(n)+1$

(3) $f(n+1)-f(n)=\left\{\dfrac{n+2}{2(n+1)}-1\right\}f(n)+1$

$$=1-\dfrac{n}{2(n+1)}f(n)\ \cdots\cdots\cdots ①$$

よって，

$$f(n)\geqq f(n+1)\iff ①\leqq 0\iff f(n)\geqq\dfrac{2(n+1)}{n}$$

また，$n\geqq 3$ のとき，

$$f(n)\geqq\dfrac{1}{{}_nC_0}+\dfrac{1}{{}_nC_1}+\dfrac{1}{{}_nC_{n-1}}+\dfrac{1}{{}_nC_n}$$

$$=\dfrac{1}{1}+\dfrac{1}{n}+\dfrac{1}{n}+\dfrac{1}{1}=\dfrac{2(n+1)}{n}$$

だから，$f(n)\geqq f(n+1)$

$\therefore\ f(3)\geqq f(4)\geqq f(5)\geqq\cdots$

一方，$f(1)=\dfrac{1}{1}+\dfrac{1}{1}=2$，$f(2)=\dfrac{1}{1}+\dfrac{1}{2}+\dfrac{1}{1}=\dfrac{5}{2}$

$f(3)=\dfrac{1}{1}+\dfrac{1}{3}+\dfrac{1}{3}+\dfrac{1}{1}=\dfrac{8}{3}$ だから，答えは $\dfrac{8}{3}$

【解説】

A (1)について：

${}_nC_r$ を $\dfrac{n!}{r!(n-r)!}$ のように階乗を用いた形で書き直して変形すると，与式が成り立つことがわかります．

もちろん，右辺を変形して左辺に一致することを示す，といった方針などでもOKです．

これについては特に問題ないでしょう．

B (2)について：

(1)が重要なヒントになっています．

$f(n)=\sum_{k=0}^{n}\dfrac{1}{{}_nC_k}$ なので，$\dfrac{1}{{}_nC_r}$ の $r=0,\ 1,\ 2,\ \cdots,\ n$ での和の形が現れるよう，(1)の式を足し合わせると，各辺に $f(n)$，$f(n+1)$ が出てきて，これらの関係式が得られます．

C (3)について：

小さな n で具体的に $f(n)$ を求めてみると，

$$\left.\begin{array}{l}f(1)=2,\ f(2)=\dfrac{5}{2},\ f(3)=\dfrac{8}{3}\\[4pt] f(4)=\dfrac{8}{3},\ f(5)=\dfrac{13}{5},\ f(6)=\dfrac{151}{60}\end{array}\right\}\ \cdots\cdots②$$

で，$f(1)<f(2)<f(3)=f(4)>f(5)>f(6)$ となり，$n\geqq 3$ では $f(n)\geqq f(n+1)$

すなわち，$f(n)\geqq\dfrac{2(n+1)}{n}\ \cdots\cdots\cdots③$

が成り立つと予想されます（$f(n)\geqq f(n+1)$ と③が同値であることは，(3)の**解**のはじめの部分を参照して下さい）．

そこで，$n\geqq 3$ で③が成り立つことを示したいのですが，③の右辺が

$$\frac{2(n+1)}{n} = \frac{1}{1} + \frac{1}{n} + \frac{1}{n} + \frac{1}{1}$$
$$= \frac{1}{{}_nC_0} + \frac{1}{{}_nC_1} + \frac{1}{{}_nC_{n-1}} + \frac{1}{{}_nC_n}$$

であることに気付くと，🈂のようにすっきりとまとめられます．

実際の答案では，③を帰納法で示しているものも多くありましたが，帰納法は記述量が多くなりがちなので，今回のように用いなくてもすぐに示せる場合は直接示す方が近道でしょう．

ちなみに，帰納法の場合，$n=m$ での成立を仮定すると，$f(m) \geqq \dfrac{2(m+1)}{m}$

これと（2）より，$n=m+1$ のとき，
$$f(m+1) = \frac{m+2}{2(m+1)} f(m) + 1$$
$$\geqq \frac{m+2}{2(m+1)} \cdot \frac{2(m+1)}{m} + 1 = \frac{m+2}{m} + 1 = \frac{2(m+1)}{m}$$

さらに，$\dfrac{2(m+1)}{m} - \dfrac{2(m+2)}{m+1}$
$$= \frac{2\{(m+1)^2 - m(m+2)\}}{m(m+1)} = \frac{2}{m(m+1)} > 0$$

なので，$f(m+1) \geqq \dfrac{2(m+1)}{m} > \dfrac{2(m+2)}{m+1}$

となって，$n=m+1$ での成立が言えます．

また，$f(n)$ を $n=6$ まで具体的に求める部分は🈂には書いていませんが，このあたりまで計算してみた，という人は少なくないと思います．小さな n で実験すると，一般的な法則が予想できたり，検算に役に立ったりすることがあるので，試してみて損はないでしょう．

D 誘導がない場合の解答例：

今回は（1），（2）でヒントが与えられていたため，🈂のようにうまく考えることができましたが，（1）の式を知っていたり思いついたりする，ということはあまりないないでしょうから，もし（3）だけ問われたらどうするか…ということを考えてみます．

[解答例] まず，$2 \leqq r \leqq n-2$ の r に対して，
$${}_nC_r \geqq \frac{n(n-1)}{2} \quad (\text{ただし } n \geqq 4)$$

であることを示す．

$${}_nC_{r+1} - {}_nC_r = \frac{n!}{(r+1)!(n-r-1)!} - \frac{n!}{r!(n-r)!}$$
$$= \frac{n!}{(r+1)!(n-r)!}\{(n-r)-(r+1)\}$$
$$= \frac{n!}{(r+1)!(n-r)!}(n-1-2r)$$

なので，${}_nC_r$ の増減は右上のようになる．

n が偶数のとき

r	0		$\dfrac{n}{2}-1$		n
${}_nC_{r+1}-{}_nC_r$		$+$	$+$	$-$	
${}_nC_r$		↗		↘	

n が奇数のとき

r	0		$\dfrac{n-1}{2}$	$\dfrac{n+1}{2}$		n
${}_nC_{r+1}-{}_nC_r$		$+$	0	$-$	$-$	
${}_nC_r$		↗	→	↘		

これと
$${}_nC_2 = {}_nC_{n-2} = \frac{n(n-1)}{2}$$

であることを考慮すると，$2 \leqq r \leqq n-2$ の r に対しては
$${}_nC_r \geqq \frac{n(n-1)}{2} \quad \cdots\cdots\text{④}$$

が成り立つ．

よって，$n \geqq 4$ のとき，
$$f(n) = \frac{1}{{}_nC_0} + \frac{1}{{}_nC_1} + \frac{1}{{}_nC_{n-1}} + \frac{1}{{}_nC_n} + \sum_{r=2}^{n-2} \frac{1}{{}_nC_r}$$
$$\leqq \frac{1}{1} + \frac{1}{n} + \frac{1}{n} + \frac{1}{1} + \sum_{r=2}^{n-2} \frac{2}{n(n-1)} \quad (\because \text{④})$$
$$= 2 + \frac{2}{n} + \frac{2}{n(n-1)} \cdot (n-3)$$
$$\leqq 2 + \frac{2}{n} + \frac{2}{n(n-1)} \cdot (n-1) = 2 + \frac{4}{n}$$

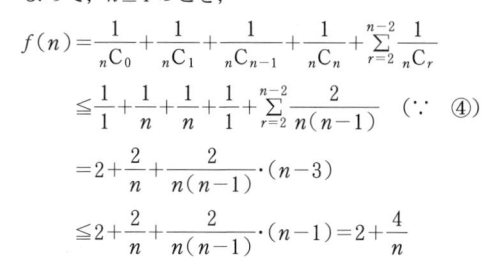

したがって，$n \geqq 6$ では $f(n) \leqq 2 + \dfrac{4}{6} = \dfrac{8}{3}$

また，$f(1) \sim f(5)$ は C の②のようになるので，求める最大値は $\dfrac{8}{3}$

*　　　　　　　　　　　　　*

🈂と比べると泥臭いですが，このように求めることもできる，という例でした． （一山）

問題30 n は 0 以上の整数とする．xy 平面上で，A 君は時刻 0 に $(0, 0)$ を出発し，n 秒後に点 (x, y) にいるとき，$n+1$ 秒後に点 $(x+1, y)$ と $(x, y+1)$ のいずれかにそれぞれ確率 $\frac{1}{2}$ で進み，B 君は時刻 0 に点 $(7, 3)$ を出発し，n 秒後に点 (x, y) にいるとき，$n+1$ 秒後に点 $(x-1, y)$ と $(x, y-1)$ のいずれかにそれぞれ確率 $\frac{1}{2}$ で進む．時刻 n のときの AB 間の直線距離を l_n とおく．

（1）$l_5=2\sqrt{2}$ かつ $l_6=2$ となる確率を求めよ．
（2）l_n の最小値が 2 である確率を求めよ． （2014 年 1 月号 3 番）

平均点：17.7
正答率：43%（1）72%（2）46%
時間：SS 5%, S 19%, M 39%, L 36%

（1）まずは 5 秒後に A 君と B 君が止まりうる位置を把握しましょう．その上で，$l_5=2\sqrt{2}$，$l_6=2$ となるには 2 人がどういう進み方をすればよいかを考えます．

（2）l_n が最小値 2 をとるのは $n=4$ または 6 のときしかありえないことがわかります．重複が生じないようにうまく場合分けするか，重複を除きましょう．
なお，A 君と B 君の一方を固定する手もあります．

解 （1）5 秒後に A 君は下の図 1 の a～f のいずれかに，B 君は c～h のいずれかにいる（○の中の数は 5 秒後に A 君がそこにいる確率を，□の中の数は 5 秒後に B 君がそこにいる確率を表している）．

[図 1]

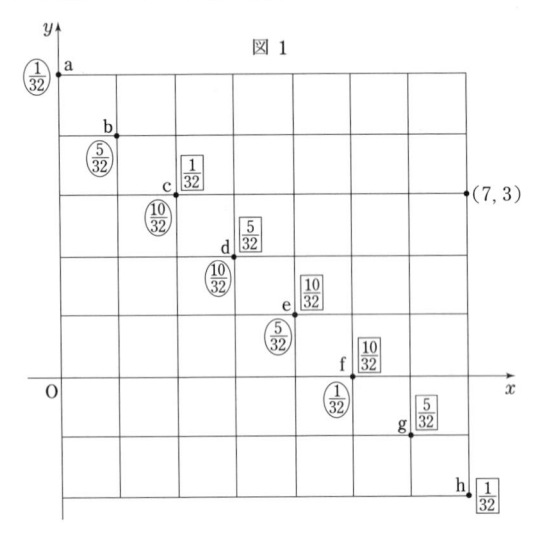

$l_5=2\sqrt{2}$ となるのは，A 君，B 君が右の図 2 または図 3 の位置関係にあるときで，次の表の組合せになる．

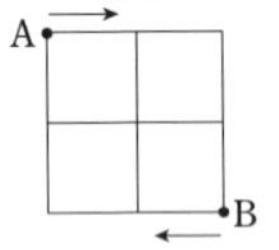

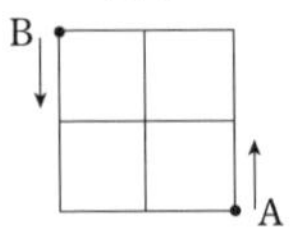

A 君	a	b	c	d	e	f
B 君	c	d	e	f	c または g	d または h

さらに $l_6=2$ となるのは，
　　　図 2 の場合は A が →，B が ←
　　　図 3 の場合は A が ↑，B が ↓
と動く場合のみで，いずれも確率は $\frac{1}{4}$ である．答えは

$$\frac{1}{32} \cdot \frac{1}{32} \{1\cdot 1+5\cdot 5+10\cdot 10+10\cdot 10$$
$$+5\cdot(1+5)+1\cdot(5+1)\}\times\frac{1}{4}$$
$$=\frac{131}{2048}$$

（2）時刻 n に A 君は $x+y=n$ 上に，B 君は $x+y=10-n$ 上にいて，これらの距離は $\frac{|10-2n|}{\sqrt{2}}$ なので，$\frac{|10-2n|}{\sqrt{2}}>2$ となる n つまり $n\leq 3$, $n\geq 7$ では $l_n=2$ とならない．また，図 1 から $l_5=2$ にもならないので，l_n が最小値 2 をとるなら，それは $n=4$ または $n=6$ のときである．これを次の 2 つに分けて考える．

（i）$l_4=2$, $l_5=2\sqrt{2}$, $l_6\neq 2$ の場合
（ii）$l_5=2\sqrt{2}$, $l_6=2$ の場合

（i）について：4 秒後に A 君は下図の p～t のいずれかに，B 君は v～z のいずれかにいる（○，□の中の数は 4 秒後に A 君，B 君がそこにいる確率を表す）．

[図 4]

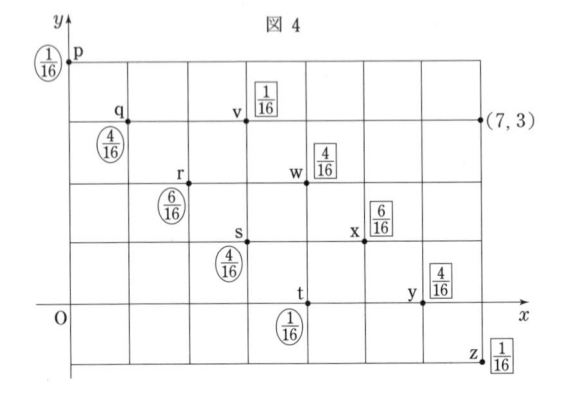

$l_4=2$ となるのは，A君，B君が右の図5または図6の位置関係にあるときで，次の表の組合せになる．

図5　図6

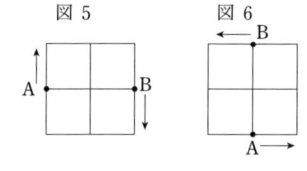

A君	q	r	s	t
B君	v	w	vまたはx	wまたはy

さらに $l_5=2\sqrt{2}$ となるのは，

　　図5の場合はAが↑，Bが↓
　　図6の場合はAが→，Bが←

と動く場合のみで，いずれも確率は $\frac{1}{4}$ である．また，その後 $l_6\neq 2$ となる確率が，(1)の過程より $l_5=2\sqrt{2}$ のとき $l_6=2$ となる確率が $\frac{1}{4}$ なので，$1-\frac{1}{4}=\frac{3}{4}$

よって，(i)の確率は，

$$\underline{\frac{1}{16}\cdot\frac{1}{16}\{4\cdot 1+6\cdot 4+4\cdot(1+6)+1\cdot(4+4)\}}\times\frac{1}{4}\times\frac{3}{4}$$

$$=\frac{96}{2048}$$

一方，(ii)の確率は，(1)より $\frac{131}{2048}$

(i)(ii)は排反なので，答えは $\frac{96}{2048}+\frac{131}{2048}=\boldsymbol{\frac{227}{2048}}$

【解説】
A 本問は確率の問題の中でもかなり難しめの問題だったと思います．(1)，(2)のどちらでも，条件を満たすようなA君とB君の動きを正しく捉えなければなりませんが，その際に，解の図1や図4のような，各人がそこにいる確率を書き加えた図を作ると，その後の動き方も含めて，かなり考えやすくなります．

(2)で，解では(i)と(ii)の排反なものに上手く分けました．「モレなく重複なく簡潔に」というのが確率では大切です．なお，

　$(l_4=2, l_5=2\sqrt{2}$ となる確率 $p_1)$
　　$+(l_5=2\sqrt{2}, l_6=2$ となる確率 $p_2)$
　　　$-(l_4=2, l_5=2\sqrt{2}, l_6=2$ となる確率 $p_3)$

のように，重複している部分を引くという考え方でも，もちろんOKです．この場合，

p_1 は，解の(i)の～で，$p_1=\frac{64}{1024}=\frac{128}{2048}$

p_3 は，解の(i)の～を $\times\frac{1}{4}$ に代えて，$p_3=\frac{32}{2048}$

答えは，$\frac{128}{2048}+\frac{131}{2048}-\frac{32}{2048}=\frac{227}{2048}$

B 実は，A君，B君の一方を固定して考えることにより，解よりラクに確率を求められます．

別解 B君を $(7, 3)$ に固定して，かわりにA君が n 秒後に点 (x, y) にいるとき，$n+1$ 秒後に $(x+2, y)$ に確率 $\frac{1}{4}$ で，$(x+1, y+1)$ に確率 $\frac{2}{4}$ で，$(x, y+2)$ に確率 $\frac{1}{4}$ で動くとして良い．このとき，A君は1秒間で，

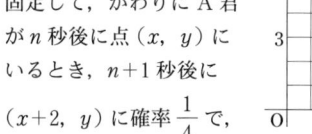

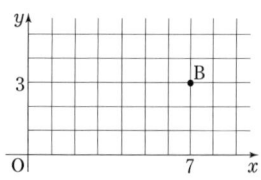

→→，→↑，↑→，↑↑に等確率 $\frac{1}{4}$ で動くとも言え，n 秒間では，→か↑を $2n$ 個並べることに相当する．

(1) $l_5=2\sqrt{2}$，$l_6=2$ となるのは5秒後から6秒後にかけて，$(9,1)\to(9,3)$ または $(5,5)\to(7,5)$ と動くとき．答えは，$\frac{{}_{10}C_1}{2^{10}}\times\frac{1}{4}+\frac{{}_{10}C_5}{2^{10}}\times\frac{1}{4}=\boldsymbol{\frac{131}{2048}}$

　5秒後に $(9,1)$ ↗　　↖ 5秒後に $(5,5)$

(2) l_n の最小値が2となるのは，次のいずれか．

　　(i) $l_4=2$, $l_5=2\sqrt{2}$, $l_6\neq 2$
　　(ii) $l_5=2\sqrt{2}$, $l_6=2$

(i)は，$(7,1)\to(9,1)\to((9,3)$ 以外$)$ と動くか，$(5,3)\to(5,5)\to((7,5)$ 以外$)$ と動く場合で，その確率は，$\frac{{}_8C_1}{2^8}\times\frac{1}{4}\times\frac{3}{4}+\frac{{}_8C_3}{2^8}\times\frac{1}{4}\times\frac{3}{4}=\frac{96}{2048}$

4秒後に $(7,1)$ ↗　　↖ 4秒後に $(5,3)$

(ii)は(1)の場合で確率は $\frac{131}{2048}$

答えは，$\frac{96}{2048}+\frac{131}{2048}=\boldsymbol{\frac{227}{2048}}$

＊　　　＊　　　＊

Bを固定することにより，→または↑を $2n$ 個並べることに帰着させているのが上手いですね．別解と同様の解法の人は全体の9%でした．

(山崎)

問題31 袋の中に，O，T，Uと書かれたカードが1枚ずつ入っている．この袋の中から無作為に1枚取り出して元に戻すという操作Sを繰り返す．ただし，Oの次にUが出て，さらにその次にTが出たら，そこで終了する．操作Sを10回行っても終了しない確率を求めよ．

（2007年5月号6番）

平均点：17.1
正答率：47%
時間：SS 24%, S 30%, M 22%, L 24%

漸化式を立てても良いですが，余事象の確率を「操作Sを強制的に10回行い，取り出したカードの文字を順に記入し，その中で，O, U, Tがこの順に出現する確率」と捉えると，手間が少なくなります．「O, U, T」が2回や3回現れる場合のダブリに注意しましょう．

解 題意の確率は，O, U, Tがこの順に出た後も操作を続けるとして，10回中一度もO, U, Tがこの順に出ることがない確率に等しい．このとき，カードの取り出し方は3^{10}通りあり，これらは同様に確からしい．

以下，余事象を考える．

O, U, Tがこの順に出たとき，その文字列を OUT と書き，ひとまとめにして捉える．

（ⅰ）{ OUT ＊＊＊＊＊＊＊ }のとき：（＊はOかTかUで，OUT の位置はどこでもよい．（ⅱ）（ⅲ）も同様）OUT の位置は $_8C_1$ 通り，7個の＊がそれぞれO, T, Uのどれかで3^7通りあるから，$_8C_1 \times 3^7$ 通り ……①
（このように数えると，OUT が2個以上現れる場合がダブるので，後でダブリを除く．（ⅱ）でも同様）

（ⅱ）{ OUT OUT ＊＊＊＊ }のとき：
OUT の位置は $_6C_2$ 通り，4個の＊の決め方は3^4通りあるから，$_6C_2 \times 3^4$ 通り ……②

（ⅲ）{ OUT OUT OUT ＊ }のとき：
OUT の位置は $_4C_3$ 通り，＊の決め方は3通りあるから，$_4C_3 \times 3$ 通り ……③

以下，ダブリを考える．OUT をちょうど2つ含むもの，例えば（OUTUOOUTTU）は，（ⅰ）では，2つのOUTのうちどちらが{ OUT ＊＊＊＊＊＊＊ }の中のOUT かで，2回数えられている．

同様に，OUT を3つ含むものは，（ⅰ）では3回数えられていて，（ⅱ）では3つのOUTのうちどの2つが{ OUT OUT ＊＊＊＊ }の中のOUT かで$_3C_2 = 3$回数えられている．

以上から，OUT をちょうど1つ，2つ，3つ含む場合の数をそれぞれS_1, S_2, S_3とすると，①②③はS_1, S_2, S_3を右表の数値の回数だけ重複して数えている．

	S_1	S_2	S_3
①	1	2	3
②		1	3
③			1

よって，OUT を少なくとも一つ含む場合の数は，
$S_1 + S_2 + S_3 = (S_1 + 2S_2 + 3S_3) - (S_2 + 3S_3) + S_3$

$= ① - ② + ③ = {_8C_1} \times 3^7 - {_6C_2} \times 3^4 + {_4C_3} \times 3$

答えは，$1 - \dfrac{{_8C_1} \times 3^7 - {_6C_2} \times 3^4 + {_4C_3} \times 3}{3^{10}}$

$= 1 - \dfrac{8 \cdot 3^6 - 15 \cdot 3^3 + 4}{3^9} = 1 - \dfrac{5431}{19683} = \dfrac{\mathbf{14252}}{\mathbf{19683}}$

【解説】

A 問題文に「…が出たら，そこで終了する」と書いてあるからといって，「OUT が出現したので，そのあとは関係ないから」という理由で，そこで打ち切ってしまうと，かえって大変になります（最後の OUT の位置によって，8つの場合分けが必要になる．この方針は全体の34%）．例えば，最初の3回で（OUT）と取り出して終了する確率は$\dfrac{1}{27}$であって，最初の4回で（UOUT）と取り出して終了する確率は$\dfrac{1}{81}$なので，同じ1通りでも分母が異なります．そのため，分母を気にせずに考えると間違いになってしまうので，今数えている事象の分母が何であるかを常に注意するようにしましょう．

一方，**解**のように「O, U, Tがこの順に出た後も操作を続ける」とすれば，分母が3^{10}に揃うので，分母を気にしなくても良くなります．確率の問題では，しばしば，このように，**途中で終了せずに最後まで行う**といった考え方をすると良い場合があるので，頭に入れておきましょう．

B **解**では，余事象を考えることによって，数えやすくなっています．このとき「もれなくダブリなく」という原則に従って場合分けすると，OUT が

ちょうど1か所のとき，ちょうど2か所のとき，
3か所のとき

となりますが，これだと，ちょうど1か所，ちょうど2か所の場合について，OUT 以外の部分に（OUT）が現れないことも考慮しなければならず，メンドウです．

そこで，**解**では，OUT が

少なくとも1か所のとき，
少なくとも2か所のとき，3か所のとき

と場合分けして，あとから重複を除きました．それにつ

いて補足しましょう．例として，S_3 の中の 1 つである

$$(\underset{㋐}{\boxed{\text{OUT}}}\ \underset{㋑}{\boxed{\text{OUT}}}\ \text{O}\ \underset{㋒}{\boxed{\text{OUT}}}) \quad \cdots\cdots\cdots\cdots\cdots ④$$

を取り上げます．（ⅰ）では，㋐㋑㋒のうち，1 個が $\{\boxed{\text{OUT}}\ *\ *\ *\ *\ *\ *\}$ の $\boxed{\text{OUT}}$ で，残り 2 個が――の中で数えられています．――の中の（OUT）を $\underline{\boxed{\text{OUT}}}$ で表すと，④は，①の中で

$$(\underline{\boxed{\text{OUT}}}\ \underline{\boxed{\text{OUT}}}\ \text{O}\ \boxed{\text{OUT}})$$
$$(\underline{\boxed{\text{OUT}}}\ \boxed{\text{OUT}}\ \text{O}\ \underline{\boxed{\text{OUT}}})$$
$$(\boxed{\text{OUT}}\ \underline{\boxed{\text{OUT}}}\ \text{O}\ \underline{\boxed{\text{OUT}}})$$

のように，3 回重複して数えられています．同様に，（ⅱ）では，$\{\boxed{\text{OUT}}\ \boxed{\text{OUT}}\ *\ *\ *\ *\}$ の――の中の（OUT）を $\underline{\boxed{\text{OUT}}}$ で表すと，④は，②の中で

$$(\boxed{\text{OUT}}\ \boxed{\text{OUT}}\ \text{O}\ \underline{\boxed{\text{OUT}}})$$
$$(\underline{\boxed{\text{OUT}}}\ \boxed{\text{OUT}}\ \text{O}\ \boxed{\text{OUT}})$$
$$(\boxed{\text{OUT}}\ \underline{\boxed{\text{OUT}}}\ \text{O}\ \boxed{\text{OUT}})$$

のように，3 回重複して数えられています（③の中では，もちろん 1 回しか数えられていません）．

「重複しているから，ただ引けば良い」と安易に考えると間違えてしまいます．どのように重複するのかを，しっかりと考察するようにしましょう．

なお，**解** の方針は全体の 9% でした．

C 漸化式を用いた解答です．

別解1 操作 S を n 回行っても終了しない確率を p_n とおくと，$p_1 = p_2 = 1$，$p_3 = 1 - \left(\dfrac{1}{3}\right)^3$

であり，$n \geq 4$ のとき，
$p_n =$（操作 S を $n-1$ 回行っても終了しない確率）
$\quad -$（操作 S が n 回目でちょうど終了する確率）
$= p_{n-1} -$（操作 S を $n-3$ 回行っても終了しない確率）
$\qquad\qquad \times$（O, U, T がこの順に出現する確率）
$= p_{n-1} - p_{n-3} \cdot \left(\dfrac{1}{3}\right)^3$

$\left(\dfrac{1}{3}\right)^3 = a$ と書くと，$p_3 = 1 - a$

$$p_n = p_{n-1} - p_{n-3} \cdot a \quad \cdots\cdots\cdots\cdots\cdots ⑤$$

よって，$p_4 = p_3 - p_1 a = (1-a) - a = 1 - 2a$
$p_5 = p_4 - p_2 a = (1-2a) - a = 1 - 3a$
$p_6 = p_5 - p_3 a = (1-3a) - (1-a)a = 1 - 4a + a^2$
$p_7 = (1-4a+a^2) - (1-2a)a = 1 - 5a + 3a^2$
$p_8 = (1-5a+3a^2) - (1-3a)a = 1 - 6a + 6a^2$
$p_9 = (1-6a+6a^2) - (1-4a+a^2)a = 1 - 7a + 10a^2 - a^3$
$p_{10} = (1-7a+10a^2-a^3) - (1-5a+3a^2)a$
$\quad = 1 - 8a + 15a^2 - 4a^3 = \dfrac{14252}{19683}$

*　　　　　　　　*

漸化式を立てさえすれば，あとは機械的な計算で済みます．⑤を解いて一般項を求めることはできませんが，$p_4, p_5, \cdots$ とコツコツ計算していけば良いのです．

なお，ちょうど n 回目に終了する確率についての漸化式を作ると，次のようになります．

別解2 操作 S がちょうど n 回目に終了する確率を q_n とおくと，$q_1 = 0$，$q_2 = 0$，$q_3 = \dfrac{1}{27}$

であり，$n \geq 4$ のとき，
$q_n =$（操作 S を $n-3$ 回行っても終了しない確率）
$\qquad\times$（O, U, T がこの順に出現する確率）
$= \{1 -$（操作 S が $\underline{1 \sim n-3 \text{回目}}$ で終了する確率）$\}$
$\qquad\times$（O, U, T がこの順に出現する確率）
$= \left(1 - \sum_{k=1}^{n-3} q_k\right) \cdot \left(\dfrac{1}{3}\right)^3$

$\left(\dfrac{1}{3}\right)^3 = a$ と書くと，$q_3 = a$

$$q_n = a\left(1 - \sum_{k=1}^{n-3} q_k\right) \quad \cdots\cdots\cdots\cdots\cdots ⑥$$

$\therefore\ q_4 = a(1 - q_1) = a$

$n \geq 5$ のとき，⑥より，$q_{n-1} = a\left(1 - \sum_{k=1}^{n-4} q_k\right) \quad \cdots\cdots ⑦$

⑥－⑦ より，$q_n - q_{n-1} = -a q_{n-3}$　$\therefore\ q_n = q_{n-1} - a q_{n-3}$

よって，$q_5 = q_4 - a q_2 = a - a \cdot 0 = a$
$q_6 = q_5 - a q_3 = a - a \cdot a = -a^2 + a$
$q_7 = (-a^2 + a) - a \cdot a = -2a^2 + a$
$q_8 = (-2a^2 + a) - a \cdot a = -3a^2 + a$
$q_9 = (-3a^2 + a) - a(-a^2 + a) = a^3 - 4a^2 + a$
$q_{10} = (a^3 - 4a^2 + a) - a(-2a^2 + a) = 3a^3 - 5a^2 + a$

答えは，$1 - \sum_{k=1}^{10} q_k = 1 - (4a^3 - 15a^2 + 8a) = \dfrac{14252}{19683}$

*　　　　　　　　*

漸化式を，$q_n = (1 - q_{n-3}) \cdot \left(\dfrac{1}{3}\right)^3$ と誤って立式した人が無視できないほど見受けられました．――部の「$1 \sim n-3$ 回目」を「$n-3$ 回目」と早合点したものです．「$n-3$ 回行っても終了しない」の余事象には，$n-3$ 回目に終了するだけでなく，それより前に終了している場合も含まれます．このように，漸化式の立式の段階で間違えると，ほとんど点数が入りません．立式には十分な注意を払いましょう．

なお，p_n の漸化式の方針は全体の 10%，q_n の漸化式の方針は全体の 28% でした．

(吉田)

問題32 (1) 1列に並んだ n 個の椅子があり，1つの席に1人が座るように n 人が座っている．席を立って，1つの席に1人が座るように無作為に座るとき，すべての人が直前に座っていた席か，その隣の席に座る確率を $\dfrac{a_n}{n!}$ とする．a_{n+2} を a_{n+1}, a_n で表せ．

(2) 円状に並んだ n 個の椅子があり，1つの席に1人が座るように n 人が座っている．席を立って，1つの席に1人が座るように無作為に座るとき，すべての人が直前に座っていた席か，その隣の席に座る確率を $\dfrac{b_n}{n!}$ とする．b_{15} を求めよ．　　　　(2012年6月号5番)

平均点：19.5
正答率：59%（1）88%
時間：SS 27%, S 35%, M 25%, L 13%

(1) $n+2$ 個の椅子がある場合を考え，$n+2$ 人目が初めと同じ席に座る場合と隣の席に座る場合とで分けて考えましょう．

(2) 同様に，$n+2$ 人目がどこに座るかで場合分けすることによって，b_{n+2} を a_{n+1}, a_n を用いて表すことを考えます．

解 (1) 全事象は $n!$ 通りなので，a_n は条件を満たすような n 人の座り方の数になる．$n+2$ 個の椅子において席の座り方を考える．
(i) $n+2$ 人目が初めと同じ席に座るとき：
残りの $n+1$ 人の座り方は $n+1$ 個の椅子がある場合と同じなので，a_{n+1} 通り．
(ii) $n+2$ 人目が隣の席に座るとき：
$n+1$ 人目は $n+2$ 人目が初めに座っていた席に座らなくてはならない．このとき，残りの n 人の座り方は n 個の椅子がある場合と同じなので，a_n 通り．
以上から，$a_{n+2}=a_{n+1}+a_n$ ……………①
(2) (1)と同様に，全事象は $n!$ 通りなので，b_n は条件を満たすような n 人の座り方の数になる．$n+2$ 個の椅子において席の座り方を考える．
(i) $n+2$ 人目が初めと同じ席に座るとき：

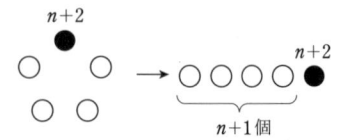

(1)で $n+1$ 個の椅子がある場合と同じなので，a_{n+1} 通り．
(ii) $n+2$ 人目が，$n+1$ 人目が初めに座っていた席に座るとき：
(ア) $n+1$ 人目が，$n+2$ 人目が初めに座っていた席に座る場合：
(1)で n 個の椅子がある場合と同じなので，a_n 通り．
(イ) $n+1$ 人目が，n 人目が初めに座っていた席に座る場合：
全員が同じ方向に1つ席をずれることになり，1通り．
(iii) $n+2$ 人目が，1人目が初めに座っていた席に座る場合も(ii)と同様である．

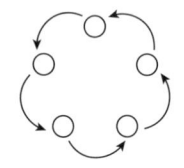

以上から，$b_{n+2}=a_{n+1}+(a_n+1)\times 2$
ゆえに，$b_{15}=a_{14}+2a_{13}+2$
$a_1=1$（初めの席に座る場合のみ），$a_2=2$（二人とも初めの席に座る場合と，お互いに席を交換する場合）と①より，順に $a_3=3$, $a_4=5$, $a_5=8$, $a_6=13$,
$a_7=21$, $a_8=34$, $a_9=55$, $a_{10}=89$, $a_{11}=144$,
$a_{12}=233$, $a_{13}=377$, $a_{14}=610$
よって，$b_{15}=610+2\times 377+2=\mathbf{1366}$

【解説】
A (1)について：
とても良く出来ていました．このように場合の数について漸化式を立てる問題は良く見かけるものなので，慣れておきましょう．

B (2)について：
円状になっている場合でも，(1)に帰着できることがポイントで，多くの人がそれに気付いて b_{n+2} を a_{n+1}, a_n で表そうとしていました．
ただし，(2)では，解の(ii)(イ)のように，全員が一つずつ隣にずれていく特殊なパターンがあり，これを忘れる人がそれなりにいました（全体の12%）．
また，問題の条件を満たす座り方について，回転して重なるものを同一視することはできません．それぞれの椅子が初めに座っていた人によって区別されているからですね．そもそも確率の分母が $n!$ であり，同一視がされていないので，分子も同一視がされていない形で見てやりましょう．

本問は円順列というわけではありませんでしたが，一般の円順列の問題では，場合の数を考えるときは回転して重なるものは同一視をし，確率を考えるときは同一視をしてもしなくても同じであることに注意して下さい．

最後に a_{13}, a_{14} の値が必要になるところでは，漸化式を利用して a_3, a_4, … を順に求めることで値を得ています．$\{a_n\}$ はいわゆるフィボナッチ数列と呼ばれるもので，一般項がきれいな形にはならないため，そのような方法を取る方が好ましいです．なお参考までに，$\{a_n\}$ の一般項は，
$$a_n = \frac{1}{\sqrt{5}}\left\{\left(\frac{1+\sqrt{5}}{2}\right)^{n+1} - \left(\frac{1-\sqrt{5}}{2}\right)^{n+1}\right\}$$
で与えられます．

C 席替えを題材にした入試問題を紹介します．茨城大らしい，御当地問題です．

参考問題 水戸黄門，助さん，格さん，弥七，お銀，八兵衛の6人が左から右へこの順番で1列に並んで座っている．6人が席を入れ換える．どの並びかたも同様の確からしさで起こるものとする．このとき以下となる確率を求めよ．
(1) 助さんと格さんが両端に座る．
(2) 水戸黄門とお銀が隣どうしに座る．
(3) 最初と同じ席に座る人がちょうど3人．
(4) 最初と同じ席に座る人がいない．
(11 茨城大・理)

(1)(2)は6!を分母にしなくてもできます．(4)は「モンモールの問題」と呼ばれる有名問題ですが，6人とは本格的．漸化式を立てることができますが，席の入れ替えを "黄門→助さん→格さん→黄門" のようにループ化するなどの手もあります．

解 (1) 6人のうちどの2人が両端に座るか（左端と右端の区別はしない）は $_6C_2$ 通りあって，これらは同様に確からしいから，答えは，$\dfrac{1}{_6C_2} = \dfrac{1}{15}$

(2) 黄門とお銀が座る2箇所の選び方（どちらが黄門かという区別はしない）は $_6C_2$ 通りあって，これらは同様に確からしい．このうち2人が隣り合うのは右図の ⌣ の5通りあるから，答えは，$\dfrac{5}{_6C_2} = \dfrac{1}{3}$

(3) 6人の座り方は6!通り．題意を満たすのは，どの3人が最初と同じかで $_6C_3$ 通り，例えば，黄門，助さん，格さんが異なる席になる場合は右図の2通りあり，他の場合

黄	助	格
助	格	黄
格	黄	助

も同様だから，全部で $_6C_3 \times 2$ 通り．
答えは $\dfrac{_6C_3 \cdot 2}{6!} = \dfrac{1}{18}$

(4) 例えばAがBのいたところに座り，BがCのいたところに座り，CがAのいたところに座ることを，右図のように表し，3人の輪と呼ぶことにする．題意のとき，全員が2人以上の輪に入る．

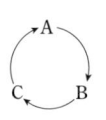

(i) 6人の輪ができるとき：
輪の内部での順序は，黄門を固定して残り5人を考えて5!=120通り．

(ii) 4人の輪と2人の輪ができるとき：
どの4人が4人の輪かで $_6C_4$ 通り，4人の輪の内部での順序は(i)と同様に一人固定して3!通りあるから，全部で $_6C_4 \times 3! = 90$ 通り．

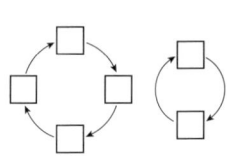

(iii) 3人の輪が2個できるとき：
6人を3人ずつに分ける方法は，黄門がどの2人と組むかを考え $_5C_2 = 10$ 通り，3人の輪の内部での順序はそれぞれ2!通りあるから，全部で $10 \times 2 \cdot 2 = 40$ 通り．

(iv) 2人の輪が3個できるとき：
6人を2人ずつ3組に分ける方法は，黄門が誰と組むかで5通り，残り4人のうちの一人が他の3人の誰と組むかで3通りあるから，全部で $5 \times 3 = 15$ 通り．

以上から，答えは $\dfrac{120+90+40+15}{6!} = \dfrac{265}{6!} = \dfrac{53}{144}$

別解 A_1, A_2, …, A_n の n 人について，A_k が最初座っていた席を $\boxed{k}$ とし，全員最初と異なる席に座る方法が a_n 通りあるとする．

その中で A_1 が $\boxed{2}$ に座るものは，
● A_2 が $\boxed{1}$ に座るとき： $A_3 \sim A_n$ の $n-2$ 人が最初と異なる席に座ればよいから，a_{n-2} 通り．
● A_2 が $\boxed{1}$ 以外に座るとき： A_2 は $\boxed{1}$ に座れない，A_3 は $\boxed{3}$ に座れない，…，A_n は $\boxed{n}$ に座れない，という制限があるから，$A_2 \sim A_n$ の $n-1$ 人が最初と異なる席に座るのと場合の数は同じで，a_{n-1} 通り．

以上から，A_1 が $\boxed{2}$ に座るものは $a_{n-2} + a_{n-1}$ 通り．
A_1 が $\boxed{3}$, $\boxed{4}$, …, $\boxed{n}$ に座る場合も同様だから，
$$a_n = (n-1)(a_{n-2} + a_{n-1})$$
$a_2 = 1$, $a_3 = 2$ より $a_4 = 3(1+2) = 9$, $a_5 = 4(2+9) = 44$, $a_6 = 5(9+44) = 5 \cdot 53$ だから，答えは $\dfrac{5 \cdot 53}{6!} = \dfrac{53}{144}$

(濱口)

問題 33 xy 平面上に点 $(-4, p)$ を中心とし,点 $(1, 1)$ を通る円 C がある.C と放物線 $y=x^2$ の共有点が異なる 2 点であるとき,p の範囲を求めよ.　　　　　　　　　　　　（2007 年 5 月号 4 番）

平均点：17.8
正答率：40%
時間：SS 15%, S 25%, M 32%, L 29%

C の式と $y=x^2$ から y を消去すると x の 4 次方程式になりますが,1 つの解は $x=1$ なので,実質的には 3 次方程式の問題です.その 3 次方程式を直接相手にするとメンドウですが,"定数は分離せよ" の定石に従って $p=(x$ の式$)$ の形にすると明快です.

解 C は中心が $(-4, p)$ であり,半径の 2 乗は
$$\{(-4, p) \text{ と } (1, 1) \text{ の距離}\}^2 = 5^2 + (1-p)^2$$
だから,$C : (x+4)^2 + (y-p)^2 = 5^2 + (1-p)^2$
これと $y=x^2$ の共有点の x 座標は,これらを連立して,
$$(x+4)^2 + (x^2-p)^2 = 5^2 + (1-p)^2$$
$$\therefore \ x^4 + (1-2p)x^2 + 8x + 2p - 10 = 0$$
$$\therefore \ (x-1)\{x^3 + x^2 + (2-2p)x + 10 - 2p\} = 0$$
よって,$x=1$ または
$$x^3 + x^2 + (2-2p)x + 10 - 2p = 0 \quad \cdots\cdots ①$$
したがって,共有点が 2 個あるための条件は,
　　①が $x=1$ 以外の実数解を 1 個持つこと $\cdots\cdots ②$
ここで,①より,$2(x+1)p = x^3 + x^2 + 2x + 10 \cdots\cdots ③$
$x=-1$ は③を満たさないから,
$$③ \iff p = \frac{x^3+x^2+2x+10}{2(x+1)} \quad \cdots\cdots ④$$
④の右辺を $f(x)$ とおくと,④の実数解は,直線 $y=p$ と曲線 $y=f(x)$ の共有点の x 座標に等しく,
$$f'(x) = \frac{(3x^2+2x+2)(x+1)-(x^3+x^2+2x+10)\cdot 1}{2(x+1)^2}$$
$$= \frac{x^3+2x^2+x-4}{(x+1)^2} = \frac{(x-1)(x^2+3x+4)}{(x+1)^2}$$
これと $\lim\limits_{x\to\pm\infty} f(x) = \infty$
$\lim\limits_{x\to -1\pm 0} f(x) = \pm\infty$ （複号同順）
より,$y=f(x)$,$x\ne 1$ のグラフは右図太線（○を除く）のようになるから,②を満たす p の範囲は $\boldsymbol{p \le \dfrac{7}{2}}$

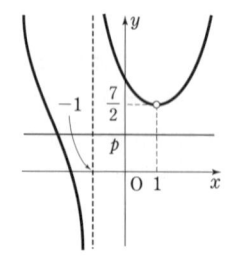

【解説】

A **解**では①を④のように変形しました.①のままでは p が変わると左辺のグラフも変化しますが,④のように文字定数 p を分離すると,解が,p によらず固定された曲線 $y=f(x)$ と x 軸に平行な直線 $y=p$ の共有点の x 座標になるので,$y=f(x)$ のグラフを描けば,②となるための条件は一目瞭然です.

"定数は分離せよ" という手法は,方程式や不等式の解の個数や範囲を考えるときに有効なので,是非使いこなせるようにしておきましょう.

なお,④のように完全に $p=(x$ の式$)$ の形にせずに,③のままで,定点を通る直線と,p によらない 3 次関数のグラフとの共有点と捉えることもできます.

別解（③に続く）③の解は,$y=2p(x+1) \cdots\cdots ⑤$
と,　　　　　　　　$y=x^3+x^2+2x+10 \cdots\cdots ⑥$
の共有点の x 座標.

⑤と⑥が接する場合を考える.このとき,接点の x 座標を t とおくと,⑥のとき $y'=3x^2+2x+2$ だから,$(t, t^3+t^2+2t+10)$ における⑥の接線は
$$y = (3t^2+2t+2)x - 2t^3 - t^2 + 10 \quad \cdots\cdots ⑦$$
これが⑤と一致するとき,
　　⑤は定点 $(-1, 0)$ を通る $\cdots\cdots ⑧$
から,⑦に $(-1, 0)$ を代入して,
$$0 = (3t^2+2t+2)\cdot(-1) - 2t^3 - t^2 + 10$$
$$\therefore \ t^3+2t^2+t-4=0 \quad \therefore \ (t-1)(t^2+3t+4)=0$$
$t^2+3t+4=0$ は実数解を持たないから,$t=1$
このとき,（⑦の傾き）$=7$
だから,⑤より $2p=7$
$$\therefore \ p = \frac{7}{2}$$
⑧と右図より,②を満たす p の範囲は $\boldsymbol{p \le \dfrac{7}{2}}$

＊　　　　　　　　　　＊

3 次関数が相手で,微分は数 II の範囲ですが,p がいくら大きくても⑤と⑥は x が大きいところで交点を持つ,などの注意が必要です.

分数関数の微分（数III）ができる人は,**解**の方が機械的で,まぎれがないでしょう.

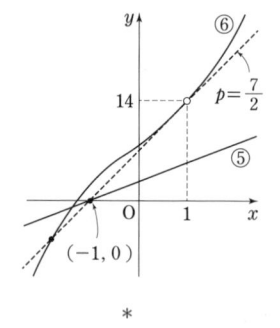

なお,**解**の方針は全体の 27%,別解の方針は全体の 18% でした.

B **解**や別解のように定数分離せずに,①を直接相手にすると,場合分けが必要で,計算も大変になります.

[解答例1]（②に続く）
$g(x)=x^3+x^2+(2-2p)x+10-2p$ とおく．
（i）①が $x=1$ を解に持つとき：
$g(1)=14-4p=0$ より，$p=\dfrac{7}{2}$
このとき，①は，$x^3+x^2-5x+3=0$
∴ $(x-1)^2(x+3)=0$ ∴ $x=1,\ -3$
なので，②を満たす．
（ii）①が $x=1$ を解に持たないとき：$p\neq\dfrac{7}{2}$ …⑨
$g'(x)=3x^2+2x+2(1-p)$
（ア）$g'(x)=0$ の実数解の個数が0か1のとき：
$1-6(1-p)\leqq 0$ より，$p\leqq\dfrac{5}{6}$
このとき，⑨は成り立ち，$g'(x)\geqq 0$ より $g(x)$ は単調増加だから，②を満たす．
（イ）$g'(x)=0$ の実数解の個数が2のとき：
$$p>\dfrac{5}{6} \quad\cdots\cdots\cdots\cdots\cdots⑩$$
$g'(x)=0$ となる x を α,β とすると，
$$\alpha+\beta=-\dfrac{2}{3},\quad \alpha\beta=\dfrac{2}{3}(1-p) \quad\cdots\cdots⑪$$
また，⑨⑩のもとで，② $\iff g(\alpha)g(\beta)>0$ ………⑫
ここで，$g(x)$ を $g'(x)$ で割ることにより，
$$g(x)=g'(x)\left(\dfrac{x}{3}+\dfrac{1}{9}\right)+\left(\dfrac{10}{9}-\dfrac{4}{3}p\right)x+\dfrac{88-16p}{9}$$
$g'(\alpha)=0$ より，$g(\alpha)=\left(\dfrac{10}{9}-\dfrac{4}{3}p\right)\alpha+\dfrac{88-16p}{9}$
同様に，$g(\beta)=\left(\dfrac{10}{9}-\dfrac{4}{3}p\right)\beta+\dfrac{88-16p}{9}$ ………⑬
⑫は，$\left\{\left(\dfrac{10}{9}-\dfrac{4}{3}p\right)\alpha+\dfrac{88-16p}{9}\right\}$
$\qquad\times\left\{\left(\dfrac{10}{9}-\dfrac{4}{3}p\right)\beta+\dfrac{88-16p}{9}\right\}>0$
∴ $\{(5-6p)\alpha+4(11-2p)\}$
$\qquad\times\{(5-6p)\beta+4(11-2p)\}>0$
∴ $(5-6p)^2\alpha\beta+4(5-6p)(11-2p)(\alpha+\beta)$
$\qquad +16(11-2p)^2>0$
⑪を代入して，
$(5-6p)^2\cdot\dfrac{2}{3}(1-p)+4(5-6p)(11-2p)\cdot\left(-\dfrac{2}{3}\right)$
$\qquad +16(11-2p)^2>0$
∴ $4p^3-16p^2+93p-301<0$
∴ $(2p-7)(2p^2-p+43)<0$
$2p^2-p+43=2\left(p-\dfrac{1}{4}\right)^2-\dfrac{1}{8}+43>0$ より，$p<\dfrac{7}{2}$

以上から，②を満たす p の範囲は $\boldsymbol{p\leqq\dfrac{7}{2}}$

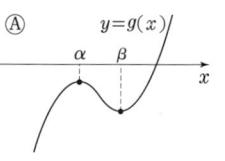

＊　　　　　＊　　　　　＊
⑫では，②を満たす右図の2つの場合を，まとめて処理しています．別々に考えると，以下のようになります．

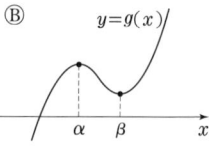

[解答例2]（⑩に続く）
$g'(x)=0$ となる x を α,β $(\alpha<\beta)$ とする．
右上図Ⓐのとき：
$\beta=\dfrac{-1+\sqrt{6p-5}}{3}>-\dfrac{1}{3}>-1$ と $g(-1)=8>0$ より $g(\beta)>0$ であるが，これは図の $g(\beta)<0$ と矛盾．
右上図Ⓑのとき：⑨⑩のもとで，② $\iff g(\beta)>0$
解答例1の⑬より，$g(\beta)>0$ は，
$$\left(\dfrac{10}{9}-\dfrac{4}{3}p\right)\cdot\dfrac{-1+\sqrt{6p-5}}{3}+\dfrac{88-16p}{9}>0$$
＊　　　　　＊　　　　　＊
以下，⑩に注意してこれを解くと，解答例1と同じ不等式が出てきます．あるいは，左辺を $h(p)$ として，
$$h'(p)=\dfrac{-4-2\sqrt{6p-5}}{3}<0,\ h\left(\dfrac{7}{2}\right)=0\ \text{より}\ p<\dfrac{7}{2}$$
とすることもできます．

なお，解答例1の方針は全体の19%，解答例2の方針は全体の12%でした．

Ⓒ 図形的な解法の多くは，以下のような論外でした． 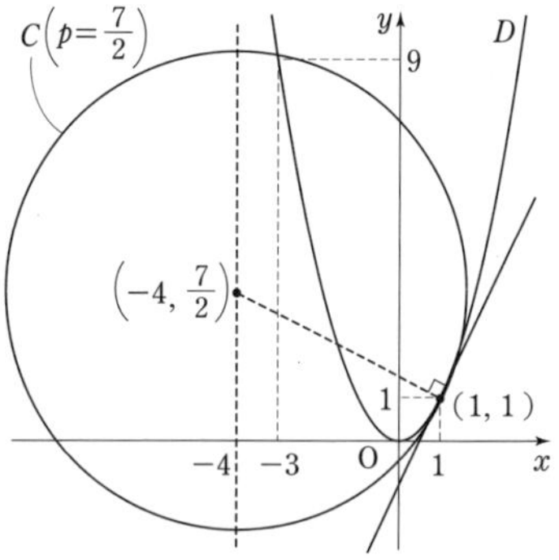
[誤例] C と $y=x^2$ は $p=\dfrac{7}{2}$ のとき $(1,1)$ で接する．図より，$p>\dfrac{7}{2}$ では4点，$p\leqq\dfrac{7}{2}$ では2点で交わる．
＊　　　　　＊　　　　　＊
p の値が変わるにつれ，C の半径，中心の y 座標が変わってくるので，共有点の数は，よくわかりません．(解)や別解のような方程式の議論に持ち込むのが明快です．

Ⓓ すべての解法を通して，①が $x=1$ を解に持つ場合の処理を誤り，答えが $p<\dfrac{7}{2}$ となっている人が目立ちました（全体の27%）．$(x-\alpha)F(x)=0$ タイプの方程式で，$F(x)=0$ が $x=\alpha$ を解に持つ場合の議論は間違えやすいので，十分に気を付けて下さい．

(吉田)

問題34 数列 $\{a_n\}$ を $a_n = \left(1+\dfrac{1}{n}\right)^{3(n+1)}$ ($n=1, 2, \cdots$) で定める.

(1) $\dfrac{6(n+1)}{2n+1} < \log a_n < \dfrac{3(2n+1)}{2n}$ ($n=1, 2, \cdots$) であることを示せ.

(2) $a_n > a_{n+1}$ ($n=1, 2, \cdots$) であることを示せ.

(3) $a_n < e^\pi$ を満たす最小の自然数 n を求めよ. ただし, $\pi = 3.1415\cdots$ である.

(2008年11月号6番)

平均点：21.2
正答率：63%
(1) 75% (2) 85% (3) 77%
時間：SS 13%, S 30%, M 32%, L 26%

順序よく処理していく力を問われる問題です．前の小問との関連性を意識していきましょう．

(1) うまい解法もありますが，微分して解くので十分です．右側の不等式についても，$3(n+1)$ で割ったものを示すと楽です．

(2) (1)を利用しましょう．

(3) $\log a_n < \pi$ となる最小の n を求めればよいので，(1)(2)を利用して，$\log a_n < \pi \leqq \log a_{n-1}$ を満たす n を見つけましょう．

解 (1) $\log a_n = 3(n+1)\log\left(1+\dfrac{1}{n}\right)$ ……①

なので，示すべき式は

$$\dfrac{6(n+1)}{2n+1} < 3(n+1)\log\left(1+\dfrac{1}{n}\right) < \dfrac{3(2n+1)}{2n} \cdots ②$$

よって，$\dfrac{2}{2n+1} < \log\left(1+\dfrac{1}{n}\right) < \dfrac{2n+1}{2n(n+1)}$ ……③

を示せばよい．

(i) $\dfrac{2}{2n+1} < \log\left(1+\dfrac{1}{n}\right)$ について：

$f(x) = \log\left(1+\dfrac{1}{x}\right) - \dfrac{2}{2x+1}$ ($x \geq 1$) とおくと，

$\log\left(1+\dfrac{1}{x}\right) = \log\dfrac{x+1}{x} = \log(x+1) - \log x$ より，

$f'(x) = \dfrac{1}{x+1} - \dfrac{1}{x} + \dfrac{2\cdot 2}{(2x+1)^2}$

$= -\dfrac{1}{x(x+1)} + \dfrac{4}{(2x+1)^2}$

$= \dfrac{-(2x+1)^2 + 4x(x+1)}{x(x+1)(2x+1)^2} = \dfrac{-1}{x(x+1)(2x+1)^2} < 0$

よって，$f(x)$ は単調減少で，$\lim\limits_{x\to\infty} f(x) = 0$ だから，

$f(x) > 0$ ∴ $f(n) = \log\left(1+\dfrac{1}{n}\right) - \dfrac{2}{2n+1} > 0$

(ii) $\log\left(1+\dfrac{1}{n}\right) < \dfrac{2n+1}{2n(n+1)}$ について：

$g(x) = \dfrac{2x+1}{2x(x+1)} - \log\left(1+\dfrac{1}{x}\right)$ ($x \geq 1$) とおくと，

$g'(x) = \dfrac{1}{2}\cdot\dfrac{2x(x+1)-(2x+1)(2x+1)}{x^2(x+1)^2} - \dfrac{1}{x+1} + \dfrac{1}{x}$

$= \dfrac{-2x^2-2x-1}{2x^2(x+1)^2} + \dfrac{1}{x(x+1)}$

$= \dfrac{-2x^2-2x-1+2x(x+1)}{2x^2(x+1)^2} = \dfrac{-1}{2x^2(x+1)^2} < 0$

よって，$g(x)$ は単調減少で，$\lim\limits_{x\to\infty} g(x) = 0$ だから，

$g(x) > 0$ ∴ $g(n) = \dfrac{2n+1}{2n(n+1)} - \log\left(1+\dfrac{1}{n}\right) > 0$

以上から，③は示された．

(2) (1)より

$\log a_n > \dfrac{6(n+1)}{2n+1}$, $\log a_{n+1} < \dfrac{3(2n+3)}{2(n+1)}$ なので，

$\log a_n - \log a_{n+1} > \dfrac{6(n+1)}{2n+1} - \dfrac{3(2n+3)}{2(n+1)}$

$= 3\cdot\dfrac{4(n+1)^2-(2n+3)(2n+1)}{2(2n+1)(n+1)}$

$= 3\cdot\dfrac{1}{2(2n+1)(n+1)} > 0$

よって示された．

(3) $\log a_n < \pi$ を満たす最小の n を求めればよい．

$b_n = \log a_n$, $x_n = \dfrac{6(n+1)}{2n+1}$, $y_n = \dfrac{3(2n+1)}{2n}$ とおくと，

(1)より $x_n < b_n < y_n$ であり，(2)より $b_{n+1} < b_n$

ここで，$x_{10} = \dfrac{22}{7} = 3.142\cdots > \pi$, $y_{11} = \dfrac{69}{22} = 3.13\cdots < \pi$

よって，$\cdots < b_{11} < y_{11} < \pi < x_{10} < b_{10} < b_9 < \cdots < b_1$

だから，**$n = 11$** が答え．

【解説】

A (1)からして難しいです．**解**では②の各辺を $3(n+1)$ で割りましたが，割ることでやや楽になります．というのも，$\log\left(1+\dfrac{1}{x}\right)$ は一回微分すれば分数式になりますが，$3(x+1)\log\left(1+\dfrac{1}{x}\right)$ は一回微分してもまだ log が残るからです（あとの **C** を参照して下さい）．計算が大変だからこそ，しっかりと楽になる工夫をしていきましょう．

なお，(1)で気を付けなければならないところは，

（ i ）の $\lim_{x\to\infty} f(x)=0$ と，（ ii ）の $\lim_{x\to\infty} g(x)=0$ を言わなければならないということです．単調減少を示しただけでは，いつか $f(x)\leq 0$ や $g(x)\leq 0$ となるかもしれません．

B （1）は面積で評価するうまい解法もあります．

別解（1）（③に続く）下図で，
(台形 ABCD) $< \int_n^{n+1} \dfrac{dx}{x}$
$\qquad\qquad <$ (台形 ABEF)

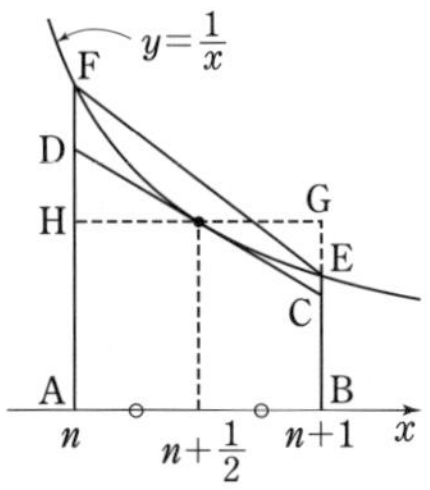

ここで，(台形 ABCD)
$=$ (長方形 ABGH)
$= \dfrac{1}{n+\frac{1}{2}} = \dfrac{2}{2n+1}$

$\int_n^{n+1} \dfrac{dx}{x} = \Big[\log x\Big]_n^{n+1}$
$= \log(n+1)-\log n = \log\left(1+\dfrac{1}{n}\right)$

(台形 ABEF) $= \dfrac{1}{2}\left(\dfrac{1}{n}+\dfrac{1}{n+1}\right) = \dfrac{2n+1}{2n(n+1)}$

だから，③は成り立つ．

*　　　　　　　　　　*

非常にうまい解法ですね．この方法を選んだ人は 29% でした．

C （2）は，（1）の利用に気づかなければ，①が単調減少であることを微分して調べることになりますが，**解** に比べて，だいぶ手間が多くなります．

[解答例]（2）$h(x) = (x+1)\log\left(1+\dfrac{1}{x}\right)$
$\qquad\qquad = (x+1)\{\log(x+1)-\log x\}\ (x\geq 1)$

とおくと，

$h'(x) = \log(x+1)-\log x + (x+1)\left(\dfrac{1}{x+1}-\dfrac{1}{x}\right)$
$\qquad = \log(x+1)-\log x - \dfrac{1}{x}$

$h''(x) = \dfrac{1}{x+1}-\dfrac{1}{x}+\dfrac{1}{x^2}$
$\qquad = -\dfrac{1}{x(x+1)}+\dfrac{1}{x^2} = \dfrac{1}{x^2(x+1)} > 0$

よって，$h'(x)$ は単調増加で，

$\lim_{x\to\infty} h'(x) = \lim_{x\to\infty}\left\{\log\left(1+\dfrac{1}{x}\right)-\dfrac{1}{x}\right\} = 0$

だから，$h'(x) < 0$
$h(x)$ は単調減少だから，①も単調減少．

D （3）は $x_{10}>\pi$ と $y_{11}<\pi$ の両方が必要です．例えば，$y_{11}<\pi$ を計算しないで $x_{10}>\pi$ と $x_{11}<\pi$ を計算しただけでは，$x_{11}<\pi<b_{11}<y_{11}<x_{10}<b_{10}$ となるかもしれません．逆に，$x_{10}>\pi$ を計算していないと
$b_{11}<y_{11}<x_{10}<b_{10}<\pi<y_{10}$ となっているかもしれません．**解** や今の説明のように，x_n，b_n，y_n，π を大小関係で並べたらどうなるかイメージすると，間違えにくくなるでしょう．

E **解** は要するに，$y_k<\pi<x_{k-1}$ となる k があったら，$b_k<\pi<b_{k-1}$ となるから $n=k$ が答えになるというアイディアの解法です．肝心の k の見つけ方ですが，人それぞれいろいろあります．例えば，$n=1$ から順番に計算して k が見つかるまで計算を続けるというのも，シンプルですが，十分実践的な解法です．

これに対して，「見当をつける」という手もあります．一例としては，

『$x_n\fallingdotseq \pi$ となる n の値を概算してみよう．
$x_n = \dfrac{6(n+1)}{2n+1} = 3+\dfrac{3}{2n+1}$ なので，$\dfrac{3}{2n+1}$ が 0.141 ぐらいならいいんだろう．つまり，$\dfrac{1}{2n+1}$ が 0.047 ぐらいになる．そのとき $2n+1$ は 21 か 22 ぐらいだから，n が 10 とか 11 ぐらいで x_n と y_n をとりあえず計算してみよう』

という感じです．大体答えになりそうな n の値を予想してその近辺だけ調べると，手間が省けます．

F 本問の意味を説明しておきます．

$\lim_{n\to\infty}\log a_n = \lim_{n\to\infty} 3\cdot\dfrac{n+1}{n}\cdot\log\left(1+\dfrac{1}{n}\right)^n = 3\cdot 1\cdot\log e = 3$

より，$\lim_{n\to\infty} a_n = e^3$

（2）から分かるとおり a_n は単調減少で，n が大きくなると e^3 に近づくので，a_n はそのうち e^π より小さくなります．その n がどこにあるのか調べようという問題です．$3(n+1)$ 乗というように 3 がついているのは，π に最も近い自然数だからです．

（藤田）

問題 35 （1） $f(x)$ は連続関数とする．次の等式を証明せよ．
$$\int_0^\pi xf(\sin x)\,dx = \frac{\pi}{2}\int_0^\pi f(\sin x)\,dx$$
（2） 次の空欄に当てはまる式を答えよ（答のみでよい）．
$$1+\sin x = 2\cos^2\boxed{}$$
（3） $\displaystyle\int_0^\pi \frac{x}{(1+\sin x)^3}\,dx$ を求めよ．

（2006年8月号5番）

平均点：22.2
正答率：69％ （1） 91％ （2） 93％
時間：SS 21%, S 32%, M 26%, L 21%

（1） $x=\pi-t$ の置換で一発ですが，図形的意味付けをすることもできます．
（3） $\cos^n t$ の形の積分に帰着され，部分積分で漸化式を作るのも一つの手ですが，本問では n が負の偶数になるので，$\tan t=u$ の置換で処理することもできます．

解 （1） $x=\pi-t$ と置換すると，$dx=-dt$
左辺の積分を I とおくと，
$$I=\int_\pi^0 (\pi-t)f(\sin(\pi-t))(-dt)$$
$$=\int_0^\pi (\pi-t)f(\sin t)\,dt$$
$$=\pi\int_0^\pi f(\sin t)\,dt - \int_0^\pi tf(\sin t)\,dt$$
$$=\pi\int_0^\pi f(\sin t)\,dt - I$$
$$\therefore\ I=\frac{\pi}{2}\int_0^\pi f(\sin t)\,dt$$

（2） $1+\sin x = 1+\cos\left(\frac{\pi}{2}-x\right)$
$$=1+\left\{2\cos^2\frac{1}{2}\left(\frac{\pi}{2}-x\right)-1\right\}=2\cos^2\left(\frac{\pi}{4}-\frac{x}{2}\right)$$

（3） $f(x)=\dfrac{1}{(1+x)^3}$ として（1）を用いると，
$$\int_0^\pi \frac{x}{(1+\sin x)^3}\,dx = \frac{\pi}{2}\int_0^\pi \frac{dx}{(1+\sin x)^3}$$
$$=\frac{\pi}{2}\int_0^\pi \frac{dx}{8\cos^6\{(\pi/4)-(x/2)\}}\quad\cdots\cdots①$$
$t=\dfrac{\pi}{4}-\dfrac{x}{2}$ とおくと，$dt=-\dfrac{1}{2}dx$ つまり $dx=-2dt$ なので，$① = \dfrac{\pi}{2}\displaystyle\int_{\pi/4}^{-\pi/4}\dfrac{-2dt}{8\cos^6 t} = \dfrac{\pi}{8}\int_{-\pi/4}^{\pi/4}\dfrac{dt}{\cos^6 t}\quad\cdots\cdots②$

$\dfrac{1}{\cos^6 t}$ は偶関数だから，$②=\dfrac{\pi}{4}\displaystyle\int_0^{\pi/4}\dfrac{dt}{\cos^6 t}\quad\cdots\cdots③$

$\tan t=u$ とおくと，$\dfrac{dt}{\cos^2 t}=du$，$1+u^2=\dfrac{1}{\cos^2 t}$ より，
$$③=\frac{\pi}{4}\int_0^{\pi/4}\left(\frac{1}{\cos^2 t}\right)^2\frac{dt}{\cos^2 t}=\frac{\pi}{4}\int_0^1 (1+u^2)^2\,du$$
$$=\frac{\pi}{4}\left[u+\frac{2}{3}u^3+\frac{1}{5}u^5\right]_0^1=\frac{7}{15}\pi$$

【解説】

まずは（1）です．月刊『大学への数学』2006年8月号の数III演習に同一の問題があったのも原因の1つでしょうか，**解**のやり方が多数派でした．ここでは，別のやり方を1つ紹介してみます．

別解 （1） 示すべき式の（左辺）-（右辺）は，
$$\int_0^\pi xf(\sin x)\,dx - \frac{\pi}{2}\int_0^\pi f(\sin x)\,dx$$
$$=\int_0^\pi \left(x-\frac{\pi}{2}\right)f(\sin x)\,dx\quad\cdots\cdots④$$
$x-\dfrac{\pi}{2}=t$ とおく．$dx=dt$ より，
$$④=\int_{-\pi/2}^{\pi/2} tf\left(\sin\left(t+\frac{\pi}{2}\right)\right)dt$$
$$=\int_{-\pi/2}^{\pi/2} tf(\cos t)\,dt\quad\cdots\cdots⑤$$
ここで，$g(t)=tf(\cos t)$ とおくと，
$$g(-t)=-tf(\cos(-t))=-tf(\cos t)=-g(t)$$
なので，$g(t)$ は奇関数．よって，⑤$=0$ だから④$=0$ となり，与式は示された．

* *

示すべき等式は図形的にどのような意味をもつのか気になった人もいると思いますが，それを見るには，「④$=0$」の形で見るのが一番です．

$g(t)$ が奇関数，つまり，$y=g(t)$ のグラフが $(t, y)=(0, 0)$ に関して対称だということは，t の定義 $x-\dfrac{\pi}{2}=t$ に戻ると，

$\left.\begin{array}{l} y=\left(x-\dfrac{\pi}{2}\right)f(\sin x) \text{ のグラフが} \\ (x,\ y)=\left(\dfrac{\pi}{2},\ 0\right) \text{ に関して対称} \end{array}\right\}\cdots\cdots⑥$

であることを表しています．

このように見れば，④$=0$ は，ほぼ明らかです．

（$x\geqq\dfrac{\pi}{2}$ の部分と $x\leqq\dfrac{\pi}{2}$ の部分が打ち消し合う）

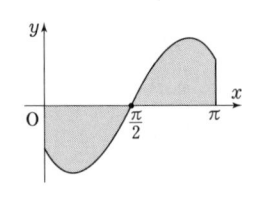

なお，⑥は直接計算によっても確認できます．
$h(x)=\left(x-\dfrac{\pi}{2}\right)f(\sin x)$ とおくとき，任意の実数 u に対して $h\left(\dfrac{\pi}{2}-u\right)=-h\left(\dfrac{\pi}{2}+u\right)$ となればよく，
$$h\left(\dfrac{\pi}{2}-u\right)=-uf\left(\sin\left(\dfrac{\pi}{2}-u\right)\right)=-uf(\cos u)$$
$$h\left(\dfrac{\pi}{2}+u\right)=uf\left(\sin\left(\dfrac{\pi}{2}+u\right)\right)=uf(\cos u)$$
より，確かに成り立ちます．

B （2）のヒントがあったため，（3）では，ほとんどの人が③の形まではたどりついていました．

解では，このあと $\tan t=u$ とおいています．明確な根拠があるわけではないのですが，$\tan$ と $\dfrac{1}{\cos^2}$ は

- $1+\tan^2 x=\dfrac{1}{\cos^2 x}$
- $(\tan x)'=\dfrac{1}{\cos^2 x}$

により深く結びついているので，$\tan$ をカタマリと見ればキレイな形になるかもしれない，という考えによるものです．この置換を行い，キレイに解いた人は，全体の65%でした．

C 冒頭にも述べたとおり，$\cos^n$ の積分なので，漸化式を作る解法も自然です．

別解1 （3）（③に続く）

n を自然数とし，$\dfrac{1}{\cos^n x}=\cos^{-n}x$ と表すことにする．

$I_n=\displaystyle\int_0^{\frac{\pi}{4}}\cos^{-n}x\,dx$ とおく．

$$I_n=\int_0^{\frac{\pi}{4}}\cos^{-n-1}x(\sin x)'\,dx$$
$$=\left[\cos^{-n-1}x\sin x\right]_0^{\frac{\pi}{4}}$$
$$\quad-\int_0^{\frac{\pi}{4}}(-n-1)\cos^{-n-2}x(-\sin x)\cdot\sin x\,dx$$
$$=\left(\dfrac{1}{\sqrt{2}}\right)^{-n}+(n+1)\int_0^{\frac{\pi}{4}}\cos^{-n-2}x(\cos^2 x-1)\,dx$$
$$=2^{\frac{n}{2}}+(n+1)\int_0^{\frac{\pi}{4}}(\cos^{-n}x-\cos^{-n-2}x)\,dx$$
$$=2^{\frac{n}{2}}+(n+1)(I_n-I_{n+2})$$

より，$I_{n+2}=\dfrac{n}{n+1}I_n+\dfrac{1}{n+1}\cdot 2^{\frac{n}{2}}$

$I_2=\displaystyle\int_0^{\frac{\pi}{4}}\dfrac{dx}{\cos^2 x}=\left[\tan x\right]_0^{\frac{\pi}{4}}=1$ より，

$I_4=\dfrac{2}{3}\cdot 1+\dfrac{2}{3}=\dfrac{4}{3}$，$I_6=\dfrac{4}{5}\cdot\dfrac{4}{3}+\dfrac{4}{5}=\dfrac{28}{15}$

よって，③$=\dfrac{\pi}{4}\times\dfrac{28}{15}=\dfrac{\mathbf{7}}{\mathbf{15}}\boldsymbol{\pi}$

＊　　　　　＊　　　　　＊

同じ部分積分を2回くり返して，$I_6=(I_4$ の式$)$，$I_4=(I_2$ の式$)$ の形の式を別々に出している人も目立ちましたが，それなら別解1のように先に一般式を出す方が見通しがよいでしょう．別解1は15%でした．

D 次のやり方も少数ですがありました．

別解2 （3）（③に続く）

$$\int_0^{\frac{\pi}{4}}\dfrac{dx}{\cos^6 x}=\int_0^{\frac{\pi}{4}}(1+\tan^2 x)^3\,dx$$
$$=\int_0^{\frac{\pi}{4}}(1+3\tan^2 x+3\tan^4 x+\tan^6 x)\,dx \quad\cdots\cdots ⑦$$

$J_n=\displaystyle\int_0^{\frac{\pi}{4}}\tan^n x\,dx$ とする．

$$J_n+J_{n+2}=\int_0^{\frac{\pi}{4}}\tan^n x\cdot(1+\tan^2 x)\,dx$$
$$=\int_0^{\frac{\pi}{4}}\tan^n x\cdot\dfrac{1}{\cos^2 x}\,dx=\int_0^{\frac{\pi}{4}}\tan^n x\cdot(\tan x)'\,dx$$
$$=\left[\dfrac{1}{n+1}\tan^{n+1}x\right]_0^{\frac{\pi}{4}}=\dfrac{1}{n+1}$$

より，$J_{n+2}=\dfrac{1}{n+1}-J_n$

$J_0=\displaystyle\int_0^{\frac{\pi}{4}}1\,dx=\dfrac{\pi}{4}$ より，$J_2=1-\dfrac{\pi}{4}$

$J_4=\dfrac{1}{3}-\left(1-\dfrac{\pi}{4}\right)=\dfrac{\pi}{4}-\dfrac{2}{3}$

$J_6=\dfrac{1}{5}-\left(\dfrac{\pi}{4}-\dfrac{2}{3}\right)=\dfrac{13}{15}-\dfrac{\pi}{4}$

∴　⑦$=J_0+3J_2+3J_4+J_6=\dfrac{28}{15}$

よって，③$=\dfrac{\pi}{4}\times\dfrac{28}{15}=\dfrac{\mathbf{7}}{\mathbf{15}}\boldsymbol{\pi}$

＊　　　　　＊　　　　　＊

積分の漸化式を得る手段といえば，たいてい部分積分ですが，$\tan^n x$ の積分は，それ以外の手段で漸化式が得られる珍しい例になっています．　　　　（條）

問題36　$f(x)=\int_{\frac{\pi}{3}}^{x}(x-t)^2\sin t\, dt$ とおく．

（1）$f''(x)$ を求めよ．
（2）$f(x)=0$ となる実数 x は何個あるか．

（2005年8月号4番）

平均点：18.3
正答率：43%　（1）83%
時間：SS 4%, S 31%, M 45%, L 20%

（1）$f(x)$ を計算してしまえばできますが，定数項まできちんと求めなくても（2）はできるので，微分積分法の基本定理：$\dfrac{d}{dx}\int_c^x g(t)\,dt=g(x)$（$c$ は定数）を使ってみます．

（2）$f(x)$ は（2次式）＋（三角関数）の形になるので，方程式を解いて具体的に x を求めることはできません．$f(x)$ の増減を調べるために $f'(x)$ の符号変化を考えますが，三角関数と1次関数に分けてみましょう．

解　（1）$f(x)$
$=x^2\int_{\frac{\pi}{3}}^{x}\sin t\,dt-2x\int_{\frac{\pi}{3}}^{x}t\sin t\,dt+\int_{\frac{\pi}{3}}^{x}t^2\sin t\,dt$ …①

なので，
$f'(x)=2x\int_{\frac{\pi}{3}}^{x}\sin t\,dt+x^2\cdot\sin x$
$\quad-\left(2\int_{\frac{\pi}{3}}^{x}t\sin t\,dt+2x\cdot x\sin x\right)+x^2\sin x$
$=2x\int_{\frac{\pi}{3}}^{x}\sin t\,dt-2\int_{\frac{\pi}{3}}^{x}t\sin t\,dt$ ……②

$f''(x)=2\int_{\frac{\pi}{3}}^{x}\sin t\,dt+2x\cdot\sin x-2\cdot x\sin x$
$=2\left[-\cos t\right]_{\frac{\pi}{3}}^{x}=\boldsymbol{-2\cos x+1}$

（2）②より $f'\left(\dfrac{\pi}{3}\right)=0$ なので，
$f'(x)=\int_{\frac{\pi}{3}}^{x}f''(t)\,dt=\int_{\frac{\pi}{3}}^{x}(-2\cos t+1)\,dt$
$=\left[-2\sin t+t\right]_{\frac{\pi}{3}}^{x}=x-2\sin x+\sqrt{3}-\dfrac{\pi}{3}$

$y=2\sin x$ の $x=\dfrac{\pi}{3}$ における接線が
$y=x+\sqrt{3}-\dfrac{\pi}{3}\ (=l(x))$
とおく）であり，両者のグラフは右のようになる． 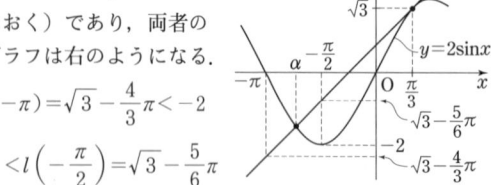
$l(-\pi)=\sqrt{3}-\dfrac{4}{3}\pi<-2$
$<l\left(-\dfrac{\pi}{2}\right)=\sqrt{3}-\dfrac{5}{6}\pi$
であるから，$y=l(x)$ と $y=2\sin x$ は，$x\le-\pi$ におい

ては $l(x)<-2\le 2\sin x$ により交点を持たず，$-\pi<x<-\dfrac{\pi}{2}$ に交点を1個もち，$x<0$ における交点はただ1つである．その交点の x 座標を α とすると，
$f'(x)\ge 0\iff l(x)\ge 2\sin x\iff x\ge\alpha$
（等号は $x=\alpha,\ \dfrac{\pi}{3}$ でのみ成立）
より右の増減表を得る．
$f\left(\dfrac{\pi}{3}\right)=0$ より

x	$\cdots$	α	$\cdots$	$\dfrac{\pi}{3}$	$\cdots$
$f'(x)$	$-$	0	$+$	0	$+$
$f(x)$	↘		↗	0	↗

$f(x)=\int_{\frac{\pi}{3}}^{x}f'(t)\,dt$
$=\dfrac{1}{2}x^2+2\cos x+\left(\sqrt{3}-\dfrac{\pi}{3}\right)x+(\text{定数})$

となることから
$\lim_{x\to\pm\infty}f(x)=\infty$
なので，$f(x)=0$ を満たす実数 x は **2個**．

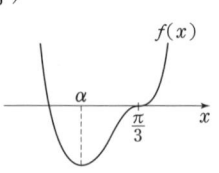

【解説】
A　$f(x)$ を求めよ，という問題なら，$f''(x)$ を2回積分するのではなく，
$f(x)=\int_{\frac{\pi}{3}}^{x}(x-t)^2\left\{\dfrac{d}{dt}(-\cos t)\right\}dt$
$=\left[(x-t)^2\cdot(-\cos t)\right]_{t=\frac{\pi}{3}}^{t=x}+\int_{\frac{\pi}{3}}^{x}\{-2(x-t)\}\cos t\,dt$
$=\dfrac{1}{2}\left(x-\dfrac{\pi}{3}\right)^2+2\int_{\frac{\pi}{3}}^{x}(t-x)\cos t\,dt$
$=\dfrac{1}{2}\left(x-\dfrac{\pi}{3}\right)^2+2\left\{\left[(t-x)\sin t\right]_{t=\frac{\pi}{3}}^{t=x}-\int_{\frac{\pi}{3}}^{x}\sin t\,dt\right\}$
$=\dfrac{1}{2}\left(x-\dfrac{\pi}{3}\right)^2+\sqrt{3}\left(x-\dfrac{\pi}{3}\right)+2\cos x-1$ ………③

とするところでしょう．（1）では $f''(x)$ を求めるので，これを2回微分するのは遠回りに感じられますが，結局 $f(x)$（のだいたいの形）を求めることになるので，悪い解法ではありません．なお，「t で積分している間は x は定数」なので，上記の積分計算においては x は積分の中・外どちらでもかまいません．**解**の①のように外に出してしまうと面倒になるので，中に残したままにし

ています．

しかし，**解**のように微分積分法の基本定理

連続関数 $g(t)$ が x を含まないとき，

定数 c に対して $\dfrac{d}{dx}\displaystyle\int_c^x g(t)dt = g(x)$

を用いる場合は，――の条件があるため，（定積分の形のままで）微分するためには，①のように x を積分の外に出さなければなりません．これに関しては後の E で詳しく述べます．

B 本問は，$f'(x)$ の符号変化を調べる部分がメインです．**解**では，$f'(x)$ が，三角関数とその接線の式に分解されることを利用しました（この調べ方をしたのは 11%）が，「$x<0$ における交点が 1 個しかないことはグラフから明らか」と言わんばかりの（つまり，その根拠が全く書かれていない）答案が目立ちました．しかし，接点の x 座標が $\dfrac{\pi}{2}$ に近いと両者は何回も交わりますから，交点 1 個と言うためには根拠が必要です．

接線が出てくるのは唐突に感じるかもしれませんが，$f'(x) = \left(x + \sqrt{3} - \dfrac{\pi}{3}\right) - 2\sin x$ について，②より $f'\left(\dfrac{\pi}{3}\right) = 0$ であり，（1）の結果から $f''\left(\dfrac{\pi}{3}\right) = 0$ となるので，$y = x + \sqrt{3} - \dfrac{\pi}{3}$ と $y = 2\sin x$ が $x = \dfrac{\pi}{3}$ で接するのは偶然ではありません．

さて，本問では $f'(x)$ の符号がわかればよいので，$y = f'(x)$ のグラフを描く必要はありません．しかし，（1次式）+（三角関数）なので，（（1）の結果，すなわち $f''(x)$ も含めると）増加，減少をくり返して右上へ向かうグラフになると予想できます．そのイメージ（x がある程度大きければ $f'(x) > 0$，小さければ $f'(x) < 0$）をもつことができた人は，符号変化を見通しよく調べられたはずです．

実際にやってみましょう．まず，$-1 \leq \sin x \leq 1$ なので，$x - 2 + \sqrt{3} - \dfrac{\pi}{3} \leq f'(x) = x - 2\sin x + \sqrt{3} - \dfrac{\pi}{3}$
$$\leq x + 2 + \sqrt{3} - \dfrac{\pi}{3}$$

となります．最左辺を $l_0(x)$，最右辺を $l_1(x)$ とおけば，$y = f'(x)$ は，平行な 2 直線 $y = l_0(x)$，$y = l_1(x)$ に挟まれた領域にあることがわかります．次に，
$$f'(x + 2\pi) = (x + 2\pi) - 2\sin(x + 2\pi) + \sqrt{3} - \dfrac{\pi}{3}$$
$$= f'(x) + 2\pi$$

から，「点 (x, y) が $y = f'(x)$ 上にあれば，x 軸方向，y 軸方向それぞれに 2π 平行移動した点

$(x + 2\pi, y + 2\pi)$ も $y = f'(x)$ 上にある」ことが得られます．これは，「$y = f'(x)$ のグラフは，ある長さが 2π の区間のグラフを x 軸方向，y 軸方向それぞれに 2π（の整数倍）平行移動したものをつなげていったものである」ことを示しています．

そこで，まず $-\dfrac{5}{3}\pi \leq x \leq \dfrac{\pi}{3}$ の範囲で考えます．

（1）より両端で極小，$x = -\dfrac{\pi}{3}$ で極大となり，グラフは（その前後も含めて描くと）右のようになります．

$y = f'(x)$ のグラフを調べた答案は 60% ありました．

C $f'(x)$ の符号変化がわかったら $f(x) = 0$ を満たす x の個数を求めるわけですが，
$$f(x) = \int_{\frac{\pi}{3}}^x (x-t)^2 \sin t\, dt \text{ からすぐわかる } f\left(\dfrac{\pi}{3}\right) = 0 \text{ が}$$
ポイントです．それでは，増減表と合わせて「2 個」と答えられるでしょうか？

『$x < \alpha$ において $f'(x) < 0$ だから，$x \to -\infty$ のとき $f(x) \to \infty$ となる．従って（$x > \alpha$ に 1 個あることと合わせて）2 個．』

これで正しそうですが，一般には成り立ちません．

$h(x) = xe^x$ としてみると，$h'(x) = (1+x)e^x$ などにより，グラフは右のようになります．

$h(x) = 0$ を満たす x は 1 つしかありませんが，増減表は $f(x)$ と同様です．

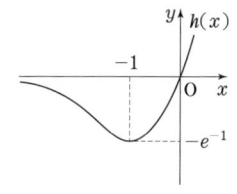

つまり，増減表と $f\left(\dfrac{\pi}{3}\right) = 0$ だけから「2 個」とは言えません．しかし，$f(x) \to \infty$ ($x \to -\infty$) が明らかなためか，言及のない答案が散見されました．一般的に成り立つことなのか，そうでないのか，なるべく区別して書こう，心がけて下さい．

D 冒頭で，$f(x)$ は（2次式）+（三角関数）の形になると書きました．一方をマイナスにして，グラフを重ねて描けば，

$f(x) = 0$ を満たす実数 x はグラフの交点の x 座標ですから，視覚的に解くこともできそうです（**解**で $f'(x)$ についてやったことを $f(x)$ についてやろう，ということです）．A の③より，

$f(x)=0 \iff$
$$\frac{1}{2}x^2+\left(\sqrt{3}-\frac{\pi}{3}\right)x+\frac{\pi^2}{18}-\frac{\pi}{\sqrt{3}}-1=-2\cos x$$

なので，両辺のグラフを描くと次のようになります（この方針は4%）．

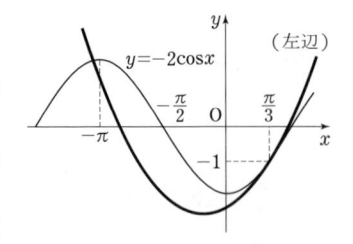

見るからに交点は2個で，疑問をはさむ余地はないように思えます．しかし，$x=\frac{\pi}{3}$の近くでどうなっているか，グラフからは何もわかりません．実際には3重に接しているために，$y=-2\cos x$が放物線の内側から外側に出るのですが，仮にそれを示したとしても，$x=\frac{\pi}{3}$の近くに（他に）交点がないとは言えません．

$x=\frac{\pi}{3}$の近くでは，**どちらも増加で下に凸**なので，右図のようになる可能性もあり，グラフの形から他に交点はない，とは主張できないのです．もちろん，「高校でそんなに複雑なものが出てくるはずがない」と思うのは自由ですが，数学はそれくらい（このグラフによる解法が正解と認められないくらい）融通のきかないものだということを心にとめておいてもらいたいと思います．

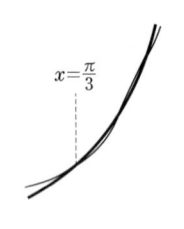

E 解で$f''(x)$を積分して$f'(x)$を求めたように，一般に微分したものを積分すると，定数を除いて元に戻ります．これとは逆に，積分したものを微分すると元に戻ります（微分積分法の基本定理）が，この定理は，「微分と積分の順序は適当に入れかえてよい」と言っているわけではありません．これに関して詳しく述べることにしますので，興味のある人は理解を深めて下さい．

以下，$f(x)$，$g(x)$は既出のものとは関係ない，一般の関数を表すものとします．

---**微分積分法の基本定理**---
連続関数$f(t)$がxを含まないとき，定数cに対して，$\dfrac{d}{dx}\displaystyle\int_c^x f(t)dt=f(x)$

$f(t)$がxを含まない，という点が重要で，本問(1)で$f'(x)$を求めるときに，$f(x)=\displaystyle\int_{\frac{\pi}{3}}^x (x-t)^2\sin t\,dt$のまま「被積分関数の$t$に$x$を代入する」と，0になって正しい結果が得られません．

[定理の証明] $F(x)=\displaystyle\int_c^x f(t)dt$とおくと，
$$\frac{d}{dx}F(x)=\lim_{h\to 0}\frac{F(x+h)-F(x)}{h}$$
である．ここで，
$$\frac{1}{h}\{F(x+h)-F(x)\}$$
$$=\frac{1}{h}\left\{\int_c^{x+h}f(t)dt-\int_c^x f(t)dt\right\} \quad\cdots\cdots④$$
$$=\frac{1}{h}\int_x^{x+h}f(t)dt \quad\cdots\cdots⑤$$

だから，$x\leq t\leq x+h$における$f(t)$の最小値をm，最大値をMとおくと，
$$\frac{1}{h}\cdot mh\leq ⑤\leq \frac{1}{h}\cdot Mh \quad\therefore\quad m\leq ⑤\leq M$$

$h\to 0$とするとき，$f(t)$の連続性から$m\to f(x)$，$M\to f(x)$となるので，はさみうちの原理より
$$\frac{d}{dx}F(x)=\lim_{h\to 0}⑤=f(x) \qquad (\text{証明終})$$

$\dfrac{d}{dx}F(x)$と書いてあるので「xは変数で動く」ように思えてしまいますが，固定した各xに対して右辺の極限を計算することに注意して下さい．xを固定すればmとMはhの関数と見ることができます．なお，④を⑤の形にまとめられるのは，④の2つの被積分関数が同じ（xによらない）だからで，ここで「$f(t)$がxを含まない」という条件を使っています．以下に示す一般の（xを含む）場合と比較すると理解しやすいと思います．

さて，本問では
$$f'(x)=\int_{\frac{\pi}{3}}^x 2(x-t)\sin t\,dt$$
$$=\int_{\frac{\pi}{3}}^x \left\{\frac{d}{dx}(x-t)^2\sin t\right\}dt$$

となっていて，さらに同じ計算をして$\displaystyle\int_{\frac{\pi}{3}}^x\left\{\frac{d}{dx}2(x-t)\sin t\right\}dt$から$f''(x)$を求めても正しい結果と一致します．しかし，これは偶然で，一般にはこのような微分と積分の交換はできません．例えば，$g(t,x)=tx$とすると
$$\int_0^x tx\,dt=x\left[\frac{1}{2}t^2\right]_0^x=\frac{1}{2}x^3$$
なので， $\dfrac{d}{dx}\displaystyle\int_0^x tx\,dt=\frac{3}{2}x^2 \quad\cdots\cdots⑥$

となります．これは，$g(x,x)=x^2$（つまり被積分関数のtにxを代入したもの）とは違います．また，txを，tを定数としてxで微分するとtになり，

$$\int_0^x \frac{d}{dx}(tx)dt = \int_0^x t\,dt = \frac{1}{2}x^2$$

となりますが，⑥は，これとも違います．

さて，ここでよく見ると

$$\frac{3}{2}x^2 = \frac{1}{2}x^2 + x^2$$

すなわち，$\dfrac{d}{dx}\displaystyle\int_0^x g(t,\ x)dt$

$$= \int_0^x \left\{\frac{d}{dx}g(t,\ x)\right\}dt + g(x,\ x)$$

が成り立っています．実は一般には，定数 c に対して

$$\left.\begin{array}{l}\dfrac{d}{dx}\displaystyle\int_c^x g(t,\ x)dt \\[6pt] = \displaystyle\int_c^x \left\{\dfrac{d}{dx}g(t,\ x)\right\}dt + g(x,\ x)\end{array}\right\} \cdots\cdots⑦$$

が成り立ちます．本問では，$g(x,\ x)$ に相当する部分が 0 になるため，結果が一致した，ということです．

一般の連続関数 $g(t,\ x)$ について，⑦を証明しましょう．

$G(x) = \displaystyle\int_c^x g(t,\ x)dt$ とおくと，

$$\frac{d}{dx}G(x) = \lim_{h \to 0}\frac{G(x+h)-G(x)}{h}$$

で，極限の中について，

$$\frac{1}{h}\{G(x+h)-G(x)\}$$
$$= \frac{1}{h}\left\{\int_c^{x+h}g(t,\ x+h)dt - \int_c^x g(t,\ x)dt\right\}$$
$$= \frac{1}{h}\left\{\int_c^x \{g(t,\ x+h)-g(t,\ x)\}dt\right.$$
$$\left.+ \int_x^{x+h}g(t,\ x+h)dt\right\}$$
$$= \underbrace{\frac{1}{h}\int_c^x \{g(t,\ x+h)-g(t,\ x)\}dt}_{⑧}$$
$$+ \underbrace{\frac{1}{h}\int_x^{x+h}g(t,\ x+h)dt}_{⑨}$$

ここで，$⑧ = \displaystyle\int_c^x \frac{g(t,\ x+h)-g(t,\ x)}{h}dt$

$$\to \int_c^x \left\{\frac{d}{dx}g(t,\ x)\right\}dt \ \ (h \to 0)$$

⑨については，先ほどの定理の証明と同様に，$x \leq t \leq x+h$ における $g(t,\ x+h)$ の最小値を m，最大値を M とおくと，

$$\frac{1}{h}\cdot mh \leq ⑨ \leq \frac{1}{h}\cdot Mh \quad \therefore\quad m \leq ⑨ \leq M$$

$h \to 0$ のとき，$g(t,\ x)$ の連続性から $m \to g(x,\ x)$，$M \to g(x,\ x)$ となるので，⑨ $\to g(x,\ x)$

これで，⑦が示せました．

なお，積分区間が決まっている（x に依らない）場合は，$\dfrac{d}{dx}\displaystyle\int_a^b g(t,\ x)dt = \int_a^b\left\{\dfrac{d}{dx}g(t,\ x)\right\}dt$

（a，b は定数）

が成り立ちます．証明は上と同じ（⑧で積分区間が $a \leq t \leq b$ になり，⑨が出てこない）です． （飯島）

問題 37 a, b, c, d を実数とする．$f(x)=x^4+ax^2+b$,
$g(x)=x^2+cx+d$ は次の2つの条件を満たす．
（ⅰ） 2曲線 $y=f(x)$, $y=g(x)$ は $x=\alpha$, $x=\beta$ で交わり，$x=\gamma$ で接する．ただし，$\alpha<\beta<\gamma$ とする．
（ⅱ） 2曲線 $y=f(x)$, $y=g(x)$ で囲まれた2つの部分の面積は等しい．
（1） α, γ を β を用いて表せ．
（2） $f(x)$ が $g(x)$ で割り切れるとき，$f(x), g(x)$ を求めよ．

（2015年11月号3番）

平均点：18.1
正答率：52％ （1）76％ （2）53％
時間：SS 5％, S 20％, M 32％, L 43％

$f(x), g(x)$ が a, b, c, d を使って表されていますが，$a\sim d$ について考えるというより，これによって「式の形」が与えられている（$f(x)$ の x^3 の係数は0，など）というようにとらえた方が解きやすいでしょう．
（1）は，（ⅰ），（ⅱ）を順番に使っていけばよいです．
（2）は，$f(x)-g(x)$ が $g(x)$ で割り切れることを考えます．

解 （1）（ⅰ）から，
$f(x)-g(x)$
$=(x-\alpha)(x-\beta)(x-\gamma)^2$ ……①
これの x^3 の係数は0なので，方程式 $f(x)-g(x)=0$ の解と係数の関係から，
$\alpha+\beta+2\gamma=0$ ……②
さらに，（ⅱ）から，
$\int_\beta^\gamma \{f(x)-g(x)\}dx - \int_\alpha^\beta \{g(x)-f(x)\}dx = 0$
$\therefore \int_\alpha^\gamma \{f(x)-g(x)\}dx = 0$ ……③
ここで，$f(x)-g(x)=(x-\alpha)(x-\beta)(x-\gamma)^2$
$=\{(x-\gamma)-(\alpha-\gamma)\}\{(x-\gamma)-(\beta-\gamma)\}(x-\gamma)^2$
$=(x-\gamma)^4-(\alpha+\beta-2\gamma)(x-\gamma)^3$
$\qquad +(\alpha-\gamma)(\beta-\gamma)(x-\gamma)^2$
③より，$\left[\dfrac{1}{5}(x-\gamma)^5 - \dfrac{1}{4}(\alpha+\beta-2\gamma)(x-\gamma)^4\right.$
$\qquad \left.+\dfrac{1}{3}(\alpha-\gamma)(\beta-\gamma)(x-\gamma)^3\right]_\alpha^\gamma = 0$
$\therefore -\dfrac{1}{5}(\alpha-\gamma)^5 + \dfrac{1}{4}(\alpha+\beta-2\gamma)(\alpha-\gamma)^4$
$\qquad -\dfrac{1}{3}(\beta-\gamma)(\alpha-\gamma)^4 = 0$
分母を払い，$(\alpha-\gamma)^4(3\alpha-5\beta+2\gamma)=0$
$\alpha<\gamma$ より，$3\alpha-5\beta+2\gamma=0$ ……④
②−④から，$-2\alpha+6\beta=0$ $\therefore \boldsymbol{\alpha=3\beta, \gamma=-2\beta}$

（2） $\alpha=3\beta, \gamma=-2\beta$ と，$\alpha<\beta<\gamma$ から，$\beta<0$
$f(x)$ が $g(x)$ で割り切れるので，
$f(x)=h(x)g(x)$ と表せる（$h(x)$ は2次式）．

$f(x)-g(x)=g(x)\{h(x)-1\}$ ……⑤
$=(x-\alpha)(x-\beta)(x-\gamma)^2=(x-3\beta)(x-\beta)(x+2\beta)^2$
より，$g(x)$ は，$(x-3\beta)(x-\beta), (x-3\beta)(x+2\beta),$
$(x-\beta)(x+2\beta), (x+2\beta)^2$ のいずれか．

(a) $g(x)=(x-3\beta)(x-\beta)$ のとき：
$f(x)=(x-3\beta)(x-\beta)(x+2\beta)^2+g(x)$
$=(x-3\beta)(x-\beta)(x+2\beta)^2+(x-3\beta)(x-\beta)$
$f(x)$ の x の係数は0なので，$-4\beta^3-4\beta=0$
よって $-4\beta(\beta^2+1)=0$ だが，$\beta<0$ より，不適．

(b) $g(x)=(x-3\beta)(x+2\beta)$ のとき：
$f(x)=(x-3\beta)(x-\beta)(x+2\beta)^2+g(x)$
$=(x-3\beta)(x-\beta)(x+2\beta)^2+(x-3\beta)(x+2\beta)$
$f(x)$ の x の係数は0なので，$-4\beta^3-\beta=0$
よって $-\beta(4\beta^2+1)=0$ だが，$\beta<0$ より，不適．

(c) $g(x)=(x-\beta)(x+2\beta)$ のとき：
$f(x)=(x-3\beta)(x-\beta)(x+2\beta)^2+g(x)$
$=(x-3\beta)(x-\beta)(x+2\beta)^2+(x-\beta)(x+2\beta)$
$f(x)$ の x の係数は0なので，$-4\beta^3+\beta=0$
$\therefore -\beta(4\beta^2-1)=0$ $\therefore \beta=-\dfrac{1}{2}$ （$\because \beta<0$）
$\therefore \boldsymbol{g(x)=x^2-\dfrac{1}{2}x-\dfrac{1}{2}, f(x)=x^4-\dfrac{5}{4}x^2+\dfrac{1}{4}}$

(d) $g(x)=(x+2\beta)^2$ のとき：
$f(x)=(x-3\beta)(x-\beta)(x+2\beta)^2+g(x)$
$=(x-3\beta)(x-\beta)(x+2\beta)^2+(x+2\beta)^2$
$f(x)$ の x の係数は0なので，$-4\beta^3+4\beta=0$
$\therefore -4\beta(\beta^2-1)=0$ $\therefore \beta=-1$ （$\because \beta<0$）
$\therefore \boldsymbol{g(x)=x^2-4x+4, f(x)=x^4-8x^2+16}$

【解説】
A 問題文に与えられた a, b, c, d について条件を求めていこうという方針で解き進めると，大変です．後で $a\sim d$ についても別の条件が与えられるようなことがあれば，$a\sim d$ を使って議論していくしかないかもしれませんが，今回は $a\sim d$ は後の条件に関わってこないので，

ここでは，「式の形を与えているだけ」ととらえた方がよいでしょう．つまり，最初の「$f(x)=x^4+ax^2+b$, $g(x)=x^2+cx+d$」を，「$f(x)$ は 4 次式で x^4 の係数は 1，x^3 と x の係数は 0，$g(x)$ は 2 次式で x^2 の係数は 1」という条件に読み替えてしまうということです．このように読み替えても何の情報も失われていません．こうすれば a～d を使う必要がなく，すっきり解けます．

（ⅰ）は交点，接点についての条件ですが，つまりは方程式 $f(x)-g(x)=0$ の解についての条件です．この方程式の解は，$x=\alpha$，β，γ であり，$x=\gamma$ は重解であるということです．なので，①となることが条件です．ここで，先程の「式の形」の条件から分かることは，$f(x)-g(x)=0$ の x^3 の係数が 0 ということです．そこで，解と係数の関係から②が得られます．解と係数の関係が分からなければ，①の右辺を展開すればよいです．

次に（ⅱ）の条件を考えましょう．図を描いてみれば，
（ⅱ）は $\int_\beta^\gamma \{f(x)-g(x)\}dx = \int_\alpha^\beta \{g(x)-f(x)\}dx$
です．これを移項して③としてしまえば計算は楽でしょう．ここに，①を代入して計算すればよいわけです．そのまま展開して頑張って計算してもできるはずですが，折角，$(x-\alpha)$ や $(x-\gamma)$ のかたまりがあるので，どちらかについて，それのかたまりを残したり，作ったりして変形していくと，最後に x に α や γ を代入するときに消える項が多くなって楽です．$(x-\gamma)$ の方がもともと 2 乗の形であるので，このかたまりを残し，かつ作り出しながら変形していくといいですね．そうすると解のような式変形になります．他にも，部分積分を用いて

$$\int_\alpha^\gamma (x-\alpha)(x-\beta)\left\{\frac{1}{3}(x-\gamma)^3\right\}'dx$$
$$=\left[(x-\alpha)(x-\beta)\cdot\frac{1}{3}(x-\gamma)^3\right]_\alpha^\gamma$$
$$\quad -\int_\alpha^\gamma (2x-\alpha-\beta)\cdot\frac{1}{3}(x-\gamma)^3 dx$$
$$=0-\int_\alpha^\gamma (2x-\alpha-\beta)\left\{\frac{1}{12}(x-\gamma)^4\right\}'dx$$
$$=-\left[\frac{1}{12}(2x-\alpha-\beta)(x-\gamma)^4\right]_\alpha^\gamma+\int_\alpha^\gamma \frac{1}{6}(x-\gamma)^4 dx$$
$$=\frac{1}{12}(\alpha-\beta)(\alpha-\gamma)^4-\frac{1}{30}(\alpha-\gamma)^5$$

とすることもできます．いずれにせよ，②④の 2 つの式が出てくれば，3 文字のうち 1 文字で他が表せます．

B （2）では，「$f(x)$ が $g(x)$ で割り切れる」……⑥という条件が加わります．a～d を使わないように解いているので，⑥のままでは扱いづらいです．とりあえず，⑥から，$f(x)=h(x)g(x)$ ……⑦ と表しておきます．

β などで表せている式は，今のところ $f(x)-g(x)$ なので，それに⑦を入れてみると，解の⑤となって，$f(x)-g(x)$ も $g(x)$ で割り切れることが分かりました．なので，「$f(x)-g(x)$ が $g(x)$ で割り切れる」と条件を読み替えると，β などの条件が出しやすいですね．

（1）で，α，γ が β で表せているので，代入しましょう．すると，$f(x)-g(x)=(x-3\beta)(x-\beta)(x+2\beta)^2$ です．これが⑤の形になることと $g(x)$ の x^2 の係数が 1 であることから，$g(x)$ は解のように 4 通りに絞れます．あとは，それぞれについて適する β を考えます．

ここまでの議論の中で使っていない条件は，「$f(x)$ の x の係数が 0」……⑧ だけです．x^3 の係数が 0 ということについては②と同値です．なので，⑧となる β を見つければ，すべての条件は満たされて，めでたしめでたしです．$g(x)$ が β で表せてしまえば，$f(x)-g(x)$ は β で表せているので，$f(x)$ も β で表せます．すると，⑧から β が得られます．

解では，$f(x)-g(x)$ を使って $f(x)$ を求め，それが与えられた式の形に合うかどうか考えましたが，与えられた式の形から $f(x)$ を求め，それが $f(x)-g(x)$ に当てはまるかどうか考えるということもできます．$f(x)$ は，4 次式ですが，4 次と 2 次の項と定数項しかありません．いわゆる，複 2 次の形です．なので，$f(x)$ は，$f(x)=(x^2-s)(x^2-t)$ という形に因数分解できるはずです．ここで，s，t のどちらかが虚数だとすると，もう片方もそれと共役な虚数となり，$f(x)=0$ の解が全て虚数になるのですが，$g(x)=0$ の解は実数で，⑥に矛盾します．なので，s，t は実数です．結局，$f(x)$ は，

$$f(x)=(x+\sqrt{s})(x-\sqrt{s})(x+\sqrt{t})(x-\sqrt{t})$$

と表せます．例えば，場合分け（a）についてやるとすれば，$g(x)=(x-3\beta)(x-\beta)$ です．なので，⑥ならば，
$$f(x)=(x-3\beta)(x+3\beta)(x-\beta)(x+\beta)$$
のように表せるはずですよね．そうすると，$h(x)=(x+3\beta)(x+\beta)$ です．一方，$f(x)-g(x)$
$=g(x)\{h(x)-1\}=(x-3\beta)(x-\beta)(x+2\beta)^2$
より $h(x)=(x+2\beta)^2+1$ となるので，この 2 通りに表した $h(x)$ が一致することから式を立てればよいです．

解では a～d を使わずに解きました．まあ使っても解けなくはないですが，煩雑になります．何か条件が与えられたとき，それが式にしづらかったり，煩雑になりそうなときは，それと必要十分な条件に読み替えるということも試してみましょう．文字を設定してはいるけれど，それは問題文に書き表すためだけで，その文字にはほとんど意味がないということもあります．そんなときに，変に惑わされないようにするとよいですね．（石城）

問題 38 （1） 曲線 $y=x^3-50x$ と x 軸で囲まれた 2 つの部分の面積の和を求めよ．
（2） 曲線 $y=x^3-50x$ と直線 $y=1$ で囲まれた 2 つの部分の面積の和は 1250.025 より大きいことを示せ． （2005 年 6 月号 6 番）

平均点：19.7
正答率：61%（1）98%
時間：SS 11%, S 28%, M 33%, L 29%

（2）（1）に対する増減を調べましょう．曲線がらみの部分は，凹凸に注意して直線図形で評価できますが，関係するもの全部を評価しなくても，用は足ります．なお，（1）と無関係に，交点の x 座標を文字でおいて面積を捉えることもできます．

解 （1） 対称性より求める面積は，
$$-2\int_0^{5\sqrt{2}}(x^3-50x)dx$$
$$=\left[-\frac{x^4}{2}+50x^2\right]_0^{5\sqrt{2}}$$
$$=1250$$

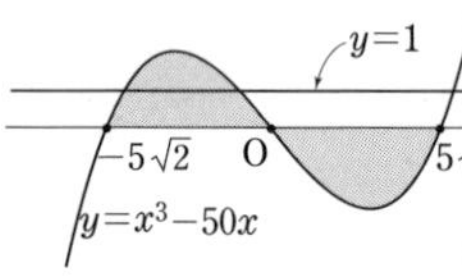

（2） 題意の面積の和を S とおく．
（1）に比べて S がどれくらい変化したか考える．図 2 の斜線部のように面積 S_1, S_2, S_3 を定める．

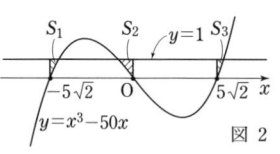

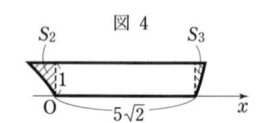

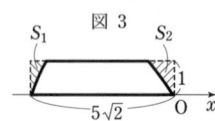

（1）に比べて減る分は図 3 の太線内で $5\sqrt{2}-S_1-S_2$
増える分は図 4 の太線内で $5\sqrt{2}+S_2+S_3$
よって $S=1250-(5\sqrt{2}-S_1-S_2)+(5\sqrt{2}+S_2+S_3)$
　　　　　$=1250+S_1+2S_2+S_3$ ……………①

$f(x)=x^3-50x$ とおくと，$f'(x)=3x^2-50$
$\qquad\qquad\qquad\qquad f''(x)=6x$
より $y=f(x)$ は $x<0$ で上に凸，$x>0$ で下に凸．また，$x=-5\sqrt{2}$, 0 での $y=f(x)$ の接線の傾きはそれぞれ 100, -50 だから，
$S_1>$（図 5 の斜線の三角形）
　　$=0.01\times 1\div 2=0.005$
$S_2>$（図 6 の斜線の三角形）
　　$=0.02\times 1\div 2=0.01$
これらと $S_3>0$ より，
　　　①$>1250+0.005+0.01\times 2=1250.025$

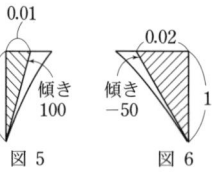

【解説】
A （2）は，かなりの難問だと思ったのですが，よくできている人が多くて感心しました．**解**のようにグラフの凹凸を利用して解いた人は 49% でした．（1）との差を積分せずに図形的に捉えるとなると凹凸を利用するぐらいしかないのではありますが，意外と思いつきにくい解法なので，気づいた人は立派です．

この解法だと，凹凸の関係上評価しにくい S_3 を後回しにして，まずは S_1 と S_2 を評価するのがポイントです．評価するのが難しいところは，『どれくらいの精度で評価すればいいのか』という目星をつけることです．今回は実際に S_3 を評価する必要がなくなったわけですが，もし評価するなら，右の斜線のような三角形を考えて，$x^3-50x-1=0$ の解がどれくらいの値になるか評価してから，S_3 を下から評価することになるでしょう．

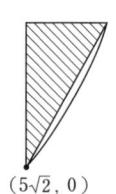

なお，$x^3-50x=1$ が 3 実解を持つことは，$g(x)=x^3-50x-1$ とおくと，$g(-1)>0$, $g(0)<0$ から明らかです．

B 出てくる面積や交点の x 座標がどれくらいの値になるか書いてみます．
　　$S=1250.0300\cdots$
　　$S_1=0.00500\cdots$，$S_2=0.01000\cdots$，$S_3=0.00499\cdots$
$x^3-50x-1=0$ の解を α, β, γ ($\alpha<\beta<\gamma$) として，
　　$\alpha=-7.0610\cdots$，$\beta=-0.02000\cdots$，$\gamma=7.08104\cdots$
実は $S>1250.03$ であることが示せますが，$S_3<0.005$ であるために図形的に示すのはかなり困難でしょう．一方，次に載せる別解と同様にすれば示せます．

C （2）では，（1）と無関係に，交点の x 座標を文字でおいて面積を捉えることもできます．

別解 1 （2） $x^3-50x-1=0$ の 3 解を α, β, γ ($\alpha<\beta<\gamma$) とすると，解と係数の関係より，
　　$\alpha+\beta+\gamma=0$ ………②
$\alpha\beta+\beta\gamma+\gamma\alpha=-50$ ……③
また，$g(x)=x^3-50x-1$, 面積の和を S とすると， 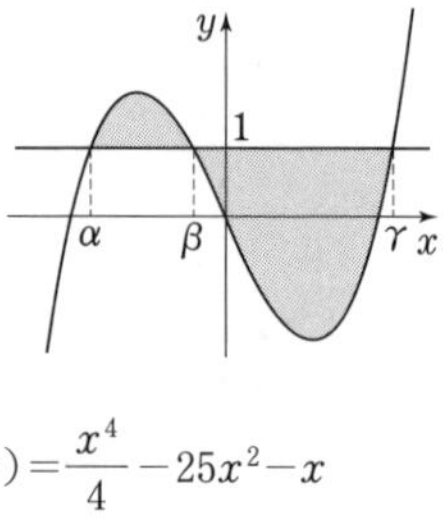
$$S=\int_\alpha^\beta g(x)dx-\int_\beta^\gamma g(x)dx$$
$g(x)$ の不定積分の一つを，$G(x)=\dfrac{x^4}{4}-25x^2-x$

とすると，$S = 2G(\beta) - G(\alpha) - G(\gamma)$ ………④

ここで，$g(x) \cdot \dfrac{x}{4} = \dfrac{x^4}{4} - \dfrac{25}{2}x^2 - \dfrac{x}{4}$

なので，$G(x) = g(x) \cdot \dfrac{x}{4} - \dfrac{25}{2}x^2 - \dfrac{3}{4}x$

$g(\beta) = 0$ だから，$G(\beta) = -\dfrac{25}{2}\beta^2 - \dfrac{3}{4}\beta$

同様に $G(\alpha) = -\dfrac{25}{2}\alpha^2 - \dfrac{3}{4}\alpha$, $G(\gamma) = -\dfrac{25}{2}\gamma^2 - \dfrac{3}{4}\gamma$

∴ ④ $= \dfrac{25}{2}(\alpha^2 + \gamma^2 - 2\beta^2) + \dfrac{3}{4}(\alpha + \gamma - 2\beta)$ …⑤

②$^2 - 2\times$③ より，$\alpha^2 + \beta^2 + \gamma^2 = 100$

∴ $\alpha^2 + \gamma^2 = 100 - \beta^2$

また，②より $\alpha + \gamma = -\beta$ だから，

$S = ⑤ = \dfrac{25}{2}(100 - 3\beta^2) + \dfrac{3}{4} \cdot (-3\beta)$

$= 1250 - \dfrac{75}{2}\beta^2 - \dfrac{9}{4}\beta$ …………⑥

すると，⑥ $> 1250.025 \iff -\dfrac{75}{2}\beta^2 - \dfrac{9}{4}\beta > \dfrac{1}{40}$

$\iff 1500\beta^2 + 90\beta + 1 < 0$

$\iff \dfrac{-9-\sqrt{21}}{300} < \beta < \dfrac{-9+\sqrt{21}}{300}$ …………⑦

ここで，$g(-0.04) = (-0.04)^3 + 2 - 1 > 0$

$g(-0.02) = (-0.02)^3 + 1 - 1 < 0$

なので，$-0.04 < \beta < -0.02$ であって，$\sqrt{21} > 3$ より，

$\dfrac{-9-\sqrt{21}}{300} < \dfrac{-12}{300} = -0.04 < \beta$

$< -0.02 = \dfrac{-6}{300} < \dfrac{-9+\sqrt{21}}{300}$

よって⑦は成り立つから，題意は示された．

　　　　　＊　　　　　　＊

解 より計算量は増えていますが，この解法のいいところは，⑥のように S が β で表されていることです．そのため，$S > 1250.03$ を示すのも少し数字を変えるだけで出来ます．実際，

⑥ $> 1250.03 \iff 1250\beta^2 + 75\beta + 1 < 0$

$\iff (25\beta + 1)(50\beta + 1) < 0$

$\iff -0.04 < \beta < -0.02$ ……………⑧

であり，別解1の過程から⑧は成り立ちます．このように，汎用性という点では別解1の方が優れているでしょう．

この解法の第一のポイントは，S が β のせいで対称性が崩れているのをどう捉えるかでしょう．面積を計算したら④が出てきて手が止まった人も多いと思います．やや難しいかもしれませんが，そういうときは対称性が隠れていないか探してみるのも大事なことです．

今回は $-G(\alpha) - G(\gamma)$ の部分に対称性が隠れていた

というわけです．

この解法のもう一つのポイントは，α, β, γ が $x^3 - 50x - 1 = 0$ の解であることを用いて，$G(\alpha), G(\beta), G(\gamma)$ の次数を下げることにあるでしょう．本問は次数を下げなくても解けますが，その場合はやや大変になります．この次数下げというのは，いろんな所で出てくる必須手法なので（問題1の別解でも用いました），しっかり身につけるようにしましょう．

別解1を選んだ人は，全体の 28% でした．

D S を β で表すには，y 軸方向に積分するという手もあります．

別解2（2）（1）の面積 1250 に比べてどれくらい変化するのかを考える．

$S = 1250 +$ （右図の網目部）$-$ （右図の打点部）

t を $0 \le t \le 1$ を満たす実数として，$x^3 - 50x = t$ の解を a, b, c（$a \le b \le c$ で，a, b, c は t の関数）とおき，y 軸方向に積分，つまり，t で積分すると，

（網目部）$= \displaystyle\int_0^1 (c-b)\,dt$，（打点部）$= \displaystyle\int_0^1 (b-a)\,dt$

よって，$S = 1250 + \displaystyle\int_0^1 (c-b)\,dt - \int_0^1 (b-a)\,dt$

$= 1250 + \displaystyle\int_0^1 (a+c-2b)\,dt$

解と係数の関係より $a+b+c = 0$ なので，$a+c = -b$

∴ $S = 1250 - 3\displaystyle\int_0^1 b\,dt$

［これを，b での積分に置換する］

$b^3 - 50b = t$ つまり $t = b^3 - 50b$ の両辺を微分して，

$dt = (3b^2 - 50)\,db$

また，b は右のように変化するから，

t	$0 \to 1$
b	$0 \to \beta$

$S = 1250 - 3\displaystyle\int_0^\beta b \dfrac{dt}{db}\,db$

$= 1250 - 3\displaystyle\int_0^\beta b(3b^2 - 50)\,db = 1250 - \dfrac{9}{4}\beta^4 + 75\beta^2$

（以下略）

　　　　　＊　　　　　　＊

このように，大した計算をせずに，S を β で表せます．なお，$\beta^3 - 50\beta - 1 = 0$ を用いて次数下げすると，⑥になります．

（藤田）

問題39 xy 平面上に曲線 $C_1: y=\cos^2 x$ $(0\leq x\leq \pi)$ と $C_2: y=k\sin x$ (k は負でない定数) があり，C_1，C_2 と y 軸で囲まれた部分の面積を S_1，C_1 と C_2 で囲まれた部分の面積を S_2 とする (ただし，$k=0$ のときは $S_2=0$). $0\leq k\leq \dfrac{1}{\sqrt{2}}$ の範囲で k を動かすとき，S_1+S_2 の最大値を与える k を k_M，最小値を与える k を k_m として，k_M，k_m を求めよ．

（2007 年 9 月号 4 番）

平均点：16.7
正答率：37%
時間：SS 7%, S 27%, M 34%, L 32%

最終的には $k=0$ の場合と $k=1/\sqrt{2}$ の場合を比べるために積分計算しますが，微分する段階では完全に計算しきらない方が，見通し良くできます．なお，交点の x 座標を α として，微分すると $\cos\alpha$ が主役になりますが，**α で微分した場合は，α が増えると微分した式の符号がどう変化するかを考えなければなりません．**

解 C_1，C_2 は $x=\pi/2$ に関して対称．図のように α をおくと，
$\cos^2\alpha = k\sin\alpha$ ……①
図より，
k が増えると α は減り ……②
$k=0$ のとき $\alpha=\dfrac{\pi}{2}$, $k=\dfrac{1}{\sqrt{2}}$ のとき $\alpha=\dfrac{\pi}{4}$

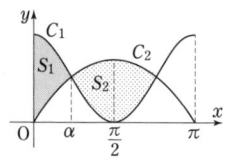

よって，α の範囲は $\dfrac{\pi}{4}\leq \alpha\leq \dfrac{\pi}{2}$

さて，S_1+S_2
$=\displaystyle\int_0^\alpha (\cos^2 x - k\sin x)dx - 2\int_\alpha^{\frac{\pi}{2}}(\cos^2 x - k\sin x)dx$
$=\displaystyle\int_0^\alpha (\cos^2 x - k\sin x)dx + 2\int_{\frac{\pi}{2}}^\alpha (\cos^2 x - k\sin x)dx$ …③
$=\displaystyle\int_0^\alpha \cos^2 x\, dx - k\int_0^\alpha \sin x\, dx$
$\quad + 2\displaystyle\int_{\frac{\pi}{2}}^\alpha \cos^2 x\, dx - 2k\int_{\frac{\pi}{2}}^\alpha \sin x\, dx$ ……④

これを $S(\alpha)$ とおくと，
$S'(\alpha)=\cos^2\alpha - \left(\dfrac{dk}{d\alpha}\cdot\displaystyle\int_0^\alpha \sin x\, dx + k\cdot\sin\alpha\right)$
$\quad +2\cos^2\alpha - 2\left(\dfrac{dk}{d\alpha}\cdot\displaystyle\int_{\frac{\pi}{2}}^\alpha \sin x\, dx + k\cdot\sin\alpha\right)$
$=3(\cos^2\alpha - k\sin\alpha) - \dfrac{dk}{d\alpha}\left(\displaystyle\int_0^\alpha \sin x\, dx + 2\int_{\frac{\pi}{2}}^\alpha \sin x\, dx\right)$

①より $\cos^2\alpha - k\sin\alpha = 0$ だから，
$S'(\alpha)= -\dfrac{dk}{d\alpha}\left(\displaystyle\int_0^\alpha \sin x\, dx + 2\int_{\frac{\pi}{2}}^\alpha \sin x\, dx\right)$ ……⑤
$= -\dfrac{dk}{d\alpha}\left([-\cos x]_0^\alpha + 2[-\cos x]_{\frac{\pi}{2}}^\alpha\right) = -\dfrac{dk}{d\alpha}(1-3\cos\alpha)$

②より，α が増えると k は減るから，$\dfrac{dk}{d\alpha}<0$

よって $S'(\alpha)$ は $1-3\cos\alpha$ と同符号だから，$\cos\alpha = \dfrac{1}{3}$ となる α を α_0 とおくと，増減は右表．

α	$\dfrac{\pi}{4}$		α_0		$\dfrac{\pi}{2}$
$\cos\alpha$	$\dfrac{1}{\sqrt{2}}$		$\dfrac{1}{3}$		0
$S'(\alpha)$		$-$	0	$+$	
$S(\alpha)$		↘		↗	

$S(\alpha)$ は $\alpha=\alpha_0$ のとき最小．このとき，$\cos\alpha=\dfrac{1}{3}$ より $\sin\alpha=\dfrac{2\sqrt{2}}{3}$ で，①より $k=\dfrac{1}{6\sqrt{2}}$ だから，$\boldsymbol{k_m = \dfrac{1}{6\sqrt{2}}}$

また，$S(\alpha)$ は $\alpha=\pi/4$ か $\alpha=\pi/2$ で最大となり，

③ $=\displaystyle\int_0^\alpha\left(\dfrac{1+\cos 2x}{2} - k\sin x\right)dx$
$\quad + 2\displaystyle\int_{\frac{\pi}{2}}^\alpha\left(\dfrac{1+\cos 2x}{2} - k\sin x\right)dx$
$=\left[\dfrac{x}{2}+\dfrac{1}{4}\sin 2x + k\cos x\right]_0^\alpha + 2\left[\dfrac{x}{2}+\dfrac{1}{4}\sin 2x + k\cos x\right]_{\frac{\pi}{2}}^\alpha$
$=3\left(\dfrac{\alpha}{2}+\dfrac{1}{4}\sin 2\alpha + k\cos\alpha\right) - k - \dfrac{\pi}{2}$
$=\dfrac{3}{2}\alpha + \dfrac{3}{4}\sin 2\alpha + k(3\cos\alpha - 1) - \dfrac{\pi}{2}$ ………⑥

$\alpha=\dfrac{\pi}{4}$ のとき $k=\dfrac{1}{\sqrt{2}}$ だから，
$S\left(\dfrac{\pi}{4}\right) = \dfrac{3}{8}\pi + \dfrac{3}{4} + \dfrac{1}{\sqrt{2}}\left(3\cdot\dfrac{1}{\sqrt{2}}-1\right) - \dfrac{\pi}{2}$
$= \dfrac{9}{4} - \dfrac{\sqrt{2}}{2} - \dfrac{\pi}{8}$

$\alpha=\dfrac{\pi}{2}$ のとき $k=0$ だから，$S\left(\dfrac{\pi}{2}\right) = \dfrac{\pi}{4}$

よって $S\left(\dfrac{\pi}{4}\right) - S\left(\dfrac{\pi}{2}\right) = \dfrac{9}{4} - \dfrac{\sqrt{2}}{2} - \dfrac{3}{8}\pi$ ………⑦

$\sqrt{2}<1.5$，$\pi<4$ より，⑦ $>\dfrac{9}{4} - \dfrac{1.5}{2} - \dfrac{3}{8}\cdot 4 = 0$

したがって $S\left(\dfrac{\pi}{4}\right) > S\left(\dfrac{\pi}{2}\right)$ だから，$S(\alpha)$ は $\alpha=\dfrac{\pi}{4}$ のとき最大となり，$\boldsymbol{k_M = \dfrac{1}{\sqrt{2}}}$

【解説】

A **解** では積分計算を実行せずに α で微分しましたが，

その際，見逃してはならないのは，α が動くとそれに伴って k も動く，つまり k も α の関数だということです．したがって，③のままでは，微積分の基本定理：
$$\frac{d}{du}\int_a^u f(t)dt = f(u) \quad (a \text{ は定数})$$
を用いることができず，④のように k をインテグラルの外に追い出さなければなりません．**文字が複数個あるときは，互いに関係しているのかどうかに注意を払いましょう．**

なお，$k\int_0^\alpha \sin x dx$ を，α の関数 k と $\int_0^\alpha \sin x dx$ の積と見て，積の微分法を用いています．

④を直接微分したのは，後の D を含めて10%でした．

B でも，結局は $S\left(\dfrac{\pi}{4}\right)$ と $S\left(\dfrac{\pi}{2}\right)$ の大小を比べることになりますから，積分を実行してしまうのが素直とも言えます．この場合，① つまり $k = \dfrac{\cos^2\alpha}{\sin\alpha}$ ………⑧

を⑥に代入すると，$S(\alpha)$ が α だけで表せますが，その後の計算は少々メンドウで，計算ミスなどすると "因数分解" できなくて OUT となりかねません．**汚い式の代入は差し迫ってからやるのが計算を上手に運ぶコツです．**

⑥のまま α で微分すると，(k も α の関数！)
$$S'(\alpha) = \frac{3}{2} + \frac{3}{2}\cos 2\alpha + \frac{dk}{d\alpha}(3\cos\alpha - 1) + k\cdot(-3\sin\alpha)$$
$$= 3\cdot\frac{1+\cos 2\alpha}{2} - 3k\sin\alpha + \frac{dk}{d\alpha}(3\cos\alpha - 1)$$
$$= 3(\cos^2\alpha - k\sin\alpha) + \frac{dk}{d\alpha}(3\cos\alpha - 1)$$
$$= \frac{dk}{d\alpha}(3\cos\alpha - 1) \quad (\because \text{ ①})$$

なお，⑧より，$\dfrac{dk}{d\alpha} = \dfrac{\cos\alpha(\cos^2\alpha - 2)}{\sin^2\alpha}$

⑥を直接微分した人は10%，k を消去して $S(\alpha)$ を α だけで表してから微分した人は61%でした．

C $S'(\alpha)$ が $1 - 3\cos\alpha$ と同符号であることを得たあと，右の増減表を書いて $\cos\alpha = 1/3$ のとき最大とした人がいましたが，これは**大間違い**です．$S'(\alpha)$ は α

$\cos\alpha$	0		$\dfrac{1}{3}$		$\dfrac{1}{\sqrt{2}}$
$S'(\alpha)$		+	0	−	
$S(\alpha)$		↗		↘	

で微分したのだから，α が増えると符号がどう変化するのかを調べるのであって，"$\cos\alpha$ が増えると…" ではありません．今の場合，α が増えると $\cos\alpha$ は減るので，上のようなことをすると，増減が完全にひっくり返ってしまいます．中には，$S'(\alpha)$ の式で $\cos\alpha = t$ などとおい

たため，左下表の $\cos\alpha$ を t に代えたものを書いて誤った人もいました．**微分したあとで置き換えるのは危険！**

増減が逆になったのは20%でした．人間，間違いはつきものですが，同じ間違いを繰り返さないように！

D ④を k で微分することもできます：

別解 ④$= T(k)$ とおくと，
$$T'(k) = \frac{d\alpha}{dk}\cdot\frac{d}{d\alpha}\int_0^\alpha \cos^2 x dx$$
$$- \left(1\cdot\int_0^\alpha \sin x dx + k\times\frac{d\alpha}{dk}\cdot\frac{d}{d\alpha}\int_0^\alpha \sin x dx\right)$$
$$+ 2\times\frac{d\alpha}{dk}\cdot\frac{d}{d\alpha}\int_{\frac{\pi}{2}}^\alpha \cos^2 x dx$$
$$- 2\left(1\cdot\int_{\frac{\pi}{2}}^\alpha \sin x dx + k\times\frac{d\alpha}{dk}\cdot\frac{d}{d\alpha}\int_{\frac{\pi}{2}}^\alpha \sin x dx\right)$$
$$= \frac{d\alpha}{dk}\cdot 3(\cos^2\alpha - k\sin\alpha) + 3\cos\alpha - 1 = 3\cos\alpha - 1$$

k が増えると α は減り $\cos\alpha$ は増える．
$\cos\alpha = 1/3$ のとき $k = 1/6\sqrt{2}$ だから，右の増減表を得る．
(以下略)

k	0		$\dfrac{1}{6\sqrt{2}}$		$\dfrac{1}{\sqrt{2}}$
$\cos\alpha$	0		$\dfrac{1}{3}$		$\dfrac{1}{\sqrt{2}}$
$T'(k)$		−	0	+	
$T(k)$		↘		↗	

E ⑤$= 0 \Longleftrightarrow \int_0^\alpha \sin x dx = 2\int_\alpha^{\frac{\pi}{2}}\sin x dx$ ………⑨

つまり右図で $T_1 = T_2$ のときですが，このとき $S(\alpha)$ が最小になることは "はみ出しけずり論法" を用いて示せます．

⑨を満たす α を α_0，このときの k を k_0 とします．

$\alpha < \alpha_0$ のとき，右図において，$S(\alpha) - S(\alpha_0)$

$=$ 打点部 $-$ 斜線部 ……⑩

⑨の両辺を k 倍して，
$$\int_0^{\alpha_0} k\sin x dx = 2\int_{\alpha_0}^{\frac{\pi}{2}}k\sin x dx$$

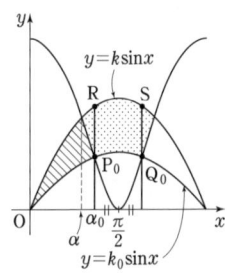

⑨の両辺を k_0 倍して，
$$\int_0^{\alpha_0} k_0\sin x dx = 2\int_{\alpha_0}^{\frac{\pi}{2}}k_0\sin x dx$$

これらを辺ごと引いて，図形 $ORP_0 =$ 図形 RP_0Q_0S

∴ 斜線部 < 図形 $ORP_0 =$ 図形 RP_0Q_0S < 打点部

よって，⑩ > 0 となり，$S(\alpha) > S(\alpha_0)$

$\alpha > \alpha_0$ のときも同様に $S(\alpha) > S(\alpha_0)$ が示され，$\alpha = \alpha_0$ つまり⑨のとき $S(\alpha)$ は最小．　　　(浦辺)

問題40 1辺の長さが $\sqrt{2}$ の正四面体 OABC の辺 OA,辺 BC の中点をそれぞれ M,N とする.半直線 NC 上に点 S を NS＝MN となるようにとり,さらに直線 BC 上に点 P をとる.△OAP の外心を Q として,次の問いに答えよ.
(1) ∠PMN＝θ とするとき,△OAP の外接円の半径を θ で表せ.
(2) P が線分 NS(端点を含む)上を動くとき,線分 PQ が通過する部分の面積を求めよ.
(2010年9月号5番)

平均点：19.2
正答率：50% (1) 85% (2) 56%
時間：SS 7%, S 31%, M 41%, L 21%

(1) △OAP の外接円の半径 PQ を求めるには MP が分かればよいので,まずは MP を θ で表しましょう.
(2) 極座標の面積公式(☞解説B)を使うのが一番楽でしょう.P,Q を極座標で捉える場合,M が極なので,$\frac{1}{2}$PQ^2 を積分するのは誤りです.

解 (1) ON＝$\frac{\sqrt{3}}{2}$OB＝$\sqrt{\frac{3}{2}}$

OM＝$\frac{1}{2}$OA＝$\frac{1}{\sqrt{2}}$ より,

MN＝$\sqrt{ON^2-OM^2}=1$

∠MNP＝90°,∠PMN＝θ より,MP＝$\frac{MN}{\cos\theta}=\frac{1}{\cos\theta}$

また,OC＝AC,
∠OCP＝∠ACP より,△OCP≡△ACP
よって,△OAP は OP＝AP の二等辺三角形なので Q は MP 上にあり,右図のようになる.したがって,△OAP の外接円の半径を R とすると,
OM^2＋MQ^2＝OQ^2 より

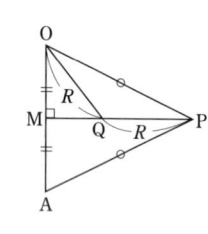

$\left(\frac{1}{\sqrt{2}}\right)^2+\left(\frac{1}{\cos\theta}-R\right)^2=R^2$

∴ $\frac{1}{2}+\frac{1}{\cos^2\theta}-\frac{2}{\cos\theta}R=0$ ∴ $R=\frac{\cos\theta}{4}+\frac{1}{2\cos\theta}$

(2) NS＝MN より ∠NMS＝$\frac{\pi}{4}$ なので,P が N から S まで動くとき,θ は 0 から $\frac{\pi}{4}$ まで変化する.線分 PQ が通過する部分は右図網目部でその面積は

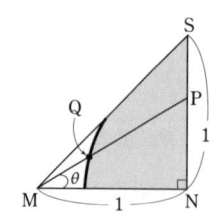

△MNS $-\int_0^{\frac{\pi}{4}}\frac{1}{2}MQ^2 d\theta$ …①

MQ＝MP－R＝$\frac{1}{\cos\theta}-\left(\frac{\cos\theta}{4}+\frac{1}{2\cos\theta}\right)$

＝$\frac{1}{2\cos\theta}-\frac{\cos\theta}{4}=\frac{1}{4}\left(\frac{2}{\cos\theta}-\cos\theta\right)$

なので,①＝$\frac{1}{2}-\int_0^{\frac{\pi}{4}}\frac{1}{2}\cdot\frac{1}{16}\left(\frac{2}{\cos\theta}-\cos\theta\right)^2 d\theta$

＝$\frac{1}{2}-\frac{1}{32}\int_0^{\frac{\pi}{4}}\left(\frac{4}{\cos^2\theta}-4+\cos^2\theta\right)d\theta$

＝$\frac{1}{2}-\frac{1}{32}\int_0^{\frac{\pi}{4}}\left(\frac{4}{\cos^2\theta}-4+\frac{1+\cos 2\theta}{2}\right)d\theta$

＝$\frac{1}{2}-\frac{1}{32}\int_0^{\frac{\pi}{4}}\left(\frac{4}{\cos^2\theta}-\frac{7}{2}+\frac{1}{2}\cos 2\theta\right)d\theta$

＝$\frac{1}{2}-\frac{1}{32}\left[4\tan\theta-\frac{7}{2}\theta+\frac{1}{4}\sin 2\theta\right]_0^{\frac{\pi}{4}}$

＝$\frac{1}{2}-\frac{1}{32}\left(4-\frac{7}{8}\pi+\frac{1}{4}\right)=\frac{7}{256}\pi+\frac{47}{128}$

【解説】

A (1)は,△OAP が OP＝AP の二等辺三角形であることを使うと,**解**のように簡潔に,はやくできます.OP＝AP については対称性からほとんど明らかですが,詳しく説明すると**解**のようになります.また,他にも色々なやり方がありますが,初等幾何的なものを,もう1つ紹介しておきます.

別解 (1) [MP を求めるところまでは**解**と同じ]
直線 MP と △OAP の外接円の交点のうち,P 以外のものを P' とすると,右図のようになる.このとき,

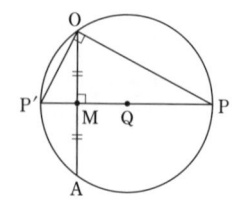

OP^2＝OM^2＋MP^2
＝$\frac{1}{2}+\frac{1}{\cos^2\theta}$

また,△OMP∽△P'OP より,

$\frac{OP}{MP}=\frac{P'P}{OP}$ ∴ P'P＝$\frac{OP^2}{MP}=\frac{\cos\theta}{2}+\frac{1}{\cos\theta}$

よって,△OAP の外接円の半径は

PQ＝$\frac{P'P}{2}=\frac{\cos\theta}{4}+\frac{1}{2\cos\theta}$

B (2)では,まず,極座標の面積公式を使って線分 MQ が通過する部分の面積が得られることに気づけるかどうかがポイントです.

━━ 極座標の面積公式 ━━

極方程式 $r=f(\theta)$ で表される曲線に対して、$f(\theta)$ が連続のとき、右図の網目部の面積は

$$\int_\alpha^\beta \frac{1}{2}\{f(\theta)\}^2 d\theta \quad \cdots\cdots ②$$

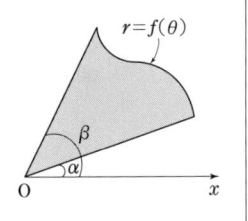

これは、次のように説明できます.

$\varDelta\theta$ が十分小さいとき、右図の網目部分は、半径 $f(\theta)$、中心角 $\varDelta\theta$ の扇形とみなせるので、その面積 $\varDelta S$ は

$$\varDelta S \fallingdotseq \frac{1}{2}\{f(\theta)\}^2 \varDelta\theta$$

と近似できます.これを $\theta=\alpha$ から $\theta=\beta$ まで足し合わせると、②を得ます.

厳密には、閉区間 $[\theta,\theta+\varDelta\theta]$ における $f(\theta)$ の最大値を M、最小値を m とすると、

$$\frac{1}{2}m^2\varDelta\theta \leq \varDelta S \leq \frac{1}{2}M^2\varDelta\theta \quad \therefore\quad \frac{1}{2}m^2 \leq \frac{\varDelta S}{\varDelta\theta} \leq \frac{1}{2}M^2$$

$\varDelta\theta\to 0$ のとき、$m\to f(\theta)$、$M\to f(\theta)$、$\dfrac{\varDelta S}{\varDelta\theta} \to \dfrac{dS}{d\theta}$

なので、はさみうちの原理より $\dfrac{dS}{d\theta}=\dfrac{1}{2}\{f(\theta)\}^2$

これから、②が得られます.

C ②により、線分 MQ が通過する部分の面積は $\displaystyle\int_0^{\frac{\pi}{4}} \frac{1}{2}\mathrm{MQ}^2 d\theta$ になりますが、これを $\displaystyle\int_0^{\frac{\pi}{4}} \mathrm{MQ}\, d\theta$ としている人が全体の 13% いました.これは、長さを積分すると面積になるという誤った理解をしたことによる、典型的な誤答です.1次元のものをいくら足し合わせても2次元にはなりません.普通の面積公式 $\displaystyle\int_a^b g(x)dx$ も、長さ $g(x)$ でなく、微小面積

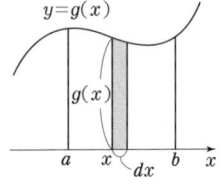

$$\underbrace{g(x)}_{\text{縦}} \times \underbrace{dx}_{\text{横}}$$

を足し合わせるから、全体の面積になるのです.同様に、求める面積（線分 PQ が通過する部分の面積）を $\displaystyle\int_0^{\frac{\pi}{4}} \mathrm{PQ}\, d\theta$ とするのも大誤答です.以上に該当した人は深く反省して下さい.

また、求める面積を $\displaystyle\int_0^{\frac{\pi}{4}} \frac{1}{2}\mathrm{PQ}^2 d\theta \cdots\cdots ③$ と間違った人もいました.②の $f(\theta)$ は極座標の極からの距離で

あることに注意しましょう.本問では極に相当するものは M なので、線分 PQ が通過する部分の面積については、直接②を用いることはできません.（**解**）の①のように、M を端点とする線分を考えなければならないのです.③と間違った人は、公式を丸覚えして安易に利用している可能性があるので注意が必要です.

θ の微小変化 $d\theta$ に対して、面積の微小変化 dS がどう表されるかが大切です.

なお、Q の軌跡が線分だと誤解している人もいましたが、それは全く根拠のないことです.これも、該当した人は気をつけましょう.

D 極座標の面積公式と同様に、極方程式で表される曲線の弧長を求める公式もあります.

右図のような極方程式 $r=f(\theta)$ で表される曲線は、xy 直交座標において、

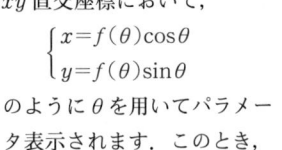

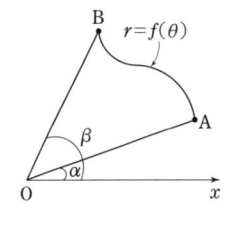

$$\begin{cases} x=f(\theta)\cos\theta \\ y=f(\theta)\sin\theta \end{cases}$$

のように θ を用いてパラメータ表示されます.このとき、図の A から B までの弧長 L は

$$L=\int_\alpha^\beta \sqrt{\left(\frac{dx}{d\theta}\right)^2+\left(\frac{dy}{d\theta}\right)^2}\, d\theta$$

ここで、$\dfrac{dx}{d\theta}=f'(\theta)\cos\theta-f(\theta)\sin\theta$

$\dfrac{dy}{d\theta}=f'(\theta)\sin\theta+f(\theta)\cos\theta$

なので、$\left(\dfrac{dx}{d\theta}\right)^2+\left(\dfrac{dy}{d\theta}\right)^2$
$=\{f'(\theta)\cos\theta-f(\theta)\sin\theta\}^2$
$\qquad +\{f'(\theta)\sin\theta+f(\theta)\cos\theta\}^2$
$=\{f'(\theta)\}^2+\{f(\theta)\}^2$

よって、$L=\displaystyle\int_\alpha^\beta \sqrt{\{f'(\theta)\}^2+\{f(\theta)\}^2}\, d\theta \quad \cdots\cdots ④$

となり、④が公式となります.余裕のある人は、導き方とともに記憶に留めておくとよいでしょう.　　（山崎）

問題41 xy 平面上に四分円 $C: x^2+y^2=1$ $(x≧0, y≧0)$ があり，長さ $\sqrt{3}$ の線分 AB は常に C に接するように動く．点 A を $y=0$ 上の $1≦x≦2$ の範囲で動かすとき（ただし，A$(1, 0)$ のとき B$(1, \sqrt{3})$ とする），線分 AB が通過する領域の面積を求めよ．

（2007年10月号4番）

平均点：20.3
正答率：48%
時間：SS 11%, S 21%, M 35%, L 32%

まずは，線分 AB が常に C に接することを考慮して，求める領域を図示しましょう．B の座標は $\vec{AB}$ で捉えるのが明快です．B の軌跡が関係した部分の面積は，B の y 座標が単調減少するのが明らかなので，y で積分すると良いです．

解 右図のように点をおく．∠POA$=\theta$ とすると，線分 AB は A_0B_0 から A_1B_1 まで動くので，$0≦\theta≦\dfrac{\pi}{3}$ ……①

題意の領域は右図網目部．

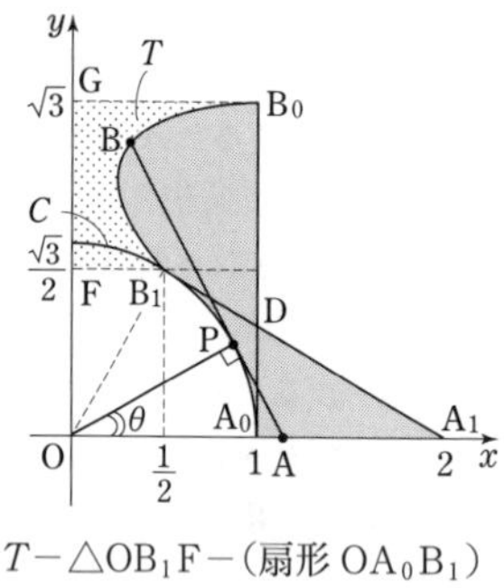

打点部の面積を T とおくと，求める面積は

$\square OA_0B_0G + \triangle A_0A_1D - T - \triangle OB_1F - (\text{扇形 } OA_0B_1)$

………②

ここで，$OA = \dfrac{OP}{\cos\theta} = \dfrac{1}{\cos\theta}$

$\vec{AB}$ は $\vec{OP} = \begin{pmatrix} \cos\theta \\ \sin\theta \end{pmatrix}$ に垂直で $\vec{AB}$ の y 成分は正だから，$\vec{AB}$ は $\begin{pmatrix} -\sin\theta \\ \cos\theta \end{pmatrix}$ と同じ向きで，長さ $\sqrt{3}$

$\vec{AB} = \sqrt{3}\begin{pmatrix} -\sin\theta \\ \cos\theta \end{pmatrix}$ だから，B(X, Y) とおくと

$\begin{pmatrix} X \\ Y \end{pmatrix} = \vec{OB} = \vec{OA} + \vec{AB} = \begin{pmatrix} \dfrac{1}{\cos\theta} - \sqrt{3}\sin\theta \\ \sqrt{3}\cos\theta \end{pmatrix}$ …③

Y は θ が増加するにつれて単調減少するので，

$T = \int_{\frac{\sqrt{3}}{2}}^{\sqrt{3}} X\, dY$ ………④

$= \int_{\frac{\pi}{3}}^{0} X \dfrac{dY}{d\theta} d\theta$ （∵ ①）

$= \int_{\frac{\pi}{3}}^{0} \left(\dfrac{1}{\cos\theta} - \sqrt{3}\sin\theta\right) \cdot (-\sqrt{3}\sin\theta)\, d\theta$

$= \int_{\frac{\pi}{3}}^{0} \left(\sqrt{3} \cdot \dfrac{-\sin\theta}{\cos\theta} + 3\sin^2\theta\right) d\theta$

$= \int_{\frac{\pi}{3}}^{0} \left\{\sqrt{3} \cdot \dfrac{(\cos\theta)'}{\cos\theta} + 3 \cdot \dfrac{1-\cos 2\theta}{2}\right\} d\theta$

$= \left[\sqrt{3}\log|\cos\theta| + \dfrac{3}{2}\theta - \dfrac{3}{4}\sin 2\theta\right]_{\frac{\pi}{3}}^{0}$

$= \sqrt{3}\log 2 - \dfrac{\pi}{2} + \dfrac{3}{8}\sqrt{3}$ ………⑤

求める面積は，② $= \sqrt{3} + \dfrac{1}{2} \cdot 1 \cdot \dfrac{1}{\sqrt{3}} - ⑤ - \dfrac{\sqrt{3}}{8} - \dfrac{\pi}{6}$

$= \dfrac{2}{3}\sqrt{3} + \dfrac{\pi}{3} - \sqrt{3}\log 2$

【解説】

A 題意の領域を S とおくと，S の概形は，**解**では以下のように考えています．

$S = (線分\ AP\ の通過領域\ S_1)$
$\cup (線分\ BP\ の通過領域\ S_2)$

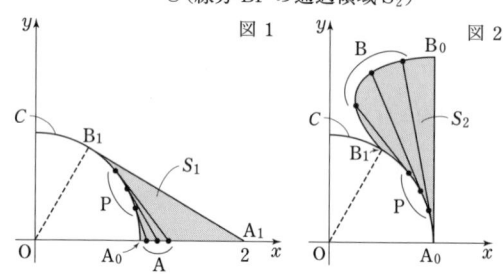

上の図1より，線分 AP はすべて線分 A_1B_1 の下側に存在するので，S_1 は図1の網目部となり，図2より，線分 PB はすべて円 C の上側に存在するので，S_2 は図2の網目部となります．これと $S_1 \cup S_2$ より，**解**のように S の概形を描くことができます．

なお，B の座標が正しかったのは全体の 81% でした．

B ③より，B の y 座標が θ に関して単調減少であるので，y で積分すると④のように1つの積分で表せますが，x で積分するときは注意を要します．

[解答例1] （③以降）

$\dfrac{dX}{d\theta} = -\dfrac{-\sin\theta}{\cos^2\theta} - \sqrt{3}\cos\theta = \dfrac{\sin\theta - \sqrt{3}\cos^3\theta}{\cos^2\theta}$

よって，右図のように α をとると，X の増減は下表．

θ	0		α		$\dfrac{\pi}{3}$
$\dfrac{dX}{d\theta}$		$-$		$+$	
X		↘		↗	

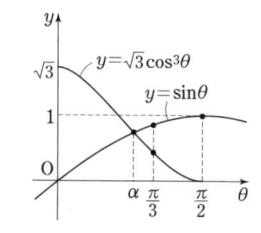

$\theta=\alpha$ のときの X を X_α, B を B_α とすると, 題意の領域は右図網目部のようになる. 太線で囲まれた部分の面積を U とおくと, 求める面積は,

$U+\triangle A_0 A_1 D+\triangle OH_1 B_1$
$-$ (扇形 OA_0B_1)

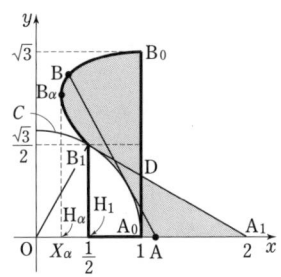

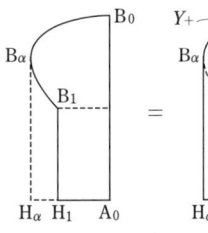

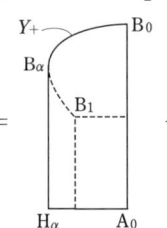

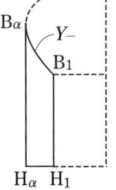

$$= \int_{X_\alpha}^1 Y_+ dX - \int_{X_\alpha}^{\frac{1}{2}} Y_- dX$$

$$= \int_\alpha^0 Y \frac{dX}{d\theta} d\theta - \int_\alpha^{\frac{\pi}{3}} Y \frac{dX}{d\theta} d\theta$$

$$= \int_\alpha^0 Y \frac{dX}{d\theta} d\theta + \int_{\frac{\pi}{3}}^\alpha Y \frac{dX}{d\theta} d\theta = \int_{\frac{\pi}{3}}^0 Y \frac{dX}{d\theta} d\theta$$

(以下略)

*　　　　　　*　　　　　　*

この解法をとった一部の人は, 右のような図を描いて,
(太線で囲まれた部分)
$$= \int_{\frac{1}{2}}^1 Y dX = \int_{\frac{\pi}{3}}^0 Y \frac{dX}{d\theta} d\theta$$

と立式していました. 答えは合いますが, 誤りです.

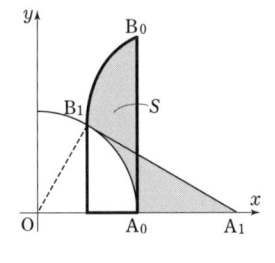

解答例1のように B の挙動をしっかりと考えてから立式するようにしましょう.

C 解ではパラメータ積分をしましたが, 本問ではパラメータを消去しても容易に積分できます.

[解答例2] (③以降) $Y=\sqrt{3}\cos\theta$ より,

$\cos\theta = \dfrac{Y}{\sqrt{3}}$　∴　$\sin\theta = \sqrt{1-\dfrac{Y^2}{3}}$ (∵ ①)

∴　$X = \dfrac{1}{\cos\theta} - \sqrt{3}\sin\theta = \dfrac{\sqrt{3}}{Y} - \sqrt{3}\cdot\sqrt{1-\dfrac{Y^2}{3}}$

∴　$X = \dfrac{\sqrt{3}}{Y} - \sqrt{3-Y^2}$

$T = \int_{\frac{\sqrt{3}}{2}}^{\sqrt{3}} \left(\dfrac{\sqrt{3}}{Y} - \sqrt{3-Y^2} \right) dY$

$= \sqrt{3}\Big[\log Y\Big]_{\frac{\sqrt{3}}{2}}^{\sqrt{3}} - $(右図網目部)

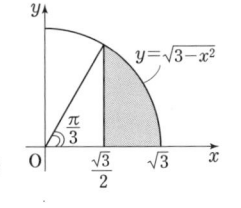

$= \sqrt{3}\log 2 - \left\{ \dfrac{1}{6}\cdot(\sqrt{3})^2\pi - \dfrac{1}{2}\times\dfrac{\sqrt{3}}{2}\times\sqrt{3}\cdot\dfrac{\sqrt{3}}{2} \right\}$

(以下略)

*　　　　　　*　　　　　　*

パラメータ表示された曲線については, パラメータを消去して y を x で表す, あるいは x を y で表しても容易に積分できることがあるので, 最初からパラメータ積分だと決めつけてしまうのはソンです.

なお, $\int_p^q \sqrt{a^2-x^2}\,dx$ 型の積分は, 置換積分でも結構ですが, 扇形の面積と関連付けさせると, 簡単に求めることができます.

D Aの S_2 の面積は, 問題40で紹介した極座標の面積公式と同様に考えて求めることができます.

[解答例3] 線分 PB の通過する部分の面積 S_2 を求める.

右図で, $\overrightarrow{P_\theta B_\theta}$ と $\overrightarrow{P_{\theta+\Delta\theta}B_{\theta+\Delta\theta}}$ のなす角は $\Delta\theta$ であり,

$r(\theta) = P_\theta B_\theta = \sqrt{3} - P_\theta A_\theta$
　　　　$= \sqrt{3} - \tan\theta$

なので, 右図網目部の面積 ΔS は, $\Delta S \fallingdotseq \dfrac{1}{2}\{r(\theta)\}^2\cdot\Delta\theta$

と近似できる. よって,

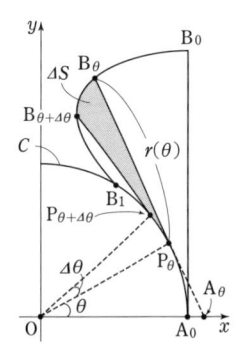

$S_2 = \int_0^{\frac{\pi}{3}} \dfrac{1}{2}\{r(\theta)\}^2 d\theta = \int_0^{\frac{\pi}{3}} \dfrac{1}{2}(\sqrt{3}-\tan\theta)^2 d\theta$

$= \int_0^{\frac{\pi}{3}} \left(\dfrac{3}{2} - \sqrt{3}\tan\theta + \dfrac{1}{2}\tan^2\theta \right) d\theta$

$= \int_0^{\frac{\pi}{3}} \left\{ 1 + \sqrt{3}\cdot\dfrac{(\cos\theta)'}{\cos\theta} + \dfrac{1}{2}\cdot\dfrac{1}{\cos^2\theta} \right\} d\theta$

$= \left[\theta + \sqrt{3}\log|\cos\theta| + \dfrac{1}{2}\tan\theta \right]_0^{\frac{\pi}{3}}$

$= \dfrac{\pi}{3} - \sqrt{3}\log 2 + \dfrac{\sqrt{3}}{2}$　(以下略)

*　　　　　　*　　　　　　*

右上図の網目部を扇形とみなしていますが, 極座標の面積公式の場合と違って扇の要が動くので気持ち悪いという人は, 右図の太線の小さい扇形と大きい扇形でハサミウチすればよいでしょう.

(吉田)

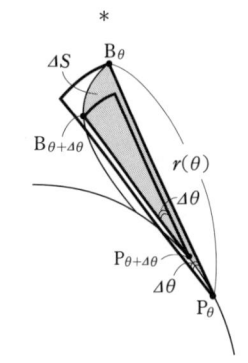

問題42 n を自然数として，$(n-1)\pi \leq x \leq n\pi$ において曲線 $y=e^{-x}\sin x$ と x 軸が囲む部分を，直線 $x=(n-1)\pi$ の周りに1回転させてできる立体の体積を $V_1(n)$，直線 $x=n\pi$ の周りに1回転させてできる立体の体積を $V_2(n)$ とする．$T(n)=\dfrac{V_1(n)+V_2(n)}{2}$ とするとき，$\displaystyle\lim_{n\to\infty}\sum_{k=1}^{n}T(k)$ を求めよ．

（2011年2月号4番）

平均点：19.5
正答率：61%
時間：SS 14%, S 31%, M 24%, L 31%

まずは $V_1(n)$，$V_2(n)$ を正しく立式することが大切です．y 軸に平行な直線のまわりの回転体の体積ですが，$y=e^{-x}\sin x$ について x を y の式で表すことはできないので，バウムクーヘン分割（☞解説B）を応用します．なお，$V_1(n)$，$V_2(n)$ を別々に求めるのは大変ですが，$V_1(n)+V_2(n)$ なら頻出タイプになります．

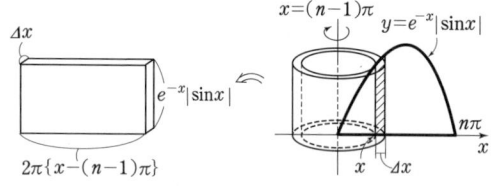

解

$V_1(n)$ は上図の太線で囲まれた部分の回転体の体積に等しい．$\Delta x \neq 0$ のとき，図の斜線部を $x=(n-1)\pi$ のまわりに回転させて得られる立体（薄い円筒）の体積は，

円筒の内側の側面積$\times\Delta x$ ……………①
$=2\pi\{x-(n-1)\pi\}e^{-x}|\sin x|\Delta x$

とみなせるので，

$$V_1(n)=\int_{(n-1)\pi}^{n\pi}\underbrace{2\pi\{x-(n-1)\pi\}e^{-x}|\sin x|}_{②}dx \cdots ③$$

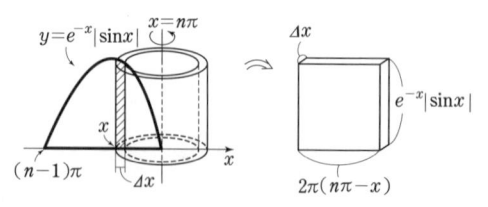

同様にして，上図の斜線部を $x=n\pi$ のまわりに回転させて得られる立体の体積は，

円筒の外側の側面積$\times\Delta x = 2\pi(n\pi-x)e^{-x}|\sin x|\Delta x$

とみなせるので，

$$V_2(n)=\int_{(n-1)\pi}^{n\pi}\underbrace{2\pi(n\pi-x)e^{-x}|\sin x|}_{④}dx$$

よって，$T(n)=\dfrac{V_1(n)+V_2(n)}{2}$

$=\dfrac{1}{2}\displaystyle\int_{(n-1)\pi}^{n\pi}(②+④)dx=\int_{(n-1)\pi}^{n\pi}\pi^2 e^{-x}|\sin x|dx$

$x-(n-1)\pi=t$ と置換すると，$dx=dt$ で，

x	$(n-1)\pi \to n\pi$
t	$0 \to \pi$

だから，

$T(n)=\displaystyle\int_{0}^{\pi}\pi^2 e^{-\{t+(n-1)\pi\}}|\sin\{t+(n-1)\pi\}|dt$

$=\pi^2 e^{-(n-1)\pi}\displaystyle\int_{0}^{\pi}e^{-t}|\sin t|dt=\pi^2 e^{-(n-1)\pi}\int_{0}^{\pi}e^{-t}\sin t\,dt$

ここで，$(e^{-t}\sin t)'=e^{-t}(-\sin t+\cos t)$ …………⑤

$(e^{-t}\cos t)'=e^{-t}(-\cos t-\sin t)$ …………⑥

$\dfrac{⑤+⑥}{-2}$ より $\left\{-\dfrac{1}{2}e^{-t}(\sin t+\cos t)\right\}'=e^{-t}\sin t$ なので，

$\displaystyle\int_{0}^{\pi}e^{-t}\sin t\,dt=\left[-\dfrac{1}{2}e^{-t}(\sin t+\cos t)\right]_{0}^{\pi}=\dfrac{e^{-\pi}+1}{2}$

$\therefore\ T(n)=\pi^2 e^{-(n-1)\pi}\cdot\dfrac{e^{-\pi}+1}{2}$

これは，初項 $\pi^2\cdot\dfrac{e^{-\pi}+1}{2}$，公比 $e^{-\pi}$（$|e^{-\pi}|<1$）の等比数列なので，

$$\lim_{n\to\infty}\sum_{k=1}^{n}T(k)=\pi^2\cdot\dfrac{e^{-\pi}+1}{2}\cdot\dfrac{1}{1-e^{-\pi}}=\boldsymbol{\dfrac{\pi^2(e^\pi+1)}{2(e^\pi-1)}}$$

【解説】

A 冒頭でも述べましたが，本問のような求積に関する問題では，求める体積（または面積）を正しく立式することが大切です．誤って立式すると，後の議論を大きく変えてしまい，無意味なものになりかねないので，注意しましょう．正しく立式できていたのは，全体の75%でした．

B 本問では y 軸に平行な直線のまわりの回転体の体積です．とりあえず，y が与えられたとき $e^{-x}|\sin x|=y$，$(n-1)\pi \leq x \leq n\pi$ を満たす x を x_1，x_2（$x_1 \leq x_2$）とし，右図のように a，b をとると，

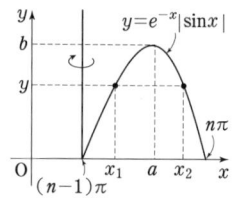

$V_1(n)=$
$\displaystyle\int_{0}^{b}\pi\{x_2-(n-1)\pi\}^2 dy - \int_{0}^{b}\pi\{x_1-(n-1)\pi\}^2 dy$

となります．しかし，x_1，x_2 を y で表すことはできま

せん．そこで $y=e^{-x}\sin x$ により積分変数を x に置換すると，
$$\left|\int_{n\pi}^{a}\pi\{x-(n-1)\pi\}^2\frac{dy}{dx}dx\right.$$
$$\left.-\int_{(n-1)\pi}^{a}\pi\{x-(n-1)\pi\}^2\frac{dy}{dx}dx\right|$$
$$=\left|\int_{n\pi}^{(n-1)\pi}\pi\{x-(n-1)\pi\}^2\frac{dy}{dx}dx\right| \quad\cdots\cdots\text{⑦}$$
となって，計算可能です．

一方，このような問題では，バウムクーヘン分割で考えるのが有効です．バウムクーヘン分割については解でも説明しましたが，これは，微小な体積を足し合わせたものが全体の体積になるという，積分で体積を求める原理に従ったもので，回転させる領域の微小区間 $[x, x+\Delta x]$ の部分を回転させたときの微小体積 ΔV がどう近似されるかを考えるのがポイントです．

例えば，$V_1(n)$ は，題意の回転体を，右図の斜線部を回転してできる薄い円筒状の立体（バウムクーヘンの1枚）を寄せ集めたものと考えます．

そして，$\Delta x \fallingdotseq 0$ のとき，この円筒状の立体を切り開くと，右図のような直方体になるとみなせ，この体積 ΔV は
$$2\pi\{x-(n-1)\pi\}e^{-x}|\sin x|\Delta x$$
と近似されるので，③のように求められるのです．

同様にして，$0 \le a < b$ のとき，右図の網目部を y 軸のまわりに回転させて得られる立体の体積は
$$\int_a^b 2\pi x|f(x)-g(x)|dx$$
となります．

なお，"バウムクーヘン分割"というのは正式な数学用語ではないので，使うときは，解のような説明を加えておくとよいでしょう（切り開いた直方体の図か①式のどちらか一方だけでもOKです）．また，⑦を部分積分しても，バウムクーヘン分割と同じ式になります．

解以外の立式の仕方としては，回転させる領域が，常に x 軸より上にあるか，常に x 軸より下にあるかのどちらかなので，
$$V_1(n)=\left|\int_{(n-1)\pi}^{n\pi}2\pi\{x-(n-1)\pi\}e^{-x}\sin xdx\right|$$
$$V_2(n)=\left|\int_{(n-1)\pi}^{n\pi}2\pi(n\pi-x)e^{-x}\sin xdx\right|$$
というふうに，絶対値をインテグラルの外につけて立式

し，絶対値の中が同符号だから，中同士を足して，2で割り，$T(n)=\left|\int_{(n-1)\pi}^{n\pi}\pi^2 e^{-x}\sin xdx\right|$
とする方法もありました．

C 少数ですが，$V_1(n)$，$V_2(n)$ を別々に求めてから足す人もいました．この方針だと，$xe^{-x}\sin x$ の不定積分が必要になり，計算がかなり大変になります．試験場では必ずしも最良の方法が思い浮かぶわけではないので，そういった計算をこなす力も大切ですが，あまりにも計算が大変なら，少し疑ってみるのも良いかもしれません．

なお，$e^{-x}\sin x$ の不定積分は，部分積分を2回行うと求まりますが，解のように⑤と⑥を用意して"微分すると $e^{-x}\sin x$ になるものを見つける"つもりでやるのが手っ取り早いでしょう．同様に，$\int e^{2x}x^2 dx$ は，$\{e^{2x}(px^2+qx+r)\}'\cdots\cdots\text{⑧}$ が $e^{2x}x^2$ となる p, q, r を見つけます．⑧$=e^{2x}\{2(px^2+qx+r)+2px+q\}$ なので，$2p=1$，$2q+2p=0$，$2r+q=0$
となればよく，$p=1/2$，$q=-1/2$，$r=1/4$
$$\therefore \int e^{2x}x^2 dx = e^{2x}\left(\frac{1}{2}x^2-\frac{1}{2}x+\frac{1}{4}\right)+C$$

D 回転体の体積に関して，パップス・ギュルダンの定理というものがあります：
平面上にある図形 D の面積を S とし，D と同じ平面上にあり，D の内部を通らない直線 l のまわりで D を一回転させた回転体の体積を V とする．D の重心 G から回転軸 l までの距離を r とすると，$V=2\pi rS$
──この式は，（回転体の体積）
＝（回転による重心の軌跡の長さ）×（図形の面積）
ということを表しています．

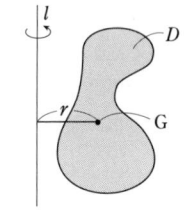

これを本問に用いることができます．回転させる領域の面積を S，重心の x 座標を x_G（$(n-1)\pi < x_G < n\pi$）とすると，パップス・ギュルダンの定理より，
$$V_1(n)=2\pi\{x_G-(n-1)\pi\}S, \quad V_2(n)=2\pi(n\pi-x_G)S$$
よって，$T(n)=\pi^2 S = \pi^2\int_{(n-1)\pi}^{n\pi}e^{-x}|\sin x|dx$
となり，解で求めた式と一致します．

この定理を解答で用いることははばかられますが，知っていると検算程度には使えるので，余裕のある人は記憶に留めておくとよいでしょう（なお，x_G を具体的に求めるのは高校の範囲をこえます）． （山崎）

問題43 xyz 空間に，

$$0<z\leq 1 \text{ のとき } \frac{x^2}{z^2}+\frac{(y-1)^2}{(2-z)^2}=1$$

$$z=0 \text{ のとき } x=0 \text{ かつ } -1\leq y\leq 3$$

を満たす点の集合 C がある．C を z 軸の周りに回転してできる立体の体積を求めよ．

（2012年10月号5番）

平均点：14.8
正答率：28%
時間：SS 9%，S 29%，M 41%，L 21%

C を回転軸に垂直な平面 $z=k$ で切って得られる曲線 C_k 上の点と $(0,0,k)$ との距離 d を考えましょう．その距離の最小値を d_m，最大値を d_M とすると，C の回転体を $z=k$ で切った断面は半径 d_m の円と半径 d_M の円に挟まれたドーナッツ状の領域で，その面積は $\pi(d_M{}^2-d_m{}^2)$ になります．これを $0\leq k\leq 1$ で積分したものが求める体積です．なお，C_k は楕円ですが，d を最小・最大にする点が頂点のうちの一つとは限りません．適当に図を描いて判断するのは危険です．

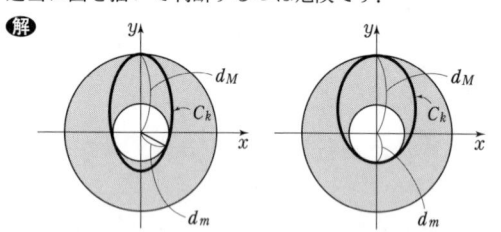

解

C を平面 $z=k$（$0\leq k\leq 1$）で切って得られる曲線を C_k とし，C_k 上の点と $(0,0,k)$ との距離 d の最小値を d_m，最大値を d_M とおくと，題意の回転体を $z=k$ で切った切り口の面積は $\pi(d_M{}^2-d_m{}^2)$ となる．

$$C_k:\begin{cases}\dfrac{x^2}{k^2}+\dfrac{(y-1)^2}{(2-k)^2}=1 & (0<k\leq 1) \\ x=0,\ -1\leq y\leq 3 & (k=0)\end{cases}$$

であるから，$0\leq\theta<2\pi$ として，

$$C_k:\begin{cases}x=k\cos\theta \\ y=1+(2-k)\sin\theta\end{cases}$$

と媒介変数表示できる（$k=0$ のときもこれで表せる）．

$k\neq 1$ のとき，

$$d^2=x^2+y^2=(k\cos\theta)^2+\{1+(2-k)\sin\theta\}^2 \quad\cdots\cdots\text{①}$$
$$=k^2(1-\sin^2\theta)+1+2(2-k)\sin\theta+(2-k)^2\sin^2\theta$$
$$=4(1-k)\sin^2\theta+2(2-k)\sin\theta+k^2+1 \quad\cdots\cdots\text{②}$$
$$=4(1-k)\left\{\sin\theta+\frac{2-k}{4(1-k)}\right\}^2-\frac{(2-k)^2}{4(1-k)}+k^2+1$$

$\sin\theta=t$（$-1\leq t\leq 1$）とおき，

$$f(t)=4(1-k)\left\{t+\frac{2-k}{4(1-k)}\right\}^2-\frac{(2-k)^2}{4(1-k)}+k^2+1$$

とする．$0\leq k<1$ より，$-\dfrac{2-k}{4(1-k)}<0$ である．また，

$$-1\leq -\frac{2-k}{4(1-k)}\iff 2-k\leq 4(1-k)\iff k\leq\frac{2}{3}$$

であるから，$f(t)$ のグラフは右図のようになる．

$(2-k)^2=(1-k+1)^2=(1-k)^2+2(1-k)+1$ より，

$$-\frac{(2-k)^2}{4(1-k)}=-\frac{1-k}{4}-\frac{1}{2}-\frac{1}{4(1-k)}$$

に注意して，

$0\leq k\leq\dfrac{2}{3}$ のとき，$d_m{}^2=f\left(-\dfrac{2-k}{4(1-k)}\right)$

$$=-\frac{(2-k)^2}{4(1-k)}+k^2+1=k^2+\frac{k}{4}+\frac{1}{4}-\frac{1}{4(1-k)}$$

$\dfrac{2}{3}<k<1$ のとき，$d_m{}^2=f(-1)$

$=$（①で $\cos\theta=0$，$\sin\theta=-1$ としたもの）

$=(k-1)^2 \quad\cdots\cdots\text{③}$

また，$0\leq k<1$ で，$d_M{}^2=f(1)$

$=$（①で $\cos\theta=0$，$\sin\theta=1$ としたもの）

$=(3-k)^2 \quad\cdots\cdots\text{④}$

$k=1$ のとき，②$=2\sin\theta+2$ より $d_m{}^2=0$，$d_M{}^2=4$ なので，$k=1$ のときも③④で良い．

以上より，求める体積を V とすると，

$V=\displaystyle\int_0^1\pi(d_M{}^2-d_m{}^2)\,dk$ であるから，

$$\frac{V}{\pi}=\int_0^{\frac{2}{3}}\left[(3-k)^2-\left\{k^2+\frac{k}{4}+\frac{1}{4}-\frac{1}{4(1-k)}\right\}\right]dk$$
$$\qquad+\int_{\frac{2}{3}}^1\{(3-k)^2-(k-1)^2\}\,dk$$
$$=\frac{1}{4}\int_0^{\frac{2}{3}}\left(35-25k+\frac{1}{1-k}\right)dk+\int_{\frac{2}{3}}^1(8-4k)\,dk$$
$$=\frac{1}{4}\left[35k-\frac{25}{2}k^2-\log(1-k)\right]_0^{\frac{2}{3}}+\left[8k-2k^2\right]_{\frac{2}{3}}^1$$
$$=\frac{1}{4}\left(35\cdot\frac{2}{3}-\frac{25}{2}\cdot\frac{4}{9}+\log 3\right)+6-\left(8\cdot\frac{2}{3}-2\cdot\frac{4}{9}\right)$$
$$=6+\frac{1}{4}\log 3$$

よって，$V=\left(6+\dfrac{1}{4}\log 3\right)\pi$

【解説】

A 一般に，回転体の体積を求めるのは，回転軸に垂直な平面で切った切り口を考えるのが原則ですが，本問のように，空間内に置かれた図形の回転体では，できあがった回転体の形はよくわからないことが少なくありません．しかし，回転させてから切るのではなく，

　　回転させる前の図形を回転軸に垂直に切った切り口

を捉えれば解決するのです．

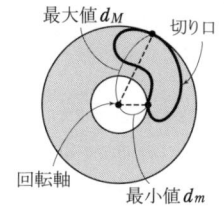

冒頭でも書きましたが，例えば，切り口が右図の太線のようになったとき，切り口上の点と回転軸との最大値 d_M と最小値 d_m がわかれば，回転後の立体の切り口が網目部のようなドーナツ状の領域になることから，

（切り口の面積）$= \pi d_M^2 - \pi d_m^2$ が得られます．

本問でも，このような方針を立てられている人は多かったです．ただ，求める体積が $\int_0^1 \pi d_M^2 \, dk$ だと思っている人がそれなりにいました．C_k の中身が詰まっているならば $d_m = 0$ なので，そのようになりますが，本問ではそういうわけではありませんね．該当した人はよく反省しておきましょう．

一番多かった間違いは，②を平方完成するところで $k=1$ を場合分けしていないものです．最終的には積分を実行するため，積分の端の点である $k=0, 1$ は計算結果に影響はしないのですが，その辺りの議論をないがしろにしないようにしましょう．

B 円周上の点と定点 A の距離の最大値，最小値は，下図のように目で捉えることができます．

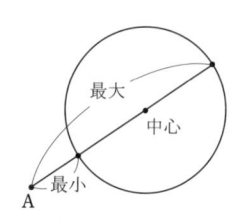

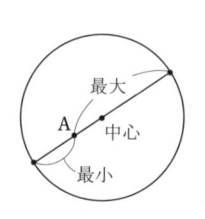

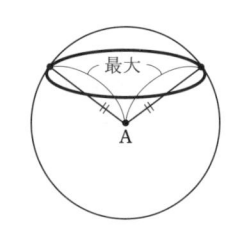

しかし，楕円の場合は図だけで済ませるのは無理です（放物線や双曲線も）．本問では最大値は場合分けが不要でしたが，たとえ定点が軸上にあっても，頂点の一つで最大になるとは限りません（右図）．

さて，**解**では C_k を媒介変数表示して考えましたが，$x^2 = k^2 - \dfrac{k^2(y-1)^2}{(2-k)^2}$ を $d^2 = x^2 + y^2$ に代入して，y の関数として考えることもできます．この場合，**解**で出てきた楕円の図から分かるように，

$$k-1 \leq y \leq 3-k \quad \cdots\cdots\cdots ⑤$$

の下で考えることになります（$k=0$ のときも⑤でよい）．

[解答例]（d_m^2, d_M^2 を求める部分）

$k \neq 1$ のとき，

$$d^2 = x^2 + y^2 = k^2 - \frac{k^2(y-1)^2}{(2-k)^2} + y^2$$

$$= \frac{1}{(2-k)^2}\{4(1-k)y^2 + 2k^2 y + k^2(k^2 - 4k + 3)\}$$

$$= \frac{1}{(2-k)^2}\left[4(1-k)\left\{y + \frac{k^2}{4(1-k)}\right\}^2 - \frac{k^4}{4(1-k)}\right.$$
$$\left. + k^2(k^2 - 4k + 3)\right]$$

$$= \frac{4(1-k)}{(2-k)^2}\left\{y + \frac{k^2}{4(1-k)}\right\}^2 - \frac{k^2(4k-3)}{4(1-k)}$$

これを $g(y)$（$k-1 \leq y \leq 3-k$）とおく．

$0 \leq k < 1$ より，$-\dfrac{k^2}{4(1-k)} \leq 0 < 3-k$

また，$k-1 \leq -\dfrac{k^2}{4(1-k)} \iff k^2 \leq 4(1-k)^2$

$$\iff k \leq 2(1-k) \iff k \leq \frac{2}{3}$$

よって，$0 \leq k \leq \dfrac{2}{3}$ のとき，

$$d_m^2 = g\left(-\frac{k^2}{4(1-k)}\right) = -\frac{k^2(4k-3)}{4(1-k)}$$

$\dfrac{2}{3} < k < 1$ のとき，$d_m^2 = g(k-1)$ であり，

$y = k-1$ のとき $x = 0$ であるから，$d_m^2 = (k-1)^2$

一方，（$k-1$ と $3-k$ の中央）$=1 \geq -\dfrac{k^2}{4(1-k)}$

より，$d_M^2 = g(3-k)$ であり，$y = 3-k$ のとき $x = 0$ であるから，$d_M^2 = (3-k)^2$　　（以下略）

*　　　　　　　　　*

楕円の中心の y 座標が 1 なので，$y - 1 = Y$ とおいて Y の2次関数にすると，**解**と似た式になります．

なお，積分のところでは，$\dfrac{k^2}{1-k}$ の積分が出てきますが，このような有理関数は，分子を分母で割ることにより分子の次数を減らすことで，積分できる形に持ち込めます．

（濵口）

問題44 xyz 空間に 2 点 P$(2\cos\theta, \sin\theta, 0)$,
Q$\left(\cos\left(\theta+\dfrac{\pi}{2}\right), 2\sin\left(\theta+\dfrac{\pi}{2}\right), 3\right)$ がある.

(1) t を $0<t<1$ をみたす定数とし，線分 PQ を $t:(1-t)$ に内分する点を R とおく．θ を $0\leqq\theta\leqq 2\pi$ の範囲で動かすとき，R の描く曲線は楕円になることを示し，その長軸と短軸の長さを t で表せ．

(2) θ を $0\leqq\theta\leqq 2\pi$ の範囲で動かすとき，線分 PQ が動いてできる曲面を S とする．S と 2 平面 $z=0$, $z=3$ で囲まれる部分の体積 V を求めよ．

(2008 年 1 月号 5 番)

平均点：19.8
正答率：41%　(1) 60%　(2) 56%
時間：SS 13%, S 24%, M 35%, L 28%

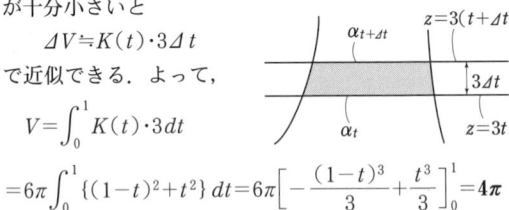

(1) 解き慣れていない人が多い形式の問題でしょう．$\overrightarrow{\text{OR}}=\vec{u}+(\cos\theta)\vec{v}+(\sin\theta)\vec{w}$（$\vec{u}, \vec{v}, \vec{w}$ は定ベクトル）の形で表すとき，もしも $\vec{v}\perp\vec{w}$, $|\vec{v}|=|\vec{w}|$ ならば R の軌跡は円になります．本問では $|\vec{v}|\neq|\vec{w}|$ ですが，楕円は円を一定方向に拡大したものなので…．

(2) (1) から，求める部分を，R を通り z 軸に垂直な平面で切った切り口の面積が t で表せます．しかし，t は PQ の内分比なので，単純に t で積分しても体積は出ません．微小部分の厚みを，きちんと捉えましょう．

解 (1) Q$(-\sin\theta, 2\cos\theta, 3)$ より，
$$\overrightarrow{\text{OR}}=(1-t)\overrightarrow{\text{OP}}+t\overrightarrow{\text{OQ}}=(1-t)\begin{pmatrix}2\cos\theta\\ \sin\theta\\ 0\end{pmatrix}+t\begin{pmatrix}-\sin\theta\\ 2\cos\theta\\ 3\end{pmatrix}$$
$$=\begin{pmatrix}0\\ 0\\ 3t\end{pmatrix}+2\cos\theta\begin{pmatrix}1-t\\ t\\ 0\end{pmatrix}+\sin\theta\begin{pmatrix}-t\\ 1-t\\ 0\end{pmatrix}\quad\cdots\cdots\text{①}$$

①は常に平面 $z=3t$ 上にある．

以下，$\vec{a}=\begin{pmatrix}1-t\\ t\\ 0\end{pmatrix}$, $\vec{b}=\begin{pmatrix}-t\\ 1-t\\ 0\end{pmatrix}$, O$'(0, 0, 3t)$ として，$z=3t$ 上で，O$'$ を原点として
$$\overrightarrow{\text{O}'\text{R}}=(2\cos\theta)\vec{a}+(\sin\theta)\vec{b}\quad (0\leqq\theta\leqq 2\pi)$$
を満たす点 R の軌跡を考える．$\cdots\cdots\cdots$②

R を $\vec{a}$ 方向に $\dfrac{1}{2}$ 倍に縮小した点を T とすると，
$$\overrightarrow{\text{O}'\text{T}}=(\cos\theta)\vec{a}+(\sin\theta)\vec{b}\quad\cdots\cdots\text{③}$$
ここで，$|\vec{a}|=|\vec{b}|$, $\vec{a}\perp\vec{b}$ なので，T の軌跡は，中心が O$'$ で半径 $|\vec{a}|$ の円（下右図）．

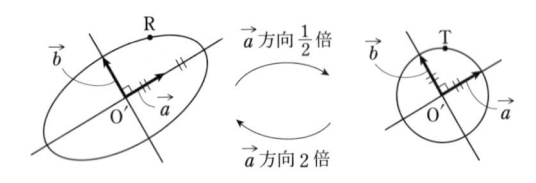

この円を $\vec{a}$ 方向に 2 倍に拡大したものが R の軌跡なので，R の軌跡は楕円であり，

長軸の長さは $2\times 2|\vec{a}|=4\sqrt{(1-t)^2+t^2}$

短軸の長さは $2\times|\vec{b}|=2\times|\vec{a}|=2\sqrt{(1-t)^2+t^2}$

(2) 平面 $z=3t$ $(0<t<1)$ を α_t とおく．

α_t と線分 PQ との交点は (1) の R だから，α_t による S の切り口は (1) の楕円であり，断面積を $K(t)$ とおくと，$K(t)=\pi\cdot 2|\vec{a}|\cdot|\vec{a}|=2\pi\{(1-t)^2+t^2\}$

S と 2 平面 α_t, $\alpha_{t+\Delta t}$ で囲まれる部分の体積 ΔV は，Δt が十分小さいと
$$\Delta V\fallingdotseq K(t)\cdot 3\Delta t$$
で近似できる．よって，
$$V=\int_0^1 K(t)\cdot 3dt$$
$$=6\pi\int_0^1\{(1-t)^2+t^2\}dt=6\pi\left[-\dfrac{(1-t)^3}{3}+\dfrac{t^3}{3}\right]_0^1=\mathbf{4\pi}$$

【解説】

A (1) を**解**のように解いた人は 15% でした．T の軌跡が円になることは，新たに $\vec{a}$ 方向を X 軸，$\vec{b}$ 方向を Y 軸とみなして座標を考えると分かります．

一般に，O を原点とする平面 α 上に 1 次独立なベクトル $\vec{v}, \vec{w}$ を取り，α 上の点 X を $\overrightarrow{\text{OX}}=p\vec{v}+q\vec{w}$ と表すとき，(p, q) は $\vec{v}, \vec{w}$ を基準にした座標のようなものです（この考え方は問題 8 でも用いました）．

$\vec{v}=\begin{pmatrix}1\\0\end{pmatrix}$, $\vec{w}=\begin{pmatrix}0\\1\end{pmatrix}$ の場合が通常の xy 座標ですが，

$\vec{v}\perp\vec{w}$, $|\vec{v}|=|\vec{w}|$ $\cdots\cdots$④

ならば，xy 座標系と同様に扱えます．④のとき，例えば $\overrightarrow{\text{OX}}=(\cos\theta)\vec{v}+(\sin\theta)\vec{w}$ $(0\leqq\theta<2\pi)$ で表される点 X の軌跡は右図の円で，③の T の軌跡も中心 O$'$ の円です．

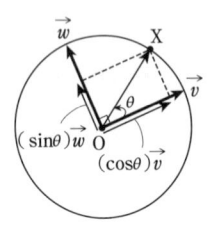

初見では思いつきにくい解法ですが，定数の部分と $\cos\theta$, $\sin\theta$ のように変化する部分を分けると，軌跡が分かりやすくなることは多いです．例えば，点 $(s-e^s, s+e^s)$ の s を動かしたときの軌跡なら，

$\begin{pmatrix} s-e^s \\ s+e^s \end{pmatrix} = s\begin{pmatrix} 1 \\ 1 \end{pmatrix} + e^s\begin{pmatrix} -1 \\ 1 \end{pmatrix}$

のように書くと，$y=e^x$ を回転・拡大させたものになることが分かります．考え方自体は応用が利く便利なものなので，覚えておきましょう．

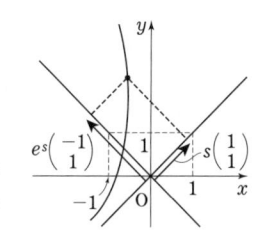

B 解 では，円を一定方向に拡大・縮小すると楕円になることを用いました．

一般に，円 $C : x^2+y^2=a^2$ 上の点は $(x, y)=(a\cos\theta, a\sin\theta)$ とパラメータ表示されますが，これの y 座標を $\dfrac{b}{a}$ 倍した $(x, y)=(a\cos\theta, b\sin\theta)$ は楕円 $D : \dfrac{x^2}{a^2}+\dfrac{y^2}{b^2}=1$ のパラメータ表示で，D は C を y 軸方向に $\dfrac{b}{a}$ 倍拡大したものです．なお，θ は，上図の OP と x 軸のなす角ではなく，OQ と x 軸のなす角であることに注意しましょう．

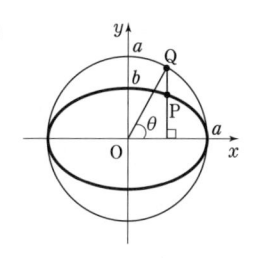

C （1）は，長軸，短軸が x 軸，y 軸に平行な楕円を回転させることによって示す方針が多かったです（43% の人が該当）．出題当時は行列が高校の範囲内なので，回転行列を用いて説明していましたが，ここでは，現行課程に合わせて，複素数平面で解答します．

［解答例］（R の座標を求めて，O′ を定義してから）

$\overrightarrow{O'R} = 2\cos\theta\begin{pmatrix} 1-t \\ t \\ 0 \end{pmatrix} + \sin\theta\begin{pmatrix} -t \\ 1-t \\ 0 \end{pmatrix}$

平面 $z=3t$ 上で，O′ を原点とする複素数平面を考えると，R を表す複素数は，

$(1-t)\cdot 2\cos\theta - t\sin\theta + \{t\cdot 2\cos\theta + (1-t)\sin\theta\}i$
$= \{(1-t)+ti\}(2\cos\theta + i\sin\theta)$ ……⑤

ここで，$(1-t)+ti$ を $(1-t)+ti = r(\cos\varphi + i\sin\varphi)$ と極表示すると，⑤$=r(\cos\varphi + i\sin\varphi)(2\cos\theta + i\sin\theta)$

これは，点 $2\cos\theta + i\sin\theta$ を，O′ のまわりに φ 回転して r 倍拡大したものである．

$2\cos\theta + i\sin\theta$ の軌跡は右図の楕円（長軸の長さ 4，短軸の長さ 2）だから，R の軌跡も楕円であり，

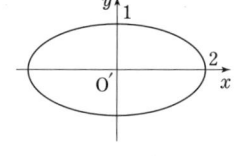

長軸の長さは $4r = 4\sqrt{(1-t)^2+t^2}$
短軸の長さは $2r = 2\sqrt{(1-t)^2+t^2}$

＊　　　　　＊

一般に，座標平面上の 2 点 P(x, y)，Q(X, Y) に対して，$\begin{cases} X=ax-by \\ Y=bx+ay \end{cases}$（ただし $(a, b) \ne (0, 0)$）の関係があるとき，複素数平面上で，

$X+Yi = ax-by + (bx+ay)i = (x+yi)(a+bi)$

したがって，$a+bi$ を $r(\cos\varphi + i\sin\varphi)$ と極表示すると，$X+Yi$
$= r(\cos\varphi + i\sin\varphi)(x+yi)$
なので，Q は原点のまわりに P を φ 回転して r 倍拡大した点になります．

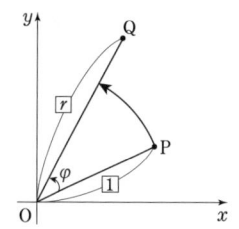

D （2）の積分ですが，$V = \int_0^1 K(t)dt$ のように立式した人が 28% いました．これは間違った立式です．

どういうことかと言うと，（1）で出てきた t は単なる PQ の内分比なので，$K(t)$ を t について積分したからと言って，体積が出るわけではないのです．

問題 40 の解説 C では，誤答例に対して「長さを積分すると面積になるという誤った理解をしたことによる，典型的な誤答です．1 次元のものをいくら足し合わせても 2 次元にはなりません．」と書いてありますが，体積も同様で，「面積を足し合わせれば体積になる」というのは誤りです．2 次元のものをいくら足し合わせても 3 次元にはなりません．

正しくは，「微小面積を足し合わせれば面積が求まる」「微小体積を足し合わせれば体積が求まる」です．

本問では，t が Δt 増えたときの体積の増分を ΔV とし，平面 $z=3t$ と $z=3(t+\Delta t)$ の幅を Δh とおくと，Δt が十分小さいとき，ΔV は底面積 $K(t)$，高さ Δh の柱体で近似できるので，

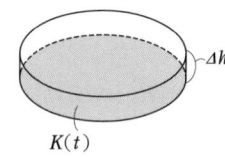

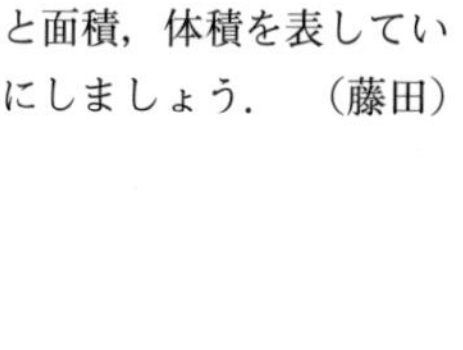

$\Delta V \fallingdotseq K(t)\cdot\Delta h$ （$\Delta h = 3\Delta t$）

です．$\Delta V \fallingdotseq K(t)\cdot\Delta t$ ではありません．

何でもかんでも積分すれば面積，体積が求まるわけじゃないので，自分の立式がちゃんと面積，体積を表しているかは，十分注意して解くようにしましょう．　　（藤田）

問題 45 $f(x)=\dfrac{e^x+e^{-x}}{2}$ とおく．曲線 $C:y=f(x)$ の $x\geqq 0$ の部分に点 $P(t,f(t))$ をとり，P における C の法線の $y<f(t)$ の部分に，$PQ=f(t)$ となる点 Q をとる．$f(t)=f$, $f'(t)=f'$ とおく．

(1) $(f')^2$ を f で表せ．(答えのみでよい)．
(2) Q の座標を t, f, f' で表せ．
(3) $f=\dfrac{25}{16}$, $t>0$ を満たす t を T とおく．t が $0\leqq t\leqq T$ の範囲で動くとき，Q の描く曲線の長さを求めよ．必要ならば
$f(t)=\dfrac{1}{4}\left(u+\dfrac{1}{u}\right)^2$ と置換せよ．

(2015 年 12 月号 5 番)

平均点：22.2
正答率：70%
（1）99%（2）92%（3）70%
時間：SS 6%, S 23%, M 38%, L 33%

(2) $\overrightarrow{PQ}$ を考えましょう．
(3) (2)により Q がパラメータ t で表せたことになるので，パラメータで表された曲線の長さの公式
$L=\int_{t_0}^{t_1}\sqrt{\left(\dfrac{dx}{dt}\right)^2+\left(\dfrac{dy}{dt}\right)^2}dt$ を使って，曲線の長さを計算します．問題文にあるように置換してみるとうまく行きますが，いきなり全部 u で表すのではなく，とりあえず一部は f や f' で表して，$\sqrt{}$ を外すことを目標にしましょう．t の積分範囲が $0\to T$ のとき，u の積分範囲は数パターン考えられると思いますが，どれでも結果は同じです．

解 (1) $f'(x)=\dfrac{e^x-e^{-x}}{2}$ なので，

$(f')^2=\left(\dfrac{e^t-e^{-t}}{2}\right)^2$

$=\left(\dfrac{e^t+e^{-t}}{2}\right)^2-1=\boldsymbol{f^2-1}$

(2) P における C の接線は $\begin{pmatrix}1\\f'\end{pmatrix}$ ……① に平行．$\overrightarrow{PQ}$ は①に垂直で y 成分は負だから，$\overrightarrow{PQ}$ は $\begin{pmatrix}f'\\-1\end{pmatrix}$ と同じ向き．$|\overrightarrow{PQ}|=f$ なので，

$\overrightarrow{PQ}=\dfrac{f}{\left|\begin{pmatrix}f'\\-1\end{pmatrix}\right|}\begin{pmatrix}f'\\-1\end{pmatrix}=\dfrac{f}{\sqrt{(f')^2+1}}\begin{pmatrix}f'\\-1\end{pmatrix}=\begin{pmatrix}f'\\-1\end{pmatrix}$

(∵ (1))

∴ $\overrightarrow{OQ}=\overrightarrow{OP}+\overrightarrow{PQ}=\begin{pmatrix}t\\f\end{pmatrix}+\begin{pmatrix}f'\\-1\end{pmatrix}$, $\boldsymbol{Q(t+f',f-1)}$

(3) 求める曲線の長さ L は，

$L=\int_0^T\sqrt{\left(\dfrac{d}{dt}(t+f')\right)^2+\left(\dfrac{d}{dt}(f-1)\right)^2}dt$

$=\int_0^T\sqrt{(1+f'')^2+(f')^2}dt$

[$f''=f$ と (1) より]

$=\int_0^T\sqrt{1+2f+f^2+f^2-1}\,dt=\sqrt{2}\int_0^T\sqrt{f(f+1)}\,dt$

ここで，$f=\dfrac{1}{4}\left(u+\dfrac{1}{u}\right)^2$ と置換すると，

$f'dt=\dfrac{1}{2}\left(u+\dfrac{1}{u}\right)\left(1-\dfrac{1}{u^2}\right)du$

$u>0$ で考える．

$t=0$ のとき $f=1$ ∴ $\dfrac{1}{4}\left(u+\dfrac{1}{u}\right)^2=1$ ∴ $u+\dfrac{1}{u}=2$

∴ $(u-1)^2=0$ ∴ $u=1$

$t=T$ のとき $f=\dfrac{1}{4}\left(u+\dfrac{1}{u}\right)^2=\dfrac{25}{16}$ ∴ $u+\dfrac{1}{u}=\dfrac{5}{2}$

∴ $\left(u-\dfrac{1}{2}\right)(u-2)=0$ ∴ $u=\dfrac{1}{2}$, 2

よって，$t:0\to T$ のとき，$u:1\to 2$ とできるので，

$L=\sqrt{2}\int_1^2\sqrt{f(f+1)}\cdot\dfrac{1}{f'}\cdot\dfrac{1}{2}\left(u+\dfrac{1}{u}\right)\left(1-\dfrac{1}{u^2}\right)du$

[$t\geqq 0$ のとき $f'\geqq 0$ であることと (1) より]

$f'=\sqrt{f^2-1}=\sqrt{(f-1)(f+1)}$ なので]

$=\sqrt{2}\int_1^2\dfrac{\sqrt{f(f+1)}}{\sqrt{(f-1)(f+1)}}\cdot\dfrac{1}{2}\left(u+\dfrac{1}{u}\right)\left(1-\dfrac{1}{u^2}\right)du$

$=\sqrt{2}\int_1^2\dfrac{\sqrt{f}}{\sqrt{f-1}}\cdot\dfrac{1}{2}\left(u+\dfrac{1}{u}\right)\left(1-\dfrac{1}{u^2}\right)du$

$\sqrt{f-1}=\sqrt{\dfrac{1}{4}\left(u+\dfrac{1}{u}\right)^2-1}=\sqrt{\dfrac{1}{4}\left(u-\dfrac{1}{u}\right)^2}$ で，

$u\geqq 1$ のとき $u-\dfrac{1}{u}\geqq 0$ だから，$\sqrt{f-1}=\dfrac{1}{2}\left(u-\dfrac{1}{u}\right)$

$L=\sqrt{2}\int_1^2\dfrac{\dfrac{1}{2}\left(u+\dfrac{1}{u}\right)}{\dfrac{1}{2}\left(u-\dfrac{1}{u}\right)}\cdot\dfrac{1}{2}\left(u+\dfrac{1}{u}\right)\dfrac{1}{u}\left(u-\dfrac{1}{u}\right)du$

$=\dfrac{\sqrt{2}}{2}\int_1^2\left(u+\dfrac{2}{u}+\dfrac{1}{u^3}\right)du$

$=\dfrac{\sqrt{2}}{2}\left[\dfrac{1}{2}u^2+2\log u-\dfrac{1}{2u^2}\right]_1^2=\sqrt{2}\left(\dfrac{15}{16}+\boldsymbol{\log 2}\right)$

【解説】

$\boxed{A}$ $f(x)=\dfrac{e^x+e^{-x}}{2}$ という関数はよく見かけます．双曲線関数というやつの1つですね．双曲線関数とは，

$$\sinh x=\dfrac{e^x-e^{-x}}{2}\ （ハイパボリックサイン）$$

$$\cosh x=\dfrac{e^x+e^{-x}}{2}$$

$$\tanh x=\dfrac{e^x-e^{-x}}{e^x+e^{-x}}$$

で，これらは三角関数と似たような性質を持ちます．

まず，たとえば，三角関数でいう，

$$(\sin x)'=\cos x,\ (\cos x)'=-\sin x$$

みたいな感じで，

$$(\sinh x)'=\cosh x,\ (\cosh x)'=\sinh x$$

です．この問題では，$f=\cosh t$ なので，$f'=\sinh t$ ですし，$f''=\cosh t=f$ となります．

それから，三角関数でいう，

$$\cos^2 x+\sin^2 x=1$$

みたいな感じで，

$$\cosh^2 x-\sinh^2 x=1$$

です．なので，さっきのと組み合わせると，$f^2-(f')^2=1$ となって，（1）の式が出てきますよね．

曲線 $y=f(x)=\dfrac{e^x+e^{-x}}{2}$ は，カテナリー（懸垂曲線）と呼ばれていて，ロープの両端を持って垂らしたときに現れます．カテナリーについての問題では，

$$(f')^2=f^2-1,\ f''=f$$

をタイミング良く使うことがポイントになります．

さて，そんな感じの変形を駆使しながら，問題を解いていきます．（2）は，P における C の法線の式 $y=-\dfrac{1}{f'}(x-t)+f$ を考えてもよいですが，法線ベクトルを出してしまえばすぐですね．そうこうするうちに，Q$(t+f',\ f-1)$ と表せました．結局，f や f' も t の関数なので，これは，Q がパラメータ t で表せたということになります．

$\boxed{B}$ Q がパラメータ t で表せていて，Q の描く曲線の長さを求めよということなので，パラメータで表された曲線の長さの公式を使います．パラメータ t が，t_0 から t_1 まで動くとき，動点 $(x(t),\ y(t))$ の描く曲線の長さは，

$$L=\int_{t_0}^{t_1}\sqrt{\left(\dfrac{dx}{dt}\right)^2+\left(\dfrac{dy}{dt}\right)^2}\,dt$$

と表されます．なんとなく図を描いてみれば，t が微小な範囲 $\varDelta t$ 動いたときに，$x,\ y$ がそれぞれ $\varDelta x,\ \varDelta y$ だけ動いたとすれば，そのとき描く微小な線の長さ $\varDelta L$ は，線分で近似すると，

$$\varDelta L\fallingdotseq\sqrt{(\varDelta x)^2+(\varDelta y)^2}\ \cdots\cdots ②$$
$$=\sqrt{\left(\dfrac{\varDelta x}{\varDelta t}\right)^2+\left(\dfrac{\varDelta y}{\varDelta t}\right)^2}\varDelta t$$

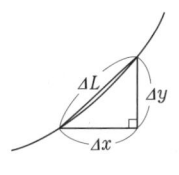

となるので，この公式のイメージは分かるでしょう．$\varDelta$ を d に置き換えてインテグラルをつければいいですね．ちなみに，$y=f(x)$ のグラフの，x の範囲 x_0 から x_1 までの長さは，②で $\varDelta x$ をくくりだしたりすれば，

$$L=\int_{x_0}^{x_1}\sqrt{1+\left(\dfrac{df(x)}{dx}\right)^2}\,dx\ \text{となります．}$$

$\boxed{C}$ 公式が分かって積分を計算しようとして頑張って整理しても，f や $f+1$ にルートがかかったややこしそうなのが被積分関数に残ってしまって困ってしまいます．そこで問題文を読み直してみると，「必要なら $f=\dfrac{1}{4}\left(u+\dfrac{1}{u}\right)^2$ と置換せよ」と書いてあるので，ありがたく使わせてもらいます．ちょっといやらしい形をしているので，丁寧にチカンして，計算していくと，うまい具合にルートが外れて，めでたく計算できるという訳です．

ここで，$t:0\to T$ に対応する u の範囲として，数パターン考えられると思います．㉑では $u:1\to 2$ を使いましたが，$u:1\to\dfrac{1}{2}$ といった範囲も考えられます．$u:-1\to -2$ のようなものもあります．どれにしようか迷った人もいるかもしれませんが，どれでも答えは同じなのでどれを使っても構いません．好みです．ただし，例えば，$u:1\to\dfrac{1}{2}$ の区間を選んだとしたら，$u-\dfrac{1}{u}$ が負になるので，㉑とはルートの外し方が異なって

$$\sqrt{f-1}=-\dfrac{1}{2}\left(u-\dfrac{1}{u}\right)\ \text{となりますよね．なので，どの}$$

積分区間を選ぶかで計算の仕方が若干変わるので気を付けてください．それから，たとえば $u:-1\to 2$ のような区間を選んだとしたら，その積分区間の中に f が ∞ となる点が含まれるので，高校で習う積分を逸脱してしまいます．こんな変なのはやめた方がよいでしょう．

（石城）

問題46 曲線 $C: y=x^n$（n は2以上の整数）上に点 $A(a, a^n)$, $B(b, b^n)$ がある．ただし，$0 \leq a < b$ とする．A における C の接線と B における C の接線の交点の x 座標を p とするとき，$\displaystyle\lim_{b \to a+0} \frac{p-a}{b-a}$ を求めよ． （2011年6月号4番）

平均点：15.2
正答率：10%
時間：SS 14%, S 35%, M 30%, L 21%

$a \neq 0$ のとき，$\dfrac{p-a}{b-a}$ は，そのままでは $\dfrac{0}{0}$ の不定形です．不定形をいかに解消するか？が問題．分子は $b-a$ でくくれますが，それでも不定形が残ります．さらに分子から $b-a$ をくくり出すことを考えましょう．あるいは，微分係数の定義に持ち込むこともできます．

解 $y=x^n$ のとき $y'=nx^{n-1}$ だから，A における C の接線の方程式は，$y-a^n=na^{n-1}(x-a)$
$\therefore\ y=na^{n-1}x-(n-1)a^n$ ……①
同様に，B での C の接線は，
$y=nb^{n-1}x-(n-1)b^n$ ……②
①②より $na^{n-1}x-(n-1)a^n=nb^{n-1}x-(n-1)b^n$
$\therefore\ n(b^{n-1}-a^{n-1})x=(n-1)(b^n-a^n)$
$\therefore\ p=\dfrac{(n-1)(b^n-a^n)}{n(b^{n-1}-a^{n-1})}$ ……③

（ⅰ）$a=0$ のとき，③より $p=\dfrac{(n-1)b}{n}$ だから，
$\dfrac{p-a}{b-a}=\dfrac{p}{b}=\dfrac{n-1}{n}$ $\therefore\ \displaystyle\lim_{b\to a+0}\dfrac{p-a}{b-a}=\dfrac{n-1}{n}$

（ⅱ）$a \neq 0$ のとき，③より，
$p-a=\dfrac{(n-1)(b^n-a^n)}{n(b^{n-1}-a^{n-1})}-a$
$=\dfrac{(n-1)(b^n-a^n)-na(b^{n-1}-a^{n-1})}{n(b^{n-1}-a^{n-1})}$
$=\dfrac{nb^{n-1}(b-a)-(b^n-a^n)}{n(b^{n-1}-a^{n-1})}$ ……④
$=\dfrac{nb^{n-1}(b-a)-(b-a)(b^{n-1}+b^{n-2}a+\cdots+a^{n-1})}{n(b-a)(b^{n-2}+b^{n-3}a+\cdots+a^{n-2})}$
$=\dfrac{nb^{n-1}-(b^{n-1}+b^{n-2}a+\cdots+a^{n-1})}{n(b^{n-2}+b^{n-3}a+\cdots+a^{n-2})}$ ……⑤

ここで，（⑤の分子）
$=\overbrace{b^{n-1}+b^{n-1}+\cdots+b^{n-1}}^{n\text{個}}-(b^{n-1}+b^{n-2}a+\cdots+a^{n-1})$
$=(b^{n-1}-b^{n-2}a)+(b^{n-1}-b^{n-3}a^2)+\cdots+(b^{n-1}-a^{n-1})$
$=b^{n-2}(b-a)+b^{n-3}(b^2-a^2)+\cdots+(b^{n-1}-a^{n-1})$
$=b^{n-2}(b-a)+b^{n-3}(b-a)(b+a)$
$\quad +\cdots+(b-a)(b^{n-2}+b^{n-3}a+\cdots+a^{n-2})\Big\}$ ……⑥

$\therefore\ \dfrac{p-a}{b-a}=\dfrac{⑥}{(b-a)\cdot n(b^{n-2}+b^{n-3}a+\cdots+a^{n-2})}$
$=\dfrac{b^{n-2}+b^{n-3}(b+a)+\cdots+(b^{n-2}+b^{n-3}a+\cdots+a^{n-2})}{n(b^{n-2}+b^{n-3}a+\cdots+a^{n-2})}$

$\to \dfrac{a^{n-2}+2a^{n-2}+\cdots+(n-1)a^{n-2}}{n(n-1)a^{n-2}}$ $(b \to a+0)$

$=\dfrac{1+2+\cdots+(n-1)}{n(n-1)}=\dfrac{\frac{1}{2}(n-1)n}{n(n-1)}=\dfrac{1}{2}$

以上より，$\displaystyle\lim_{b\to a+0}\dfrac{p-a}{b-a}=\begin{cases}\dfrac{n-1}{n} & (a=0) \\ \dfrac{1}{2} & (a \neq 0)\end{cases}$

【解説】

A $p-a$ を $b-a$ で割ったものを考えるわけですが，$a \neq 0$ のとき，分子・分母ともに0に収束する不定形になってしまいます．そこで，不定形を解消するために，分子が $b-a$ でくくることができれば…と考えるわけです．しかし，分子を $b-a$ でくくり，割っても，まだ不定形のままなので，さらに，分子・分母ともに $b-a$ でくくれはしないか？と試してみると上手くいきます．

素朴に考えることも大事ですね．

なお，$n=2$ のときの放物線 $y=x^2$ では，a, b によらず $\dfrac{p-a}{b-a}=\dfrac{1}{2}$ になることは有名事実です．

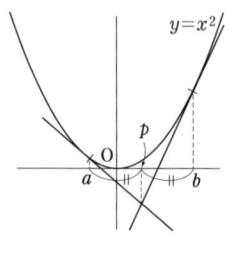

B 実際の答案では，$a=0$ の場合を忘れているものがほとんどでした．

$a=0$ を考えずに **解** の（ⅱ）のようにしてしまうのは，例えば，$\displaystyle\lim_{s\to 0}\dfrac{s^2}{s}=\dfrac{0}{0}=1$ とするのと同様の誤りです．

また，$\dfrac{b}{a}=t$ とおいて解いている人もいましたが，これも $a \neq 0$ のもとでしか考えられていないので，$a=0$ の場合は別に考える必要があります．

$a=0$ を忘れた人は，今後似たような誤りを繰り返さないように，よく反省しておきましょう．

C 微分の定義式： 極限値 $\displaystyle\lim_{b\to a}\dfrac{f(b)-f(a)}{b-a}$ が存在するとき，$\displaystyle\lim_{b\to a}\dfrac{f(b)-f(a)}{b-a}=f'(a)$

を用いて解いている答案もありました．以下に一例を示しておきます．

別解1 ($a \neq 0$ の場合．④に続く) ④より，
$$\frac{p-a}{b-a} = \frac{nb^{n-1}(b-a)-(b^n-a^n)}{n(b-a)(b^{n-1}-a^{n-1})}$$
$$= \frac{nb^{n-1}(b-a)-(b-a)(b^{n-1}+b^{n-2}a+\cdots+a^{n-1})}{n(b-a)(b^{n-1}-a^{n-1})}$$
$$= \frac{b-a}{n(b^{n-1}-a^{n-1})} \times \frac{nb^{n-1}-\sum_{k=0}^{n-1}b^{n-1-k}a^k}{b-a}$$

ここで，$g(x)=x^{n-1}$，$h(x)=nx^{n-1}-\sum_{k=0}^{n-1}x^{n-1-k}a^k$
とすると，$h(a)=0$ から，
$$\frac{p-a}{b-a} = \frac{1}{n} \cdot \frac{b-a}{g(b)-g(a)} \cdot \frac{h(b)-h(a)}{b-a} \quad \cdots\cdots ⑦$$

であり，$g'(x)=(n-1)x^{n-2}$ で，$n \geq 2$，$a \neq 0$ から，
$$g'(a) = (n-1)a^{n-2} \neq 0$$

また，$h'(x) = n(n-1)x^{n-2} - \sum_{k=0}^{n-1}(n-1-k)x^{n-2-k}a^k$

∴ $h'(a) = n(n-1)a^{n-2} - \sum_{k=0}^{n-1}(n-1-k)a^{n-2-k}a^k$
$$= a^{n-2}\left\{n(n-1) - \sum_{k=0}^{n-1}(n-1-k)\right\}$$
$$= a^{n-2}[n(n-1) - \{(n-1)+(n-2)+\cdots+2+1\}]$$
$$= a^{n-2}\left\{n(n-1) - \frac{1}{2}(n-1)n\right\} = \frac{1}{2}n(n-1)a^{n-2}$$

よって，$\lim_{b\to a+0}\frac{p-a}{b-a} = \lim_{b\to a+0}⑦ = \frac{1}{n} \cdot \frac{1}{g'(a)} \cdot h'(a)$
$$= \frac{1}{n} \cdot \frac{1}{(n-1)a^{n-2}} \cdot \frac{1}{2}n(n-1)a^{n-2} = \frac{1}{2}$$

* *

普段から微分の定義式の形を意識して探そうとしなければ気づきにくい解法ですが，頭に入れておくとよいでしょう．

D 極限が一筋縄ではいかない元凶の一つは，$\frac{p-a}{b-a}$ の分子・分母が $b-a$ で2回割れることです．こんなときは，$b-a=h$ とおいて h を主役にするのも有効です．

別解2 ($a \neq 0$ の場合．④に続く) ④より，
$$\frac{p-a}{b-a} = \frac{nb^{n-1}(b-a)-(b^n-a^n)}{n(b-a)(b^{n-1}-a^{n-1})} \quad \cdots\cdots⑧$$

$b-a=h$ つまり $b=a+h$ とおくと，$b\to a$ のとき $h\to 0$ であり，
$$⑧ = \frac{n(a+h)^{n-1}h - \{(a+h)^n - a^n\}}{nh\{(a+h)^{n-1}-a^{n-1}\}} \quad \cdots\cdots⑨$$

(⑨の分子)
$= n\{a^{n-1} + {}_{n-1}C_1 a^{n-2}h + (h\text{ の2次以上の項})\}h$
$\quad - \{{}_nC_1 a^{n-1}h + {}_nC_2 a^{n-2}h^2 + (h\text{ の3次以上の項})\}$

$= n(n-1)a^{n-2}h^2 - \frac{n(n-1)}{2}a^{n-2}h^2$
$\quad + (h\text{ の3次以上の項})$
$= \frac{n(n-1)}{2}a^{n-2}h^2 + (h\text{ の3次以上の項})$

(⑨の分母) $= nh\{{}_{n-1}C_1 a^{n-2}h + (h\text{ の2次以上の項})\}$
$= n(n-1)a^{n-2}h^2 + (h\text{ の3次以上の項})$

よって，$⑨ = \dfrac{\frac{n(n-1)}{2}a^{n-2}h^2 + (h\text{ の3次以上の項})}{n(n-1)a^{n-2}h^2 + (h\text{ の3次以上の項})}$
$= \dfrac{\frac{n(n-1)}{2}a^{n-2} + (h\text{ の1次以上の項})}{n(n-1)a^{n-2} + (h\text{ の1次以上の項})}$
$\to \dfrac{\frac{n(n-1)}{2}a^{n-2}}{n(n-1)a^{n-2}} = \frac{1}{2} \quad (h\to 0)$

* *

$(a+h)^{n-1}$ や $(a+h)^n$ を二項展開して，必要なだけ項を取り出せば良いのです．

次の問題はどうでしょうか？

> **参考問題** n を3以上の整数とするとき，x^n を $(x-2)^3$ で割った余りを求めよ．

$x^n = (x-2)^3 G(x) + px^2 + qx + r$ とおいて，この式と，両辺を微分した式と，さらに微分した式を用いる手もありますが，$x^n = \{(x-2)+2\}^n$ を，$(x-2)$ をひとかたまりにして展開すると….

解 $x^n = \{(x-2)+2\}^n$
$= \underline{(x-2)^n + {}_nC_1(x-2)^{n-1}\cdot 2 + \cdots + {}_nC_{n-3}(x-2)^3 \cdot 2^{n-3}}$
$\quad + {}_nC_{n-2}(x-2)^2 \cdot 2^{n-2} + {}_nC_{n-1}(x-2)\cdot 2^{n-1} + 2^n$

―― は $(x-2)^3$ で割り切れるから，求める余りは
に等しく，
${}_nC_{n-2}(x-2)^2 \cdot 2^{n-2} + {}_nC_{n-1}(x-2)\cdot 2^{n-1} + 2^n$
$= \dfrac{n(n-1)}{2} \cdot 2^{n-2}(x^2-4x+4) + n\cdot 2^{n-1}(x-2) + 2^n$
$= 2^{n-3}n(n-1)x^2 - 2^{n-1}\{n(n-1)-n\}x$
$\qquad + 2^{n-1}\{n(n-1)-2n+2\}$
$= \mathbf{2^{n-3}n(n-1)x^2 - 2^{n-1}n(n-2)x + 2^{n-1}(n-1)(n-2)}$

(伊藤)

問題47 θ は $0<\theta<\pi$ を満たす実数とし，O を中心とする半径 1，中心角 θ の扇形 OAB を考える．OB の中点を P とし，点 X が扇形の弧 AB 上（端点は B のみ含む）を動くときの，三角形 APX の面積の最大値を $M(\theta)$ とする．
(1) $M(\theta)$ を求めよ．
(2) $f(\theta)=M(\pi-\theta)-M(\theta)$ とおき，$\lim_{\theta\to+0}f(\theta)=c$ とする．このとき，$\lim_{\theta\to+0}\dfrac{f(\theta)-c}{\theta}$ を求めよ．

(2014 年 5 月号 5 番)

平均点：16.8
正答率：35%（1）54%（2）36%
時間：SS 14%, S 22%, M 36%, L 27%

(1) X と AP の距離に注目し，図形的に考えるとよいです．θ の値によって場合分けが必要になる，という点にも注意しましょう．
(2) ルートのついたわかりにくい部分を有理化して，極限値が求めやすい形に変形しましょう．

解 (1) △APX が最大になるのは X と AP の距離 d が最大になるとき．ここで，∠OPA と $\pi/2$ の大小を考える．OA を直径とする円を C_1，O を中心とする半径 1/2 の円を C_2 とおくと，P は C_2 上を動く．右図で
∠QOA$=\dfrac{\pi}{3}$，∠OQA$=\dfrac{\pi}{2}$
よって，$0<\theta<\dfrac{\pi}{3}$ のとき P は図の P_1 のような C_1 の内部の点で ∠OPA$>\dfrac{\pi}{2}$ となり，$\dfrac{\pi}{3}<\theta<\pi$ のとき P は図の P_2 のような C_1 の外部の点で ∠OPA$<\dfrac{\pi}{2}$

図1

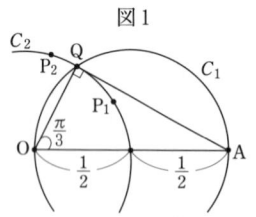

(i) $0<\theta<\dfrac{\pi}{3}$ のとき：
B を通り AP に平行な直線は弧 AB と B 以外に交点を持たない．よって d が最大になるのは X が B に一致するときで，
$M(\theta)=△ABP$ 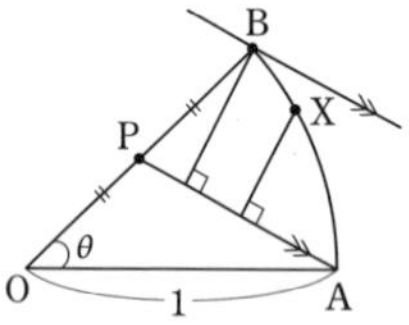
$=\dfrac{1}{2}△OAB=\dfrac{1}{2}\times\dfrac{1}{2}\cdot 1^2\cdot\sin\theta=\dfrac{1}{4}\sin\theta$

(ii) $\dfrac{\pi}{3}\leqq\theta<\pi$ のとき：
弧 AB 上の点 X_0 で，X_0 における円の接線が AP に平行になるようなものが存在する．d が最大になるのは，$X=X_0$ のとき．このとき，$OX_0\perp AP$ より， 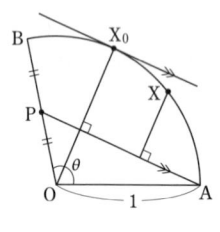
$M(\theta)=□OAX_0P-△OAP=\dfrac{1}{2}\cdot OX_0\cdot AP-\dfrac{1}{4}\sin\theta$
$OX_0=1$ であり，△OAP において余弦定理より

$AP=\sqrt{1^2+\left(\dfrac{1}{2}\right)^2-2\cdot 1\cdot\dfrac{1}{2}\cdot\cos\theta}=\dfrac{1}{2}\sqrt{5-4\cos\theta}$
であるので，$M(\theta)=\dfrac{1}{4}\sqrt{5-4\cos\theta}-\dfrac{1}{4}\sin\theta$

(2) $\theta\to+0$ の極限を考えるので $0<\theta<\dfrac{\pi}{3}$ としてよく，このとき $\dfrac{\pi}{3}<\dfrac{2}{3}\pi<\pi-\theta<\pi$

よって，$M(\theta)=\dfrac{1}{4}\sin\theta$ ……①

$M(\pi-\theta)=\dfrac{1}{4}\sqrt{5-4\cos(\pi-\theta)}-\dfrac{1}{4}\sin(\pi-\theta)$
$=\dfrac{1}{4}\sqrt{5+4\cos\theta}-\dfrac{1}{4}\sin\theta$ ……②

∴ $f(\theta)=$②$-$①$=\dfrac{1}{4}\sqrt{5+4\cos\theta}-\dfrac{1}{2}\sin\theta$

∴ $c=\lim_{\theta\to+0}f(\theta)=\dfrac{1}{4}\sqrt{5+4}-\dfrac{1}{2}\cdot 0=\dfrac{3}{4}$

よって，$\dfrac{f(\theta)-c}{\theta}=\dfrac{\dfrac{1}{4}(\sqrt{5+4\cos\theta}-3)-\dfrac{1}{2}\sin\theta}{\theta}$

$=\dfrac{1}{4}\cdot\dfrac{(\sqrt{5+4\cos\theta}-3)(\sqrt{5+4\cos\theta}+3)}{\theta(\sqrt{5+4\cos\theta}+3)}-\dfrac{1}{2}\cdot\dfrac{\sin\theta}{\theta}$

$=\dfrac{1}{4}\cdot\dfrac{(5+4\cos\theta)-9}{\theta(\sqrt{5+4\cos\theta}+3)}-\dfrac{1}{2}\cdot\dfrac{\sin\theta}{\theta}$

$=-\dfrac{1-\cos\theta}{\theta^2}\cdot\dfrac{\theta}{\sqrt{5+4\cos\theta}+3}-\dfrac{1}{2}\cdot\dfrac{\sin\theta}{\theta}$

$\to -\dfrac{1}{2}\cdot\dfrac{0}{\sqrt{5+4}+3}-\dfrac{1}{2}\cdot 1=-\dfrac{1}{2}$ ($\theta\to+0$)

【解説】

A (1)の方針について：
△APX の最大値を考えるのですが，A と P は動かないので，AP を底辺とみたときの高さが最大になるときを考えるとよいです．このことは当たり前のように感じられるかもしれませんが，後の D で見るように △APX を θ と ∠AOX で表してから式変形によって最大値を求めている人も多く，**解** のように図形的考察によって最大値を求めていた人は全体の 39% でした．

今回の問題では図形的に考えた方がずっと簡単になるので，XとAPの距離に注目できるか，ということが1つの大きなポイントでした．

B　(1)の場合分けについて：

2つ目のポイントは，θの値によって場合分けが生じる，という点です．時折見られた誤答として，「Oを通りAPに垂直な直線lと弧ABの交点をX_0とおくと，$\triangle APX$が最大になるのは$X=X_0$のときである」とだけ書いてあるようなものがありましたが，この主張はX_0の存在を前提にしており，右図のようにθが小さくlと弧ABが交点を持たないときには適用できません．該当した人は，今後こういった見落としがないように気をつけましょう．また，この見落としをするとθが小さいときの$M(\theta)$の式が違ってくるので，(2)も本来求めるべき極限値とは違うものを計算してしまうことになり，後々まで大きな影響を与えてしまいます．

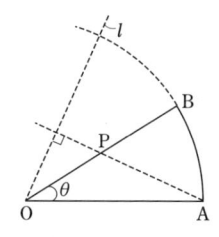

このように，数学の問題では前半のミス（たとえそれが些細なものであったとしても）後半での大きなダメージにつながることが少なくないので，問題の解き始めは特に注意しながら議論を行うようにしましょう．

C　場合分けの境界について：

場合分けの際に問題になるのは$\angle OPA$と$\pi/2$の大小です．応募者の中には，$\theta=\pi/3$のとき$\angle OPA=\pi/2$となることだけから，$0<\theta<\pi/3$なら$\angle OPA>\pi/2$，$\pi/3<\theta<\pi$なら$\angle OPA<\pi/2$としている人もいましたが，$\theta=\pi/3$の前後で$\angle OPA$と$\pi/2$の大小がそのようになることはそこまで明らかではありません．今回はその説明がなくても減点対象とはしませんでしたが，感覚的に成り立ちそうでも実際に説明を書いてみようとすると意外に難しい，というような主張については，その証明もきちんと書いておいた方がよいでしょう．

D　解の方針以外では，$\triangle APX$をθと$\angle AOX$で表してから最大値を求める，というものがありました．

[解答例]　$\angle AOX=\varphi\ (0<\varphi\leqq\theta)$とおくと，$\triangle APX$
$=\triangle OAX+\triangle OPX-\triangle OAP$
$=\dfrac{1}{2}\sin\varphi+\dfrac{1}{4}\sin(\theta-\varphi)-\dfrac{1}{4}\sin\theta$

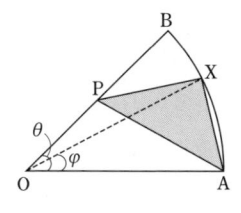

$=\dfrac{1}{4}\{\sin\theta\cos\varphi+(2-\cos\theta)\sin\varphi\}-\dfrac{1}{4}\sin\theta$

$=\dfrac{1}{4}\sqrt{5-4\cos\theta}\cos(\varphi-\alpha)-\dfrac{1}{4}\sin\theta$（$\alpha$は鋭角で

$\sin\alpha=\dfrac{2-\cos\theta}{\sqrt{5-4\cos\theta}}$，$\cos\alpha=\dfrac{\sin\theta}{\sqrt{5-4\cos\theta}}$を満たす）

$\varphi-\alpha$の動き得る範囲を調べるために，$\cos\alpha$と$\cos\theta$の大小を比較する．$\dfrac{\sin\theta}{\sqrt{5-4\cos\theta}}<\cos\theta$となるのは$\cos\theta>0$，すなわち$0<\theta<\pi/2$のときに限り，このもとで2乗して整理すると，$4\cos^3\theta-6\cos^2\theta+1<0$すなわち，$\cos\theta<\dfrac{1-\sqrt{3}}{2}$，$\dfrac{1}{2}<\cos\theta<\dfrac{1+\sqrt{3}}{2}$
$0<\theta<\pi/3$では$\cos\alpha<\cos\theta$より$\theta<\alpha$だから$\triangle APX$は単調増加で$\varphi=\theta$のとき最大．$\pi/3\leqq\theta<\pi$では$\theta\geqq\alpha$だから，$\triangle APX$は$\varphi=\alpha$で最大．（以下略）

*　　　　　*

面積を求める際に解よりも多く計算する必要がある上に，境界が$\pi/3$になることを示すのもかなり面倒になってしまいます．微分するのも同様です．解のように図形的に解く方法を使えるようにしておくとよいでしょう．

E　(2)について：

(1)が正しく求められていた人はほとんどが正しく計算できていました．しかし，この極限値を微分係数の定義から求めている場合に，$f'(\theta)$のθに何も断らず0を代入しているなど，少し説明不足な答案がありました．$f(\theta)$は$0<\theta<\pi$で定義された関数なので，$c=f(0)$とはできないし，微分係数$f'(0)$という値も定義されていません．ただ，このようにしても答えは合います．

この計算を正当化するためには，以下のような説明を書いておく必要があります：

$g(\theta)=\dfrac{1}{4}\sqrt{5+4\cos\theta}-\dfrac{1}{2}\sin\theta$（$\theta=0$のまわり，例えば$-\dfrac{\pi}{3}<\theta<\dfrac{\pi}{3}$で定義された関数）とおくと，$g(\theta)$は$\theta=0$で微分可能であり，

$$g'(\theta)=\dfrac{1}{4}\cdot\dfrac{-4\sin\theta}{2\sqrt{5+4\cos\theta}}-\dfrac{1}{2}\cos\theta$$

$0<\theta<\dfrac{\pi}{3}$での$f(\theta)$は$g(\theta)$の定義域を$0<\theta<\dfrac{\pi}{3}$に制限したものだから，求める極限値は$g'(0)=-\dfrac{1}{2}$

*　　　　　*

極限値が"$f'(0)$"に一致するという感覚は大切であり，検算にも良い方法なので，厳密な証明をするだけでなくこういった直感的な予想をつける練習もしていくことで数学的なセンスに磨きをかけていきましょう．　（一山）

問題 48 （1） $x \geqq 0$ のとき，不等式 $x - \dfrac{x^3}{6} \leqq \sin x \leqq x$ および $x - \dfrac{x^2}{2} \leqq \log(1+x) \leqq x - \dfrac{x^2}{2} + \dfrac{x^3}{3}$ を示せ．

（2） $\displaystyle\lim_{n\to\infty} k^n \left\{ n\sin\dfrac{1}{n} + n\log\left(1+\dfrac{1}{n}\right) \right\}^n$ が 0 でない値に収束するような正の定数 k と，そのときの極限値を求めよ．

（2012年6月号4番）

平均点：15.8
正答率：34%　（1）89%　（2）35%
時間：SS 8%, S 31%, M 34%, L 28%

（2）（1）を利用すると $n\sin\dfrac{1}{n} + n\log\left(1+\dfrac{1}{n}\right) \to 2$ $(n\to\infty)$ なので，$k = \dfrac{1}{2}$ でなければならないことはわかりますが，このとき，安易に極限値を 1 だとしてはいけません（(nの式)^n の〜〜〜だけ先に極限をとってはいけない!!）．e の定義に結びつけましょう．

解（1） $f_1(x) = x - \sin x \ (x \geqq 0)$ とおくと，
$$f_1'(x) = 1 - \cos x \geqq 0$$
よって，$f_1(x) \geqq f_1(0) = 0$　∴ $\sin x \leqq x$

また，$f_2(x) = \sin x - \left(x - \dfrac{x^3}{6}\right) \ (x \geqq 0)$ とおくと，
$f_2'(x) = \cos x - \left(1 - \dfrac{x^2}{2}\right)$, $f_2''(x) = -\sin x + x \geqq 0$
∴ $f_2'(x) \geqq f_2'(0) = 0$　∴ $f_2(x) \geqq f_2(0) = 0$

よって，$x - \dfrac{x^3}{6} \leqq \sin x$ である．

一方，$g_1(x) = \log(1+x) - \left(x - \dfrac{x^2}{2}\right) \ (x \geqq 0)$ とおくと，$g_1'(x) = \dfrac{1}{1+x} - (1-x) = \dfrac{x^2}{1+x} \geqq 0$
∴ $g_1(x) \geqq g_1(0) = 0$　∴ $x - \dfrac{x^2}{2} \leqq \log(1+x)$

また，$g_2(x) = \left(x - \dfrac{x^2}{2} + \dfrac{x^3}{3}\right) - \log(1+x) \ (x \geqq 0)$ とおくと，$g_2'(x) = (1 - x + x^2) - \dfrac{1}{1+x} = \dfrac{x^3}{1+x} \geqq 0$
∴ $g_2(x) \geqq g_2(0) = 0$　∴ $\log(1+x) \leqq x - \dfrac{x^2}{2} + \dfrac{x^3}{3}$

（2）（1）で示した不等式で $x = \dfrac{1}{n}$ として，辺々を n 倍すると，$1 - \dfrac{1}{6n^2} \leqq n\sin\dfrac{1}{n} \leqq 1$

$$1 - \dfrac{1}{2n} \leqq n\log\left(1+\dfrac{1}{n}\right) \leqq 1 - \dfrac{1}{2n} + \dfrac{1}{3n^2}$$

辺々足すと，
$2 - \dfrac{1}{2n} - \dfrac{1}{6n^2} \leqq n\sin\dfrac{1}{n} + n\log\left(1+\dfrac{1}{n}\right)$
$\leqq 2 - \dfrac{1}{2n} + \dfrac{1}{3n^2}$

$n\to\infty$ のとき，第1辺，第3辺はともに 2 に収束するので，挟み撃ちの原理より $n\sin\dfrac{1}{n} + n\log\left(1+\dfrac{1}{n}\right) \to 2$

よって，$\left[k\left\{n\sin\dfrac{1}{n} + n\log\left(1+\dfrac{1}{n}\right)\right\}\right]^n$ は，$k > \dfrac{1}{2}$ のとき ∞ に発散し，$0 < k < \dfrac{1}{2}$ のとき 0 に収束するので，$k = \dfrac{1}{2}$ が必要であり，このとき，

$$1 - \left(\dfrac{1}{4n} + \dfrac{1}{12n^2}\right) \leqq \dfrac{1}{2}\left\{n\sin\dfrac{1}{n} + n\log\left(1+\dfrac{1}{n}\right)\right\}$$
$$\leqq 1 - \left(\dfrac{1}{4n} - \dfrac{1}{6n^2}\right)$$

∴ $\left\{1 - \left(\dfrac{1}{4n} + \dfrac{1}{12n^2}\right)\right\}^n$
$\leqq \left(\dfrac{1}{2}\right)^n \left\{n\sin\dfrac{1}{n} + n\log\left(1+\dfrac{1}{n}\right)\right\}^n$ ……①
$\leqq \left\{1 - \left(\dfrac{1}{4n} - \dfrac{1}{6n^2}\right)\right\}^n$

ここで，$\left\{1 - \left(\dfrac{1}{4n} + \dfrac{1}{12n^2}\right)\right\}^n$
$= \left\{1 - \left(\dfrac{1}{4n} + \dfrac{1}{12n^2}\right)\right\}^{\frac{1}{\frac{1}{4n} + \frac{1}{12n^2}} \times n\left(\frac{1}{4n} + \frac{1}{12n^2}\right)}$
$= \left[\left\{1 - \left(\dfrac{1}{4n} + \dfrac{1}{12n^2}\right)\right\}^{\frac{1}{\frac{1}{4n} + \frac{1}{12n^2}}}\right]^{\frac{1}{4} + \frac{1}{12n}}$ ……②
$\to (e^{-1})^{\frac{1}{4}} = e^{-\frac{1}{4}} \ (n\to\infty)$

同様に，$\left\{1 - \left(\dfrac{1}{4n} - \dfrac{1}{6n^2}\right)\right\}^n$
$= \left\{1 - \left(\dfrac{1}{4n} - \dfrac{1}{6n^2}\right)\right\}^{\frac{1}{\frac{1}{4n} - \frac{1}{6n^2}} \times n\left(\frac{1}{4n} - \frac{1}{6n^2}\right)}$
$= \left[\left\{1 - \left(\dfrac{1}{4n} - \dfrac{1}{6n^2}\right)\right\}^{\frac{1}{\frac{1}{4n} - \frac{1}{6n^2}}}\right]^{\frac{1}{4} - \frac{1}{6n}}$
$\to (e^{-1})^{\frac{1}{4}} = e^{-\frac{1}{4}} \ (n\to\infty)$

よって，①で挟み撃ちの原理より，$k = \dfrac{1}{2}$ のとき $e^{-\frac{1}{4}}$ に収束する．

【解説】

A 本問のメインは(2)ですが，以下のような誤答が非常に多かったです．

[**誤答例**] [$n\sin\frac{1}{n}+n\log\left(1+\frac{1}{n}\right)\to 2\ (n\to\infty)$ までは⦗解⦘と同じ．もしくは，

$$n\sin\frac{1}{n}+n\log\left(1+\frac{1}{n}\right)$$
$$=\frac{\sin(1/n)}{1/n}+\log\left(1+\frac{1}{n}\right)^n\to 1+\log e=2\ (n\to\infty)$$

として極限値を求める]

よって，$\displaystyle\lim_{n\to\infty}k^n\left\{n\sin\frac{1}{n}+n\log\left(1+\frac{1}{n}\right)\right\}^n$

(☆) $\begin{cases}=\displaystyle\lim_{n\to\infty}\left[k\left\{n\sin\frac{1}{n}+n\log\left(1+\frac{1}{n}\right)\right\}\right]^n\\=\displaystyle\lim_{n\to\infty}(k\cdot 2)^n\end{cases}$

これが0以外の値に収束するのは，$k=\frac{1}{2}$ のときで，極限値は1である．

＊　　　　　＊

何が間違っているかというと，(☆)の変形で，{ }の中だけ部分的に極限をとって，n乗を残しているのがダメです．これは，$\displaystyle\lim_{n\to\infty}\left(1+\frac{1}{n}\right)^n=\lim_{n\to\infty}1^n=1$ とするのと同じ間違いです（もちろん，正しくは $\displaystyle\lim_{n\to\infty}\left(1+\frac{1}{n}\right)^n=e$ です）．そもそも，上の誤答例ですむなら，

$n\sin\frac{1}{n}+n\log\left(1+\frac{1}{n}\right)$ の極限値は(1)がなくても求まるので，本問に(1)は不要となってしまいます．誤答例に相当する間違いをしていた人は，全体の41％でした．注意しましょう．

B $\displaystyle\lim_{n\to\infty}\left\{1-\left(\frac{1}{4n}+\frac{1}{12n^2}\right)\right\}^n$ を求めるには，⦗解⦘以外にも以下のような方法があります：

$$1-\left(\frac{1}{4n}+\frac{1}{12n^2}\right)=\left(1+\frac{\alpha}{n}\right)\left(1+\frac{\beta}{n}\right)$$

（ただし，$\alpha,\ \beta$ は $\alpha+\beta=-\frac{1}{4},\ \alpha\beta=-\frac{1}{12}$ で定められる実数）とおくと，

$$\lim_{n\to\infty}\left\{1-\left(\frac{1}{4n}+\frac{1}{12n^2}\right)\right\}^n$$
$$=\lim_{n\to\infty}\left(1+\frac{\alpha}{n}\right)^n\left(1+\frac{\beta}{n}\right)^n=e^\alpha\cdot e^\beta=e^{\alpha+\beta}=e^{-\frac{1}{4}}$$

＊　　　　　＊

$\left(1+\frac{k}{n}\right)^n$ の形に帰着させているところが上手いですね．

$\displaystyle\lim_{n\to\infty}\left\{1-\left(\frac{1}{4n}-\frac{1}{6n^2}\right)\right\}^n$ についても同様の方法でできるのですが，$1-\left(\frac{1}{4n}-\frac{1}{6n^2}\right)=\left(1+\frac{\gamma}{n}\right)\left(1+\frac{\delta}{n}\right)$

のように $\gamma,\ \delta$ を定めると，γ と δ が虚数になってしまい，$e^\gamma,\ e^\delta$ が e の虚数乗となるため，高校の範囲を超えてしまいます．

なお，⦗解⦘では②$\to(e^{-1})^{\frac{1}{4}}$ としました．そこでは，

$$p_n>0\text{ で, }\lim_{n\to\infty}p_n=p,\ \lim_{n\to\infty}q_n=q\ (p,\ q\text{ は有限な極限値)のとき, }\lim_{n\to\infty}(p_n)^{q_n}=p^q\quad\cdots③$$

ということを，

$$p_n=\left\{1-\left(\frac{1}{4n}+\frac{1}{12n^2}\right)\right\}^{\frac{1}{\frac{1}{4n}+\frac{1}{12n^2}}},\ q_n=\frac{1}{4}+\frac{1}{12n}$$

として用いています．

③は $p=q=0$ 以外では正しいのですが，高校の程度を超えるのでは？と思う人は，次のように log をとるとよいでしょう：

$$\log\left[\left\{1-\left(\frac{1}{4n}+\frac{1}{12n^2}\right)\right\}^{\frac{1}{\frac{1}{4n}+\frac{1}{12n^2}}}\right]^{\frac{1}{4}+\frac{1}{12n}}$$
$$=\left(\frac{1}{4}+\frac{1}{12n}\right)\log\left\{1-\left(\frac{1}{4n}+\frac{1}{12n^2}\right)\right\}^{\frac{1}{\frac{1}{4n}+\frac{1}{12n^2}}}$$
$$\to\frac{1}{4}\cdot\log e^{-1}=\log e^{-\frac{1}{4}}\ (n\to\infty)$$

$\therefore\ \left[\left\{1-\left(\frac{1}{4n}+\frac{1}{12n^2}\right)\right\}^{\frac{1}{\frac{1}{4n}+\frac{1}{12n^2}}}\right]^{\frac{1}{4}+\frac{1}{12n}}\to e^{-\frac{1}{4}}$

(山崎)

問題49 （1） $\sum_{k=1}^{n}\dfrac{1}{k}\leq 1+\log n$ （$n=1, 2, 3, \cdots$）であることを示せ．

（2） 数列 $\{a_n\}$ を次の式で定める．$a_1=1$,
$$a_{n+1}=\dfrac{a_n}{2a_n^2+5a_n+1} \quad (n=1, 2, 3, \cdots)$$

（i） $b_n=\dfrac{1}{a_n}$ とおく．$n\geq 2$ のとき，次の空欄にあてはまる式を求めよ．$b_n=2\sum_{k=1}^{n-1}a_k+\boxed{}$

（ii） $a_n\leq\dfrac{1}{5n-4}$ であることを示せ．

（iii） $\lim_{n\to\infty}na_n$ を求めよ．必要ならば，$\lim_{x\to\infty}\dfrac{\log x}{x}=0$ であることを用いてもよい．

（2008年7月号5番）

平均点：21.9
正答率：41%（1）86%（2）44%
時間：SS 19%, S 33%, M 30%, L 19%

（1） 面積で評価しましょう．
（2）（iii） a_n の一般項が求められないことから，はさみうちの原理で na_n の極限を求めることになりますが，a_n を下から評価するところが問題です．（2）（i）から a_n は分母に a_k（$k=1, 2, \cdots, n-1$）を含む分数ですが，（2）（ii）より，各 a_k は上から押さえられているので，a_n を下から評価できることが分かります．

解 （1） $\sum_{k=1}^{n}\dfrac{1}{k}$ は右図の網目部分の面積を表すから，これと，太線で囲まれた部分の面積を比べて，
$$\sum_{k=1}^{n}\dfrac{1}{k}\leq 1+\int_{1}^{n}\dfrac{1}{x}dx=1+\log n$$

（2）（i） $a_{n+1}=\dfrac{a_n}{2a_n^2+5a_n+1}$ の逆数をとって，$\dfrac{1}{a_{n+1}}=2a_n+5+\dfrac{1}{a_n}$

∴ $b_{n+1}=2a_n+5+b_n$ ∴ $b_{n+1}-b_n=2a_n+5$

よって，$n\geq 2$ のとき，
$$b_n=b_1+\sum_{k=1}^{n-1}(b_{k+1}-b_k)=1+\sum_{k=1}^{n-1}(2a_k+5)$$
$$=1+2\sum_{k=1}^{n-1}a_k+5(n-1)=2\sum_{k=1}^{n-1}a_k+\boldsymbol{5n-4} \quad\cdots\cdots ①$$

（ii） 帰納的に $a_k>0$ だから，$n\geq 2$ のとき，①より
$$\dfrac{1}{a_n}=b_n=2\sum_{k=1}^{n-1}a_k+5n-4\geq 5n-4$$
∴ $a_n\leq\dfrac{1}{5n-4}$ $\cdots\cdots ②$

$a_1=1$ だから，$n=1$ のときも②は成り立つ．

（iii） $n\to\infty$ の極限を考えるので，$n\geq 2$ として良い．

すると，①より，
$$\lim_{n\to\infty}na_n=\lim_{n\to\infty}\dfrac{n}{b_n}=\lim_{n\to\infty}\dfrac{n}{2\sum_{k=1}^{n-1}a_k+5n-4}$$
$$=\lim_{n\to\infty}\dfrac{1}{2\cdot\dfrac{1}{n}\sum_{k=1}^{n-1}a_k+5-\dfrac{4}{n}} \quad\cdots\cdots ③$$

ここで，②より，$0\leq\sum_{k=1}^{n-1}a_k\leq\sum_{k=1}^{n-1}\dfrac{1}{5k-4}$ $\cdots\cdots ④$

また，$k\geq 1$ のとき，$k\leq 5k-4$ より $\dfrac{1}{5k-4}\leq\dfrac{1}{k}$ だから，

（1）より，$\sum_{k=1}^{n-1}\dfrac{1}{5k-4}\leq\sum_{k=1}^{n-1}\dfrac{1}{k}\leq\sum_{k=1}^{n}\dfrac{1}{k}\leq 1+\log n$

以上を合わせて，
$$0\leq\sum_{k=1}^{n-1}a_k\leq 1+\log n \quad\therefore\quad 0\leq\dfrac{1}{n}\sum_{k=1}^{n-1}a_k\leq\dfrac{1}{n}+\dfrac{\log n}{n}$$

$\lim_{n\to\infty}\left(\dfrac{1}{n}+\dfrac{\log n}{n}\right)=0+0=0$ だから，はさみうちの原理によって $\lim_{n\to\infty}\dfrac{1}{n}\sum_{k=1}^{n-1}a_k=0$ ∴ ③$=\dfrac{1}{2\cdot 0+5-0}=\dfrac{1}{5}$

【解説】

A （2）（ii）についての注意です．（2）（i）を利用して②を示す際，「$n=1$ でも不等式が成立する」ということを確認していない人が多かったです．（i）の等式が成立するのは $n\geq 2$ のときしか保証されていないため，（i）を利用して①を示すのであれば，$n=1$ で成立することを別に調べなければなりません．

本問は，多くの人が正しい答えにたどり着いていたものの，上記のミスで減点されている人が多かったため，正答率は低くなりました．このミスに該当した人は，今後注意しましょう．

B　さて，冒頭にも書いたとおり，本問では(2)(iii)で a_n を下から押さえるところがヤマ場です．(2)(ii)を用いれば，$na_n \leq \dfrac{n}{5n-4} \to \dfrac{1}{5}$ $(n\to\infty)$ ……………⑤

なので，na_n を $\dfrac{1}{5}$ に収束するもので下から評価できれば解決します．

「(2)(ii)の結果は a_n を上から押さえて⑤のようにするためのもの，(2)(i)は(ii)を示すためのもの」と思い込んでしまうとなかなか手が出にくいかもしれませんが，再び(i)を利用して

$$a_n = \frac{1}{b_n} = \frac{1}{2\sum_{k=1}^{n-1} a_k + 5n-4} \quad \cdots\cdots ⑥$$

とし，(ii)より「各 a_k $(k=1, 2, \cdots, n-1)$ が上から押さえられているのだから，⑥は下から押さえられる」ということに気が付けば，あとはほぼ一本道です．

$\sum_{k=1}^{n-1} a_k \leq \sum_{k=1}^{n-1} \dfrac{1}{5k-4}$ としてから(1)を利用できる形に持って行くところでは，解のやり方以外では次のように評価する人もいました．

$\sum_{k=1}^{n-1} \dfrac{1}{5k-4} = \dfrac{1}{1} + \dfrac{1}{6} + \dfrac{1}{11} + \cdots + \dfrac{1}{5n-9}$

$\leq \dfrac{1}{1} + \dfrac{1}{2} + \dfrac{1}{3} + \cdots + \dfrac{1}{5n-9} \leq 1 + \log(5n-9)$

いずれの方法でも，4個飛ばしの逆数和である $\sum \dfrac{1}{5k-4}$ を，普通の逆数和 $\sum \dfrac{1}{k}$ で上から押さえることで，(1)の形に帰着させています．

なお，解では④のように $\sum_{k=1}^{n-1} a_k$ を上下から押さえましたが，$0 \leq \sum_{k=1}^{n-1} a_k$ は用いなくても，⑤で用は足ります．

C　本問のように，一般項が求められない漸化式において数列の極限を求めさせる問題というのは，入試ではよく出題されます．このような問題では，極限を求めたい数列を上と下から適当に評価してから，はさみうちの原理を適用する，というのが常套手段です．本問では評価のヒントとなる誘導設問が与えられていましたが，誘導の無い問題が出題されることもあります．

参考問題 無限数列 $\{a_n\}$ を，
$$a_1 = c, \quad a_{n+1} = \frac{a_n^2 - 1}{n} \quad (n \geq 1)$$
で定める．ここで c は定数とする．
(1) $c=2$ のとき，一般項 a_n を求めよ．
(2) $c \geq 2$ ならば，$\lim_{n\to\infty} a_n = \infty$ となることを示せ．
(3) $c = \sqrt{2}$ のとき，$\lim_{n\to\infty} a_n$ の値を求めよ．

(02　千葉大・理)

(1) $a_2, a_3, \cdots$ を求めて予想しましょう．
(2) $c > 2$ のときは，(1)よりも各項が大きくなりそうです．
(3) 実験をすると，0 に収束することが予想されます．漸化式の分母に n があるので，a_n の評価が大ざっぱでも，$\lim_{n\to\infty} a_{n+1} = 0$ を示せます．

解 $a_{n+1} = \dfrac{a_n^2 - 1}{n}$　……………⑦

(1) $a_1 = c = 2$ のとき，⑦を用いて順次求めると，$a_2 = 3, a_3 = 4, a_4 = 5$ となるから，**$a_n = n+1$** ……⑧
と予想される．以下，⑧を数学的帰納法で証明する．

$n=1$ のとき，$a_1 = 2$ より，⑧は成り立つ．

$n=k$ のとき，⑧が成り立つと仮定すると，⑦より，
$a_{k+1} = \dfrac{a_k^2 - 1}{k} = \dfrac{(k+1)^2 - 1}{k} = k+2$ となり，$n=k+1$
のときも成り立つから，帰納法により⑧は示された．

(2) まず，$a_1 = c \geq 2$ ならば，$a_n \geq n+1$ ………⑨ であることを，数学的帰納法で証明する．

$n=1$ のとき，$a_1 \geq 2$ より，⑨は成り立つ．

$n=k$ のとき，⑨が成り立つと仮定すると，⑦より，
$a_{k+1} - (k+2) = \dfrac{a_k^2 - 1}{k} - (k+2) = \dfrac{a_k^2 - (k+1)^2}{k} \geq 0$

$\therefore\ a_{k+1} \geq k+2$

となり，$n=k+1$ のときも⑨は成り立つ．

よって，すべての自然数 n に対して，⑨が成り立ち，$\lim_{n\to\infty}(n+1) = \infty$ であるから，$\lim_{n\to\infty} a_n = \infty$

(3) まず，$a_1 = c = \sqrt{2}$ のとき，$|a_n| \leq \sqrt{2}$ ………⑩
であることを，数学的帰納法で証明する．

$n=1$ のとき，$a_1 = \sqrt{2}$ より，⑩は成り立つ．

$n=k$ のとき，⑩が成り立つと仮定すると，
$$0 \leq a_k^2 \leq 2 \quad \therefore\ -\dfrac{1}{k} \leq \dfrac{a_k^2 - 1}{k} \leq \dfrac{1}{k}$$

だから，⑦より，$|a_{k+1}| = \left|\dfrac{a_k^2 - 1}{k}\right| \leq \dfrac{1}{k} \leq 1 \leq \sqrt{2}$

となり，$n=k+1$ のときも⑩は成り立つ．

よって，すべての自然数 n に対して，⑩が成り立つ．

さらに，この経過より，$|a_{n+1}| \leq \dfrac{1}{n}$ が成り立ち，

$\lim_{n\to\infty} \dfrac{1}{n} = 0$ であるから，はさみうちの原理によって

$\lim_{n\to\infty} a_{n+1} = 0 \quad \therefore\ \lim_{n\to\infty} \boldsymbol{a_n = 0}$ 　　　(吉川)

問題50 (1) xを実数,nを自然数とするとき,
$\sum_{k=1}^{n}(x^{3k-3}-x^{3k-1})$ を x と n で表せ($0^0=1$ とする).

(2) $\sum_{k=1}^{\infty}\left(\dfrac{1}{3k-2}-\dfrac{1}{3k}\right)$ を求めよ.　　　　（2016 年 1 月号 5 番）

平均点：19.6
正答率：49%（1）73%（2）58%
時間：SS 11%, S 26%, M 30%, L 33%

(1) $x=1$ は別扱いです.

(2) x^{3k-3} を積分すると $\dfrac{1}{3k-2}$ が現れるので,(1)の式を積分しましょう.x^{3n} がらみの部分がジャマですが,適当に挟み撃ちします.

解 (1) $\sum_{k=1}^{n}(x^{3k-3}-x^{3k-1})=(1-x^2)\sum_{k=1}^{n}x^{3k-3}=S_n$
とおく.

$x\neq 1$ のとき,
$$S_n=(1-x^2)\cdot\dfrac{1-x^{3n}}{1-x^3}=\dfrac{(1+x)(1-x^{3n})}{1+x+x^2}$$

$x=1$ のとき,$S_n=0$ だから,このときも上式で良い.

(2) $\sum_{k=1}^{n}\left(\dfrac{1}{3k-2}-\dfrac{1}{3k}\right)=T_n$ とおくと,

$$T_n=\sum_{k=1}^{n}\int_0^1(x^{3k-3}-x^{3k-1})dx$$
$$=\int_0^1\left\{\sum_{k=1}^{n}(x^{3k-3}-x^{3k-1})\right\}dx$$

(1)より,$T_n=\int_0^1\dfrac{(1+x)(1-x^{3n})}{1+x+x^2}dx$
$$=\underbrace{\int_0^1\dfrac{1+x}{1+x+x^2}dx}_{①}-\underbrace{\int_0^1\dfrac{(1+x)x^{3n}}{1+x+x^2}dx}_{②}$$

いま,$0\leq x\leq 1$ で,$0\leq \dfrac{1+x}{1+x+x^2}\leq 1$

よって,$0\leq\dfrac{(1+x)x^{3n}}{1+x+x^2}\leq x^{3n}$ だから,
$$0\leq ② \leq\int_0^1 x^{3n}dx=\dfrac{1}{3n+1}$$

$\lim_{n\to\infty}\dfrac{1}{3n+1}=0$ だから,挟み撃ちの原理により,
$$\lim_{n\to\infty}②=0$$
したがって,$\lim_{n\to\infty}T_n=①$
$$=\underbrace{\int_0^1\dfrac{1}{2}\cdot\dfrac{(1+x+x^2)'}{1+x+x^2}dx}_{③}+\underbrace{\int_0^1\dfrac{1}{2}\cdot\dfrac{1}{1+x+x^2}dx}_{④}$$

ここで,③ $=\left[\dfrac{1}{2}\log(1+x+x^2)\right]_0^1=\dfrac{1}{2}\log 3$

④ $=\int_0^1\dfrac{1}{2}\cdot\dfrac{1}{\left(x+\dfrac{1}{2}\right)^2+\dfrac{3}{4}}dx$ ……⑤

$x+\dfrac{1}{2}=\dfrac{\sqrt{3}}{2}\tan\theta$ と置換すると $dx=\dfrac{\sqrt{3}}{2}\cdot\dfrac{1}{\cos^2\theta}\cdot d\theta$

だから,⑤ $=\int_{\pi/6}^{\pi/3}\dfrac{1}{2}\cdot\dfrac{1}{\dfrac{3}{4}(\tan^2\theta+1)}\cdot\dfrac{\sqrt{3}}{2}\cdot\dfrac{1}{\cos^2\theta}d\theta$

$$=\int_{\pi/6}^{\pi/3}\dfrac{\sqrt{3}}{3}d\theta=\dfrac{\sqrt{3}}{18}\pi$$

よって答えは,$\dfrac{1}{2}\log 3+\dfrac{\sqrt{3}}{18}\pi$

【解説】

A (1)は,$x\neq 1$ の $\dfrac{(1-x^2)(1-x^{3n})}{1-x^3}$ において,分母・分子が $1-x$ で約分されるので,最終結果は $x=1$ でも通用する式になりますが,途中段階では $x=1$ の場合を別扱いする必要があります.等比数列が現れたら,公比が 1 でないかどうかに注意しましょう.

B ノーヒントで(2)を出されたら,学コンのレベルを超える難問です.そこで(1)があるわけで,
$x^{3k-3}-x^{3k-1}$ と,$\dfrac{1}{3k-2}-\dfrac{1}{3k}$ から積分が連想できるかどうかがポイントです.

入試でこの手のものが出題されるときは,積分の誘導や,
$$\lim_{n\to\infty}\int_0^1\dfrac{(1+x)x^{3n}}{1+x+x^2}dx\quad\cdots\cdots⑥$$
を求めよ,といった設問がついていることがほとんどなので,本問は意地悪？

さて,②を直接求めることはできないので,挟み撃ちをすることになります.

ノーヒントで挟み撃ちが必要になったとき,
$\sin x\leq x$（$x\geq 0$）などの有名不等式が使えないときは,被積分関数（の一部）の**最大値や最小値をもとに評価する**のが良いでしょう.

$0\leq x<1$ で $\lim_{n\to\infty}\dfrac{(1+x)x^{3n}}{1+x+x^2}=0$ なので,⑥も 0 だと予想されます（ただし,この段階で 0 だと言い切ってはいけない.☞D）.

一方,$\int_0^1 x^{3n}dx$ ……⑦
なら計算できて 0 に収束するので,⑦に帰着させます.

解では,$0\leq\dfrac{1+x}{1+x+x^2}\leq\dfrac{1+x}{1+x}=1$ と評価しました.

もっと大胆に，$0\leq x\leq 1$ における最大値（閉区間で連続なので最大値は存在する）を M とおいて（具体的に M を求める必要はない），$0\leq \dfrac{1+x}{1+x+x^2}\leq M$ より

$$0\leq \int_0^1 \dfrac{(1+x)x^{3n}}{1+x+x^2}dx \leq \int_0^1 Mx^{3n}dx = \dfrac{M}{3n+1}$$

としても結構です．

あるいは，計算に持ち込むには分母の $1+x+x^2$ がジャマなので，$1\leq 1+x+x^2\leq 3$ より，

$$\dfrac{(1+x)x^{3n}}{3}\leq \dfrac{(1+x)x^{3n}}{1+x+x^2}\leq \dfrac{(1+x)x^{3n}}{1}$$

と評価するのも一つの手です．（上式を積分すると，

$$\int_0^1 (1+x)x^{3n}dx = \int_0^1 (x^{3n}+x^{3n+1})dx$$
$$= \dfrac{1}{3n+1}+\dfrac{1}{3n+2}\to 0)$$

C ①の計算について：

$\displaystyle\int_0^1 \dfrac{1}{x^2+1}dx$ で $x=\tan\theta$ と置換するのはよく御存知でしょう．これに結びつけるために，分母の $1+x+x^2$ を平方完成しました．

(解)では，分子の x を処理するために③と④に分けましたが，$\displaystyle\int_0^1 \dfrac{1+x}{\left(x+\dfrac{1}{2}\right)^2+\dfrac{3}{4}}dx$ のまま

$x+\dfrac{1}{2}=\dfrac{\sqrt{3}}{2}\tan\theta$ と置換しても結構です．この場合，

$$\int_{\frac{\pi}{6}}^{\frac{\pi}{3}} \dfrac{\dfrac{\sqrt{3}}{2}\tan\theta+\dfrac{1}{2}}{\dfrac{3}{4}(\tan^2\theta+1)}\cdot\dfrac{\sqrt{3}}{2}\cdot\dfrac{1}{\cos^2\theta}d\theta$$

$$=\int_{\frac{\pi}{6}}^{\frac{\pi}{3}}\left(\tan\theta+\dfrac{\sqrt{3}}{3}\right)d\theta = \left[-\log|\cos\theta|+\dfrac{\sqrt{3}}{3}\theta\right]_{\frac{\pi}{6}}^{\frac{\pi}{3}}$$

$$=\log\sqrt{3}+\dfrac{\sqrt{3}}{18}\pi$$

となります．

D 16%の人は，

$$\left.\begin{array}{l}0\leq x<1 \text{ で } \displaystyle\lim_{n\to\infty}\dfrac{(1+x)x^{3n}}{1+x+x^2}=0 \\ \text{だから，}\displaystyle\lim_{n\to\infty}\int_0^1\dfrac{(1+x)x^{3n}}{1+x+x^2}dx=0\end{array}\right\}\cdots\cdots⑧$$

としていましたが，これは誤りです．
$\displaystyle\lim_{n\to\infty}\int_0^1 \dfrac{(1+x)x^{3n}}{1+x+x^2}dx$ は，

$\dfrac{(1+x)x^{3n}}{1+x+x^2}$ を積分してから $n\to\infty$ にする

ですが，⑧は

$\dfrac{(1+x)x^{3n}}{1+x+x^2}$ で $n\to\infty$ にしてから積分する

です．一般に，積分と lim の順序を交換することはできません．

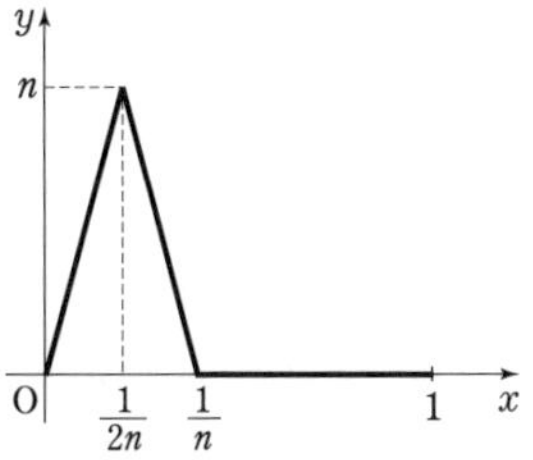

例えば，右図太線の $f_n(x)$ に対し，

$$\lim_{n\to\infty}\int_0^1 f_n(x)dx=\dfrac{1}{2}$$
$$\int_0^1 \lim_{n\to\infty}f_n(x)dx=0$$

となります．

実は，次の定理が成り立ちます（高校課程での証明は困難です．予想・検算用にどうぞ）．

定理（Arzelà の定理）
関数 $f_n(x)$ が
（ⅰ）閉区間 $[a,\ b]$ において連続
（ⅱ）n に無関係な実数の定数 M が存在して，
　　　$[a,\ b]$ でつねに $|f_n(x)|\leq M$
（ⅲ）関数列 $\{f_n(x)\}$ が収束して，その極限の関数
　　　$f(x)=\displaystyle\lim_{n\to\infty}f_n(x)$ が $[a,\ b]$ で連続

を満たすとする．このとき，

$$\lim_{n\to\infty}\int_a^b f_n(x)dx=\int_a^b f(x)dx$$

——上の例では（ⅱ）を満たしていません．

ルベーグ積分論（大学の数学科3年前期ぐらいの内容）では，より強力な"交換条件"が知られています．

(浦辺)

あとがき

　月刊『大学への数学』の読者の方々からの「学力コンテスト（学コン）の問題を集めた本を出してほしい」との声にお応えして，2016年の3月に『考え抜く数学～学コンに挑戦～』を刊行しました．そこでは，まずは学コン問題集に馴染んでいただこうということで，数ⅠAⅡBの範囲で，学コンの中では標準レベル（それでも入試では発展レベルに相当）の問題にとどめました．しかし，数Ⅲの範囲や，もっと難しい問題の中にも，是非，皆さんに御紹介して，考える楽しさを味わっていただきたいものが沢山あります．そこで，その中から50問を精選して，ここに『もっと考え抜く数学』をお届けします．

　私自身，受験生時代は学コンに応募し，大学入学（広島カープが初優勝した年）以降は，添削者（学コンマン）を経て，月刊『高校への数学』『大学への数学』の編集に携わってきました．1990年以降は『大学への数学』の学コンに関わっていますが，その間に，学コンを通じて，多くの優秀な方々と接することができました．読者から興味深い問題を提供していただいたり，編集部で想定していなかったすばらしい解答が寄せられ，目から鱗が落ちることも多々あり，その都度，学コンを担当していることの喜びを味わうことができました．この場を借りて御礼申し上げます．

　皆さんの中からも，森 重文先生をはじめとする読者OBの高名な数学者に続く人達が輩出されることを願ってやみません．しかし，そのような道を目指すにせよ，さし当たって難関校入試の数学で差をつけることが目標であるにせよ，高級な知識の習得ばかりに励むのではなく，自分の手を動かし，自分の頭で考えることにより，思考力をつけていってほしいと思います．大金で他球団の大物選手をかき集めたりせず，地道にコツコツ選手を育て優勝した北海道日本ハムファイターズや広島東洋カープのようにね（25年後まで待てない？）．　　　（浦辺）

　皆さんは，普段学校や自宅で数学の問題を解くときに，どのようなやり方で取り組んでいますか？　おそらく，少し考えてみて，わからなければ答えを見る，という人が多いと思います．そのようなやり方が悪いというわけではありませんが，すぐに答えを見てしまっては，自分の頭で考える力がなかなかつきません．そもそも，難問というのは，少し考えたくらいでは解けないから難問と呼ばれるのであり，そういう問題に自力で取り組んでこそ力はつくものだと思います．

　「大学への数学」学力コンテストでは，応募する段階では解答がついていません．さきほど，少し考えてわからなければ答えを見るだろうと言いましたが，では答えがなければどうするでしょうか？　おそらく，その問題はあきらめるか，わかるまで考え続けるかのどちらかでしょうが，ここですぐにあきらめてしまう人は伸びしろが少ないと思います．考え続けても答えが得られないこともあるでしょうが，一生懸命考えた時間は決して無駄にはなりません．少し考えただけでは解決しないことが多いのは数学に限ったことではないのですから，普段から何事についても簡単にあきらめない不屈の精神を持ってほしいと思います．

　私自身，高校生の頃は学コンに応募していましたが，本書の中にいくつかそのときの問題があり，問題や解答を見ていると当時の苦労がいい意味でよみがえります．学コンに時間をかけて熱心に取り組んでいたからこそ記憶に根強く残っているのだろうと改めて思いました．

　本書では，そんな学コンの問題の中でも，少し考えただけではなかなか解けないような難しめの問題が精選されています．普段の学コンと違って答えはついていますが，さきほど言ったように，すぐにあきらめて答えを見るのではなく，辛抱強く自分の手と頭で考えて問題に取り組んでみてください．

　　　　　　　　　　　　　　　　　（山崎）

**大学への数学
もっと考え抜く数学
　～学コンの発展問題に挑戦～**

| 平成28年11月21日　第1刷発行 |
| 令和 5年 8月10日　第3刷発行 |

編　者　東京出版編集部
発行者　黒木憲太郎
発行所　株式会社 東京出版
　〒150-0012　東京都渋谷区広尾 3-12-7
　電話 03-3407-3387　振替 00160-7-5286
　https://www.tokyo-s.jp/

整版所　錦美堂整版
印刷所　光陽メディア
製本所　技秀堂
　落丁・乱丁の場合は，ご連絡ください．
　送料弊社負担にてお取り替えいたします．

ⓒ Tokyo shuppan 2016 Printed in Japan
ISBN 978-4-88742-227-8